BIBLIOTHÈQUE DES PROFESSIONS INDUSTRIELLES ET AGRICOLES
Série H. No 28.

MANUEL PRATIQUE

DE

CULTURE MARAICHÈRE

PAR

COURTOIS-GÉRARD
MARCHAND GRAINIER, HORTICULTEUR

QUATRIÈME ÉDITION
augmentée d'un grand nombre de figures
et de plusieurs articles nouveaux.

OUVRAGE COURONNÉ

d'une médaille d'or par la Société impériale et centrale d'agriculture,
d'une grande médaille de vermeil
par la Société impériale et centrale d'horticulture.

PARIS

LIBRAIRIE SCIENTIFIQUE, INDUSTRIELLE ET AGRICOLE
Eugène LACROIX, Éditeur
LIBRAIRE DE LA SOCIÉTÉ DES INGÉNIEURS CIVILS
15, QUAI MALAQUAIS.

MANUEL PRATIQUE

DE

CULTURE MARAICHÈRE

Paris. — Typographie HENNUYER et FILS, rue du Boulevard, 7.

MANUEL PRATIQUE

DE

CULTURE MARAICHÈRE

PAR

COURTOIS-GÉRARD

MARCHAND-GRAINIER, HORTICULTEUR

QUATRIÈME ÉDITION
augmentée d'un grand nombre de figures
et de plusieurs articles nouveaux.

OUVRAGE COURONNÉ
d'une médaille d'or par la Société impériale et centrale d'agriculture,
d'une grande médaille de vermeil
par la Société impériale et centrale d'horticulture.

PARIS

LIBRAIRIE SCIENTIFIQUE, INDUSTRIELLE ET AGRICOLE

Eugène LACROIX, Éditeur

LIBRAIRE DE LA SOCIÉTÉ DES INGÉNIEURS CIVILS

15, QUAI MALAQUAIS.

1863

PRÉFACE

« Les soussignés, jardiniers-maraîchers de la ville de Paris, « réunis, cejourd'hui 31 mars 1844, au nombre de vingt-« cinq, sous la présidence de M. Banier, doyen d'âge, et de « MM. Marie et Noblet, vice-présidents, dans le lieu ordi-« naire des séances du Cercle général d'Horticulture, à l'effet « d'entendre la lecture d'un travail qui a été soumis à leur « jugement par M. Courtois-Gérard, sur la culture maraî-« chère, déclarent avec impartialité qu'ils lui donnent toute « leur approbation, comme étant conforme aux bonnes mé-« thodes de culture en usage parmi eux, et autorisent l'auteur « à le publier sous leur patronage.

« Fait à Paris, le dimanche 31 mars 1844. »

Ont signé :

« AUTIN, BANIER, BROUT, CONARD, CONARD (Charles), « DECOUFLÉ, DEBERGUE, FLANTIN, FONDRAIN, GO-« DARD, GONTIER, HÉRAULT, JEMTEL, LENORMAND, « MALOT, MARIE, MARIN, MASSON, MOREAU, NATALIS, « NOBLET, POISSON, RIVERAND, SANGUIN, SAUTIER. »

Cette attestation, aussi honorable pour moi que précieuse comme garantie de la valeur de mon travail aux yeux du public, avait pour principal objet, lorsqu'elle m'a été délivrée, de constater l'exactitude de mes recherches et l'utilité des notions contenues dans mon ouvrage, le premier en date sur cette matière [1].

Deux éditions ont été publiées depuis : dans l'une j'ai rempli quelques lacunes essentielles ; dans l'autre j'ai ajouté un chapitre sur *la Culture des porte-graines ;* de manière que ce travail peut être considéré maintenant comme l'exposé le plus complet qui ait jamais été présenté de l'état de la culture maraîchère au dix-neuvième siècle.

[1] Pour se convaincre de l'authenticité de ce fait, il suffit de consulter les dates : la première édition de mon Manuel maraîcher a été mise en vente dans les premiers jours de juin 1844 ; le manuscrit de la seconde édition a été déposé à l'hôtel de ville le 29 décembre 1844, et le travail de MM. Moreau et Daverne, sur le même sujet, n'a été publié que dans les derniers jours de janvier 1845.

COMPTE RENDU

DU MANUEL PRATIQUE DE CULTURE MARAICHÈRE DE M. COURTOIS-GÉRARD ;

Par M. DUCHARTRE,

Membre de l'Institut, secrétaire rédacteur de la Société impériale et centrale d'horticulture.

L'ouvrage dont M. le Président m'a chargé de rendre compte à la Société a eu déjà trois éditions successives ; c'est dire que le public en a hautement apprécié le mérite. Les approbations les plus flatteuses des hommes spéciaux ne lui ont pas manqué ; car, d'un côté, il a valu à son auteur une médaille d'or de la Société centrale d'agriculture ; de l'autre, une réunion de vingt-cinq des principaux maraîchers de Paris a déclaré officiellement qu'il renfermait l'exposé des bonnes méthodes de culture en usage aujourd'hui, et elle en a autorisé la publication sous son patronage. L'éloge que je pourrais en faire moi-même n'aurait donc qu'une bien faible valeur venant après de pareils témoignages ; aussi devrai-je me contenter d'indiquer ici la division de l'ouvrage, certain que ce simple aperçu montrera que M. Courtois-Gérard a su envisager la culture maraîchère à tous les points de vue auxquels il était possible de se placer pour la faire connaître, soit dans ses améliorations successives, soit dans l'état de perfection auquel l'ont conduite aujourd'hui nos habiles horticulteurs parisiens.

Une histoire aussi curieuse qu'instructive était celle du développement progressif de la culture maraîchère à Paris, et des déplacements continuels que les jardins maraîchers ont dû subir, à mesure que la population toujours croissante de la grande ville envahissait les terrains qu'ils avaient d'abord occupés. M. Courtois-Gérard n'a pas manqué de l'écrire, et il a dû se livrer à de longues recherches pour en réunir les éléments. Il nous fait voir ainsi les marais limités d'abord au côté septentrional de Paris, s'étendant ensuite à l'est, vers le faubourg Saint-Antoine dès le quatorzième siècle, arrivant plus tard à l'ouest, à Vaugirard et à Grenelle, dans les premières années du dix-huitième siècle, enfin entourant la ville d'une ceinture à peu près continue, qui ne tarde pas à être envahie par les constructions sur des points de plus en plus nombreux. Plus loin, il nous montre les maraîchers de Paris commençant à semer sur couche et à se servir de cloches dès les premières années du dix-septième siècle ; La Quintinie imprimant ensuite une vive impulsion à la culture maraîchère, et obtenant déjà dans celle des primeurs des résultats surprenants, eu égard aux moyens qu'il employait ; enfin l'usage des châssis s'introduisant dans les marais vers la fin du dix-huitième siècle, et, à partir de cette époque, les progrès se succédant avec une remarquable rapidité.

Un chapitre important est celui que M. Courtois-Gérard consacre à la statistique maraîchère de Paris, et dans lequel, divisant les marais de Paris en quatre régions correspondant aux quatre points cardinaux, il indique leur étendue totale (593 hectares 36 ares), le nombre des jardins qu'ils forment (1,125 en 1844), les modes d'exploitation qu'on y suit, ainsi que les dépenses qu'ils entraînent avec les produits qu'on en obtient. Ici les détails ne pouvaient être trop circonstanciés; aussi l'auteur les a-t-il multipliés autant qu'il était nécessaire pour ne pas laisser d'incertitude dans l'esprit du lecteur. Après un chapitre consacré à l'analyse des terres, nous en trouvons un d'un haut intérêt sur l'établissement d'un jardin maraîcher et sur les rotations de récoltes usitées dans chacune des quatre régions de Paris, selon qu'on y cultive seulement des primeurs ou en même temps des primeurs et des légumes de pleine terre. Des notions sur les engrais et paillis, puis sur les arrosements, enfin sur les outils, instruments et machines propres à l'établissement d'un jardin maraîcher, conduisent à l'exposé détaillé des diverses opérations pratiquées dans la culture de pleine terre et dans celle des primeurs. La partie qu'on peut regarder comme le corps de l'ouvrage est comprise dans le neuvième chapitre intitulé *Culture*. Ici l'auteur indique successivement toutes les plantes potagères cultivées dans les jardins maraîchers de Paris et des environs, en exposant pour chacune d'elles le procédé de culture le plus généralement adopté. Ce chapitre important comprend soixante-trois paragraphes consacrés à autant de plantes différentes. Dans la troisième édition de son *Manuel pratique*, M. Courtois-Gérard l'a fait suivre d'un chapitre sur la culture *des porte-graines*. Un traité de culture ne pouvait laisser de côté les maladies des plantes cultivées, ni les animaux divers qui sont pour elles des causes trop fréquentes d'altération ou de mort. Le chapitre consacré à ces deux sujets renferme encore quelques données utiles sur les observations météorologiques que les jardiniers peuvent ou doivent faire pour en tirer des indications souvent profitables. Enfin l'auteur présente dans son douzième et dernier chapitre un Calendrier du maraîcher, c'est-à-dire mois par mois, à partir du mois d'août, qu'on peut regarder comme le premier de l'année horticole, l'aperçu des opérations à faire dans un jardin et l'indication des données météorologiques moyennes pour Paris.

Il semble difficile de tracer un meilleur plan pour un ouvrage sur la culture maraîchère, et d'en traiter toutes les parties avec plus de méthode, de clarté, de connaissances spéciales que ne l'a fait M. Courtois-Gérard. Aussi, Messieurs, n'hésité-je pas à vous demander le renvoi de son ouvrage au Comité des récompenses et, comme moyen de publicité, l'insertion de ce Compte rendu dans votre *Journal*.

MANUEL PRATIQUE

DE

CULTURE MARAICHÈRE

CHAPITRE I.

HISTORIQUE.

Histoire de la culture maraîchère à Paris.

Emplacement des marais depuis les temps les plus anciens jusqu'à nos jours[1].

La culture maraîchère, source de prospérité pour une partie considérable de la population des cités, est exercée si modestement par les hommes laborieux qui s'y sont voués, que les procédés en sont peu connus et que son histoire est environnée d'obscurité.

Ce n'est que dans les grandes villes, sur les points

[1] Nous avons trouvé les premiers renseignements que nous donnons sur l'emplacement des marais de Paris, depuis le douzième siècle jusqu'au dix-neuvième : 1° dans le *Traité de Police* de La-

où se trouve agglomérée une population nombreuse, que cette culture peut prendre tous les développements qu'on a droit d'attendre de l'intelligence humaine. Depuis les légumes abondants et grossiers qui servent à l'alimentation du pauvre jusqu'aux primeurs obtenues à force de travail et de soins, et qui paraissent sur la table du riche, tous ces produits sortent des mains du maraîcher, qui est le père de tant de merveilles.

Comme les autres professions, l'horticulture maraîchère a eu ses phases de développement et ses périodes de gloire, et, dans ces quinze dernières années, elle a fait des progrès rapides. L'horticulteur maraîcher, sortant de son jardin, où il s'était trop longtemps confiné, est venu prendre place dans les sociétés horticoles et se mêler à leurs travaux. On doit s'en féliciter, car la culture des légumes gagnera à ces contacts, qui auront encore pour résultat de faire mieux apprécier des hommes éminemment utiles et qui sont toujours demeurés obscurs et ignorés.

Si nous cherchons l'origine des marais de nos en-

mare, sur les plans de Paris sous Charles V et Charles VI, de 1367 à 1383;

2° Sur le sixième plan des accroissements de Paris, de 1422 à 1589;

3° Sur le septième plan, de 1589 à 1643;

4° Enfin sur le huitième, en 1702, et successivement sur les autres plans publiés depuis cette dernière époque.

Puis nous avons complété ces renseignements en consultant quelques maraîchers fort âgés, qui ont assisté aux modifications successives des marais dans l'enceinte de Paris.

virons, nous ne trouvons que des renseignements épars et difficiles à rattacher entre eux. Nous voyons seulement que les vastes terrains qui, au commencement du douzième siècle, entouraient Paris, d'étendue bien modeste encore, étaient divisés en *coultures* (de là les noms de Coulture-Saint-Eloi, Sainte-Catherine, Saint-Gervais, dont nous avons fait *culture*) ou terrains consacrés à la grande exploitation, et en *courtilles*, dont les jardiniers, appelés courtilliers ou maraîchers, avaient pour fonctions d'approvisionner la ville en légumes de toutes sortes. A cette époque les maraîchers n'étaient que des fermiers, dont les jardins appartenaient à des seigneurs, à de riches bourgeois ou à des communautés ; c'est ainsi que les vastes marais de la Courtille-Saint-Martin étaient la propriété de Guillaume de Saint-Laurent et de Geoffroy Godepin ; plus tard, les coultures furent louées et mises en culture par les maraîchers, qui les convertirent en jardins potagers. Les courtilles occupaient alors le nord de Paris, c'est-à-dire la vallée qui commence au faubourg du Temple et s'étend jusqu'aux Champs-Elysées.

De 1367 à 1383, les marais prirent de l'extension à l'est de Paris et descendirent vers le faubourg Saint-Antoine.

De 1422 à 1589, on trouve la même région exclusivement occupée par les marais ; une partie (telles sont les coultures Sainte-Catherine-du-Temple et Saint-Martin) est encore comprise dans l'enceinte de la ville : mais de 1589 à 1643 les fossés et remparts servant d'enceinte à la cité les rejettent en dehors.

Dès 1720, la culture maraîchère, prenant de l'extension, se porta à l'ouest de Paris, à Vaugirard et à Grenelle ; la petite culture avait sur plus d'un point remplacé la grande.

Ainsi, au commencement du dix-huitième siècle, les marais occupaient tous les terrains compris entre les boulevards et la rue des Porcherons, aujourd'hui de la Pépinière et de Saint-Lazare, cette dernière partant, comme de nos jours, de Saint-Philippe-du Roule, et se terminant à Notre-Dame-de-Lorette. Ils se prolongaient jusqu'au faubourg Saint-Denis ; puis, à partir du faubourg Saint-Martin, ils occupaient tous les terrains entre les boulevards et la rue des Récollets, s'étendaient jusqu'aux marais du Temple, et descendaient jusqu'à la rue de la Roquette, en passant par le pont aux Choux, mais sans aller au delà de la rue Folie-Méricourt et de celle de Popincourt. Entre la rue de Charenton et la Bastille se trouvait encore un groupe de marais, qui alors ne s'étendaient pas au delà de la rue Traversière.

En 1739, les terrains incultes qui existaient entre le cours la Reine et l'allée des Veuves furent convertis en jardins maraîchers, et en partant des bords de la Seine, on trouvait aussi quelques marais à gauche de l'allée des Veuves. Ceux des Porcherons, partant de la Ville-L'Evêque, se prolongeaient comme précédemment jusqu'au faubourg Poissonnière ; mais ceux des faubourgs Saint-Denis et Saint-Martin se trouvaient alors au delà des grilles qui fermaient ces deux faubourgs. (Celle du faubourg Saint-Denis était à peu près à la hauteur de la rue des Petites-Ecuries, et celle du faubourg Saint-Martin, à la hauteur de la rue Saint-Nicolas.) De la rue des Récollets les marais descendaient jusqu'au boulevard et se prolongeaient ainsi, par la porte du Temple et le pont aux Choux, jusqu'aux rues de la Roquette et de Charonne, sans s'étendre au delà des rues Folie-Méricourt, Popincourt et Basfroid. On commence cependant à voir quelques jardins maraîchers entre la rue des Amandiers et celle de la Roquette, puis quelques-uns aussi dans les rues de la Muette, des Boulets, et dans celle du Trône, qui faisait alors suite à cette dernière ; on en trouve aussi dans la grande rue de Reuilly. A droite et à gauche de la petite rue de Reuilly tous les terrains sont en marais; et, dès cette époque, ceux de la rue de Charenton occupent déjà tous les terrains qui sont à droite et à gauche de la rue des Charbonniers et de celle de Rambouillet, et jusqu'à la rue de Bercy.

Au sud, on voit aussi des jardins maraîchers sur le bord de la petite rivière de Bièvre, et ils se prolongent jusqu'à Croulebarbe.

A l'ouest, les terrains situés à droite et à gauche de la rue Notre-Dame-des-Champs sont cultivés en marais, et l'on voit ceux qui existent aujourd'hui derrière les Invalides se prolonger tout le long de la Seine jusqu'à la hauteur du couvent des Bons Hommes ; mais vers 1751, lors de l'établissement de l'Ecole militaire, on supprima un grand nombre de ces marais ;

ceux de Vaugirard avaient à cette époque pris beaucoup d'extension, surtout à droite et à gauche de la rue Blomet.

En 1760, on voit encore des marais derrière la Ville-L'Evêque, ainsi qu'aux Porcherons ; ils se prolongent jusqu'à la partie gauche du faubourg Saint-Denis. A droite du faubourg Saint-Martin, ils s'étendent jusqu'à la rue de la Roquette ; mais alors ils ne descendent pas plus bas que la rue des Marais, qui, partant du faubourg Saint-Martin, traversait alors le faubourg du Temple et se prolongeait ainsi parallèlement à celle des Fossés-du-Temple.

Vers 1780, l'égout découvert, qui du bas de la rue de Ménilmontant suivait la direction des rues Saint-Nicolas, Saint-Jean, des Petites-Ecuries, de Provence, etc., ayant été couvert sur ce dernier point depuis quelque temps, on avait construit des maisons à droite et à gauche, et dès lors les marais avaient été successivement supprimés.

Ce fut en 1787 que le passage Saulnier, qui va de la rue Richer à la rue Bleue, fut percé par M. Rigoulot-Saulnier, au milieu de son marais. Il exista sur ce point des marais jusqu'à une époque assez avancée, car ce ne fut que vers 1813 que les derniers jardins maraîchers de la rue Bleue furent détruits.

En 1790, les marais Saint-Georges existaient encore, mais peu à peu ils furent supprimés pour faire place à l'un des plus beaux quartiers de Paris.

Cependant, en 1797, il y avait encore un marais dans la rue de la Chaussée-d'Antin et plusieurs dans la rue de Clichy, et même en 1816 quelques-uns dans la rue Blanche.

Vers 1790, c'est-à-dire après le décret de l'Assemblée nationale qui autorisa la confiscation des biens du clergé au profit de la nation, les jardins des Hospitalières de la Roquette et ceux de l'abbaye Saint-Antoine furent convertis en marais.

En 1822, les bons et beaux marais qui, du haut du faubourg Saint-Martin, s'étendaient jusqu'à la porte Saint-Antoine, furent détruits pour construire le canal Saint-Martin. Il y a quelques années, on voyait encore quelques marais sur les bords du canal, mais aujourd'hui il n'en reste plus qu'un seul. Tous furent successivement convertis en chantiers, en entrepôts ou en fabriques. A partir de cette époque, presque chaque année a été marquée par la destruction de quelques beaux jardins maraîchers.

Vers 1825, on détruisit ceux qui existaient dans les Champs-Elysées; à la même époque une bonne partie des marais qui étaient à gauche de la rue de la Roquette, en partant du boulevard, furent supprimés pour construire la prison des jeunes détenus; puis en 1833 une autre partie à droite de la même rue fut prise pour construire les prisons du nouveau Bicêtre.

Au commencement de 1842, presque tous les marais qui, de la rue Traversière-Saint-Antoine s'étendaient jusqu'à celle des Charbonniers, et de la rue de Charenton à celle de Bercy, furent encore détruits pour construire les prisons de la nouvelle Force.

Quelque succincts que soient ces renseignements,

on comprendra facilement les difficultés que nous avons dû éprouver dans nos recherches, n'ayant pas ou presque pas de documents à consulter. Convaincu de l'utilité d'établir un point de départ, afin de pouvoir ultérieurement suivre le déplacement des marais encore compris dans la nouvelle enceinte de la ville, nous avons dressé avec toute l'exactitude possible le plan de Paris, et nous y avons indiqué la position de chaque marais sur le terrain même, pour éviter toute erreur ; aussi pensons-nous qu'il est impossible de donner un travail plus exact dans un cadre aussi restreint [1].

Des progrès de la culture maraîchère de Paris.

La culture des plantes potagères est certes une des plus importantes parties du jardinage ; malheureusement nous manquons complétement de renseignements sur les diverses opérations pratiquées dans

[1] De 1844 à 1862 le plus grand nombre des marais situés au nord de Paris a été supprimé par l'agrandissement des chemins de fer du Nord et de Strasbourg.

A l'est, les marais du clos de la Roquette ont été vendus pour bâtir. Beaucoup d'autres sont détruits pour faire place au chemin de fer de Lyon, au boulevard Mazas, au boulevard du Prince-Eugène et au chemin de fer de Vincennes ; de manière que les marais de l'est, qui étaient autrefois les plus nombreux de Paris, sont, au moment où nous écrivons ces lignes, considérablement diminués.

Au sud et à l'ouest, il y a peu de changement ; mais tout fait pressentir que prochainement beaucoup de marais seront supprimés et que dans un temps donné, toutes les cultures maraîchères de Paris seront reportées au delà des fortifications.

cette branche intéressante de l'horticulture. A différentes époques, plusieurs auteurs ont traité de la culture des légumes, telle qu'elle était pratiquée dans les jardins particuliers ; mais, comme à toutes les époques les maraîchers ont dû s'appliquer surtout à obtenir un grand nombre de récoltes sur le même terrain, il en résulte que toujours ils ont dû avoir des procédés de culture inconnus aux jardiniers des maisons bourgeoises.

C'est donc à regret que nous avouons n'avoir rien trouvé sur l'horticulture maraîchère aux premiers temps de notre civilisation. Le premier auteur qui ait écrit en français sur la culture des plantes potagères est le docteur Mizauld, qui publia en 1605 un travail sur les usages et la culture des plantes potagères connues à cette époque. On cultivait alors les Artichauts ou Chardons de France, les Asperges, les Aulx, le Basilic, la Bétte, la Bourrache, la Citrouille, le Concombre, le Chervis, les Choux, les Epinards, le Fenouil, les Fraisiers, l'Hysope, la Laitue, la Lavande, les Mèlons, la Menthe, les Naveaux, les Oignons rouges et blancs, l'Oseille, la Pastenade, le Persil, le Poireau, le Pourpier, les Raves douces, la Rue franche, la Roquette, le Romarin, le Raifort, la Sauge, la Sariette, le Thym, etc.

De 1605 à 1623, le nombre des plantes potagères ne s'accrut pas beaucoup. On peut dire que c'est seulement à partir de cette époque que la culture des plantes potagères commença à offrir quelque intérêt, car déjà on faisait quelques semis et plantations sur couche. Pour activer et favoriser la végétation des Melons cultivés sur couche, on les couvrait d'une cloche de verre. « Ces couvertures, dit Olivier de Serres, sont de grands chapeaux façonnés comme des cloches, larges par bas, ou comme des couvercles d'alambics, qui n'ont de bord qu'à leurs extrémités; leur grandeur est d'un pied de diamètre. » Il parle aussi de boîtes roulantes dans lesquelles on les cultivait; ces boîtes étaient placées à l'entrée de serres souterraines, où on les rentrait toutes les fois que la température l'exigeait, pour les en sortir lorsque le temps était favorable.

De 1623 à 1678, la culture maraîchère, quoique encore dans l'enfance, fit de grands progrès, et Claude Mollet, premier jardinier de Louis XIII, laissa d'excellents principes de culture dans son *Théâtre du Jardinage*. La culture des Melons sur couche y est surtout indiquée avec beaucoup d'intelligence. Ce fut aussi lui qui, le premier, parla de la culture des Choux-fleurs.

Au dix-huitième siècle, on trouve la culture maraîchère arrivée à la hauteur des connaissances de cette époque, illustrée par tant de grands hommes. Ce succès est dû au zèle du célèbre La Quintinye, jardinier en chef du potager de Versailles [1], dont les précieux enseignements forment une des plus belles pages de notre histoire maraîchère. Aussi dirons-nous qu'il est

[1] La Quintinye naquit en 1626 à Chabannais, petite ville de l'Angoumois; il mourut à Versailles en 1688.

impossible de lire cet habile praticien sans éprouver un vif sentiment d'admiration, et ce n'est pas sans étonnement que nous vîmes, dans son *Instruction pour les Jardins fruitiers et potagers*, ouvrage publié en 1690, qu'il envoyait pour la table de Louis XIV des Asperges et de l'Oseille nouvelle en décembre; des Radis, des Laitues et des Champignons en janvier; en mars des Choux-fleurs conservés dans la serre à légumes; des Fraises dès les premiers jours d'avril, des Pois en mai, et des Melons en juin. On voit que déjà la culture des primeurs était arrivée à un haut degré de perfection. Dès cette époque l'emploi des châssis était connu; seulement ils différaient complétement de ceux que nous avons aujourd'hui[1]. Malgré ces résultats, les maraîchers n'avaient encore que très-peu de cloches et pas de châssis; cependant déjà ils étaient cités pour le bon emploi de leur terrain, et La Quintinye avoue franchement que les connaissances qu'il possède sur le potager lui ont été

[1] En parlant des châssis employés au potager du roi à Versailles, La Quintinye dit : « Le châssis est un ouvrage de bois de menuiserie fait en tiers-point ou triangle, avec des feuillures dans les côtés de l'épaisseur, pour y loger, emboîter et enchâsser des panneaux carrés de vitre, et couvrir par ce moyen des plantes qu'on veut avancer l'hiver par des réchauffements. Ces châssis sont de bois de chêne bien dur, et souvent peints de vert, pour résister davantage aux injures de l'air; ils ont environ six pieds de long pour contenir de chaque côté deux panneaux de trois pieds en tous sens; leur ouverture est d'ordinaire de quatre pieds. On en met plusieurs au bout l'un de l'autre; et enfin ils sont terminés à leurs extrémités triangulaires par des panneaux en triangle faits juste pour boucher l'ouverture. »

enseignées par d'habiles maraîchers avec lesquels il a eu de fréquents entretiens.

Les leçons de ce grand maître donnèrent une telle impulsion aux travaux du jardinage, que, depuis lors, ils ont toujours suivi une marche progressive, soit en faisant l'application de nouvelles méthodes, soit en opérant avec plus d'économie que précédemment.

Sous Louis XV, M. Gondoin, jardinier du château royal de Choisy-le-Roi, cultivait avec succès l'Ananas, les Patates et les Melons; comme à Versailles, à Choisy-le-Roi on faisait des primeurs, et M. Gondoin, qui avait étudié en Hollande la conduite des bâches à fourneau [1], porta cette culture à un très-haut degré.

Parmi les hommes qui se distinguèrent dans la culture des primeurs, nous citerons, en 1764, Tassère, parent de M. Thouin, et jardinier du duc d'Orléans, à Bagnolet.

Ce fut sous le règne de Louis XVI que les jardins de Brunoy acquirent la célébrité dont ils jouirent si longtemps. Du marquis de Brunoy, à qui ils appartenaient, ils passèrent au comte de Provence (Louis XVIII), qui ne négligea rien pour qu'ils conservassent leur réputation. On y cultivait un nombre considérable d'Ananas; on y forçait tous les légumes susceptibles de l'être. Afin de présenter un exemple d'après lequel on puisse juger de l'importance de ces jardins, nous

[1] Pendant longtemps ce fut la Hollande qui fournissait des légumes nouveaux à toutes les cours d'Europe, et la cour de France fut sa tributaire jusqu'au règne de Louis XIV.

dirons que M. Noisette (le père du célèbre horticulteur de ce nom), qui en dirigeait les cultures, présenta au comte de Provence des Raisins mûrs au 1er janvier. Chaque année il donnait des Melons dans les premiers jours de mai.

Après bien des recherches, nous sommes enfin parvenu à nous procurer quelques renseignements sur les travaux des maraîchers de Paris; nous dirons donc que c'est seulement à partir de cette époque que les maraîchers commencèrent à se servir de châssis et à faire des primeurs; jusque-là ils n'avaient que des cloches, et l'on ne forçait des légumes que dans les jardins royaux ou chez les grands seigneurs.

Les premiers maraîchers qui eurent des châssis sont MM. Debille, Ebrard et Vallette. Ces appareils étaient alors consacrés à la culture des Concombres, culture qui, à cette époque, était beaucoup plus importante qu'aujourd'hui. Quelques années plus tard, vers 1800, MM. François, Fournier-Heude, Jaulin, Marie, etc., eurent aussi des châssis; mais ce fut seulement vers 1818 que l'emploi des châssis devint général, et, à partir de cette époque, le nombre en a toujours été en augmentant.

Au nombre des faits dignes d'être enregistrés, nous citerons les suivants :

Vers 1776, un jardinier de la rue de la Santé, nommé Legrand, chauffait des Rosiers sur place au moyen de couches de gadoue. Il lui restait un coffre et trois panneaux sans emploi, qu'on laissa, par négligence, sur le bout d'une planche de Fraisiers des

Alpes. Peu de temps après, la femme du jardinier aperçut quelques Fraises sous ces panneaux, les fit remarquer à son mari, qui, alors, conçut l'idée qu'on pourrait forcer le Fraisier aussi bien que les Rosiers. Un officier de la bouche du roi lui paya 24 francs la première douzaine de Fraises. Legrand fit beaucoup d'argent de ses Fraises avant que ses confrères commençassent à en chauffer.

En 1788, M. Decouflé entra dans la carrière qu'il a si brillamment parcourue, et il cultiva le premier les Pois et les Haricots sous châssis [1], les Carottes sur couche, etc.

En 1791, M. Stainville, qui demeurait allée des Veuves, aux Champs-Elysées, fut le premier qui força la Chicorée fine d'Italie. Il la sema en janvier sur couche très-chaude, comme cela se fait encore aujourd'hui, tandis qu'avant cette époque on la semait seulement dans les premiers jours de mai, et malgré cela elle montait souvent encore. Il fit d'abord ce travail en secret; il avait pour cela un petit jardin séparé de son établissement, où il élevait son plant, et lorsque sa Chicorée était bonne à planter, comme alors il n'avait plus à craindre qu'on connût son procédé, il la cultivait dans son jardin. Pendant longtemps il fut le seul qui cultivât des Chicorées de cette sorte, et réalisa ainsi de

[1] Il paraît que jusque-là les premiers Pois étaient fournis par les cultivateurs de Sèvres, qui les semaient dans des caisses longues qu'ils plaçaient à l'entrée des carrières, et, lorsqu'il survenait des gelées, ils les rentraient dans la carrière pour ne les en sortir que dès que la température le permettait.

beaux bénéfices; plus tard il communiqua son secret à son ami, M. Autin (Denis), puis peu à peu cette nouvelle méthode se répandit parmi les maraîchers.

Enfin il résulte de divers renseignements que ce serait vers 1792 que M. Quentin, maraîcher, aurait commencé à chauffer les Asperges blanches.

Les troubles de la Révolution, les longues et ruineuses guerres de l'Empire, interrompirent les progrès de la culture maraîchère, qui ne commença à marcher dans la voie qu'elle suit aujourd'hui qu'après le retour de la tranquillité. Les bras rendus à l'agriculture, le calme profond dont on jouit depuis cette époque, donnèrent les moyens de s'occuper activement de cette branche importante de culture, et beaucoup d'hommes que la guerre eût absorbés, et qui avaient besoin d'une position, y consacrèrent leurs forces et leur intelligence.

Cependant, vers 1800, M. Marie commençait à forcer les Asperges vertes; en 1811, M. Besnard plantait les premiers Choux-fleurs sous châssis; en 1812, MM. Dulac et Chemin, les premières Romaines sous cloche, et, vers la même époque, M. Fanfan Quentin prenait rang parmi les primeuristes les plus renommés.

Vers 1815, la Société royale d'Agriculture décerna une médaille d'or à M. Pierre-Simon Marcès, pour sa belle culture d'Asperges forcées; il forçait aussi avec succès les Concombres, les petits Pois, les Haricots et les Fraises; un des premiers il cultiva la Romaine sous cloche; enfin il fut un de ceux qui contribuèrent le plus à l'avancement de ce genre de culture. A la même époque, M. Debille obtint une mention honorable, également pour ses cultures forcées. Ce fut alors aussi que M. Edy, jardinier en chef du potager de Versailles, commença des essais qui furent couronnés de succès et qui simplifièrent la culture des légumes forcés. MM. Grison et Gontier, qui prirent la suite de ses travaux, marchèrent dignement sur ses traces. Nous aurons souvent occasion de parler de ces habiles horticulteurs, à qui l'on doit déjà un grand nombre de bons procédés de culture, et qui, jeunes encore, laissent espérer qu'ils rendront d'utiles services à leur pays.

Dès son début (1827), la Société d'Horticulture comprit que la culture maraîchère était digne de sa sollicitude ; aussi, dans sa première séance solennelle, elle décerna un prix à M. Decouflé, pour ses belles cultures forcées, et, depuis cette époque, elle stimula le zèle des horticulteurs maraîchers, autant qu'il était en son pouvoir de le faire. Mais, malgré le soin qu'elle prit d'offrir des prix et des mentions honorables pour les plus beaux légumes qui lui seraient présentés, ce ne fut qu'en 1836 que M. Boudier, cultivateur de la commune d'Aubervilliers, apporta quelques légumes qui lui valurent une mention honorable. Cependant, avant cette époque, la Société avait eu un progrès à signaler et une application heureuse d'un nouveau procédé de chauffage à récompenser ; car, en 1834, elle avait décerné une médaille à M. Gontier pour l'application du thermosiphon aux cultures forcées.

Depuis, le nombre des récompenses accordées aux

jardiniers maraîchers a toujours été en augmentant, et aujourd'hui le chiffre de ces récompenses est beaucoup trop considérable pour qu'il soit possible d'en publier la liste dans cet ouvrage, comme nous l'avons fait précédemment.

CHAPITRE II.

Statistique maraîchère de Paris.

Pour répondre au programme de la Société royale d'Agriculture, nous avons réuni sur les marais des renseignements statistiques d'une haute importance. Cette partie de l'ouvrage, quoique bien courte, est celle qui nous a coûté le plus de travail.

Nous avons cru nécessaire de diviser Paris en quatre régions, afin qu'on puisse plus facilement juger de l'importance des cultures maraîchères qui existent sur différents points. Par suite de ce travail, nous avons trouvé au *nord*, c'est-à-dire à partir de la rive droite de la Seine jusqu'à la Grande-Villette, 581,748 mètres en culture maraîchère ; à *l'est* (de la Petite-Villette à Bercy), 3,284,104 mètres ; au *sud* (de la rive gauche de la Seine à Montrouge), 199,159 mètres ; à l'*ouest* (de Montrouge à Grenelle), 1,868,614 mètres ; ce qui représente 593 hectares 36 ares 25 centiares de terrain [1].

[1] MM. Moreau et Daverne prétendent qu'il existe à Paris 1,378 hectares de culture maraîchère. C'est une grosse erreur ; car la surface de Paris, si l'on en retranche le lit de la Seine, étant de 7,088 hectares, il faudrait, pour que ces renseignements fussent exacts, que le cinquième de la ville fût en jardins maraîchers.

Sur cette étendue de terrain nous avons trouvé :

Au nord,	99	établissements	maraîchers.
A l'est,	653	—	—
Au sud,	40	—	—
A l'ouest,	333	—	—
	1,125 [1]		

Ainsi l'on trouve, en 1844, dans la nouvelle enceinte de Paris, 1,125 établissements maraîchers; mais ces jardins sont loin de suffire à l'approvisionnement de la capitale, et, par suite des causes que nous avons signalées dans le chapitre précédent, un nombre considérable de jardins maraîchers se trouvent maintenant au delà des fortifications.

Nous signalerons aussi l'existence de marais à Clichy, à Croissy, à Viroflay, à Rueil, à Sartrouville, à Chambourcy et à Meaux ; puis les cultures de gros légumes des communes d'Aubervilliers (les Vertus), Baubigny, la Courneuve, Drancy, Saint-Ouen, Saint-Denis, Epinay, le Bourget, Pantin, Bonneuil, Bagnolet,

[1] Comme ces renseignements devaient nous servir de base pour le reste de la statistique, il était de toute nécessité qu'ils fussent très-exacts ; c'est pourquoi nous n'avons reculé devant aucune démarche pour arriver à ce résultat. Nous avons trouvé les premiers éléments de ce travail dans les bureaux des halles et marchés ; mais comme, dans l'ordre où ils sont placés, il n'y a pas de vérification possible, après avoir classé tous les maraîchers par quartiers, puis par rues, nous sommes allé vérifier ces renseignements sur le terrain même, ce qui nous a procuré l'occasion de faire de nombreuses rectifications. Les pièces à l'appui ayant été remises à la Société royale d'Agriculture, elle a pu se convaincre de l'exactitude de ce travail.

Romainville, Fontenay-aux-Roses, etc., dont les produits sont également vendus sur les marchés de Paris.

Comme l'exploitation de chacun de ces jardins nécessite le concours d'au moins deux personnes directement intéressées à leur prospérité et ayant chacune des fonctions différentes, on trouve fort peu d'individus, hommes ou femmes, en état de veuvage ou célibataires; c'est pourquoi nous comptons pour les marais de Paris 2,250 maîtres ou maîtresses, c'est-à-dire deux pour chaque établissement, et, chez chaque maître, de un à six garçons et une ou deux filles. Mais comme chaque chef de famille a de un à huit enfants, et que presque tous travaillent avec leurs parents, il n'est guère possible d'établir de distinction entre les ouvriers à gages et les enfants, qui remplissent chez leurs parents les mêmes fonctions; c'est pourquoi nous présenterons en masse le nombre des individus employés dans les cultures maraîchères de Paris :

Ainsi 2,955 ouvriers ajoutés à 2,250 maîtres et maîtresses nous donnent un total de 5,205 individus. Chaque garçon jardinier gagne, terme moyen, en été, outre sa nourriture, 32 francs par mois, plus 2 à 3 francs chaque dimanche, à titre de gratification; en hiver, il gagne 20 francs par mois, et de 1 fr. 50 c. à 2 francs de gratification le dimanche.

Une fille, également nourrie dans la maison, gagne de 220 à 250 francs. Il y a des établissements où l'on ne prend des filles qu'en été; alors on les prend au mois. Chaque année, de février en mars, il arrive de Bourgogne des filles qui travaillent chez les jardiniers pendant toute la belle saison, et retournent dans leur pays vers le mois d'octobre ; elles gagnent alors 20 fr. par mois et 1 franc le dimanche. Quelques maraîchers prennent pendant l'été des femmes de journée, auxquelles ils donnent 1 franc par jour.

Presque tous les établissements de maraîchers se trouvant aujourd'hui très-éloignés de la halle, il est rare que les maraîchers n'aient pas un cheval et une voiture pour transporter chaque matin leurs produits à la halle, aller chercher le fumier nécessaire aux besoins de la culture, et le cheval à son retour tire de l'eau pour les arrosements. Comme ces besoins sont à peu près les mêmes dans chaque établissement, il n'y a pas plus d'une quinzaine de maraîchers qui n'aient pas de cheval. Ainsi, pour l'exploitation des marais de Paris, on peut compter 1,050 chevaux, dont la valeur moyenne est de 400 francs ; la nourriture de chaque cheval revient en moyenne à 2 fr. 25 c. par jour, ce qui fait 821 fr. 25 c. par an.

La valeur des terrains en culture maraîchère ou propres à cette exploitation varie suivant la nature du sol et la position plus ou moins avantageuse qu'ils occupent ; mais l'on peut évaluer le prix d'un hectare de terre clos de murs, avec puits et une petite habitation, à au moins 30,000 francs, et il en peut valoir jusqu'à 50,000.

Au lieu d'indiquer le maximum et le minimum du prix de location d'un terrain, nous avons pensé qu'il serait plus exact d'en indiquer la moyenne, car l'on trouve rarement des jardins d'une même contenance.

C'est pourquoi, dans chacune des catégories précédemment établies, nous avons, sur différents points, pris une vingtaine de terrains, et, après avoir réuni le loyer de chacun, nous avons trouvé qu'au nord un hectare de terre en culture maraîchère était loué 1,225 francs par année ; à l'est, 1,695 francs ; au sud, 1,030 ; et à l'ouest, 1,157 francs.

L'impôt foncier affecté aux marais de Paris varie suivant la position qu'ils occupent. A cet effet on les a divisés en quatre classes : ceux de la première payent environ 8 centimes par mètre ; ceux de la seconde, 6 centimes, et ainsi de suite pour les autres classes. La maison d'habitation qui est sur le terrain est imposée suivant son importance, et paye, comme les autres propriétés, à peu près le dixième du revenu annuel. Nous ne ferons pas figurer l'impôt foncier au chapitre des dépenses générales, car il est toujours à la charge du propriétaire, et nous n'avons à traiter que des jardins en location.

Nous avons trouvé dans les cultures maraîchères de Paris à peu près 228,900 châssis et 1,659,900 cloches.

Le maximum des châssis employés dans un même établissement est de 1,400, le minimum de 60.

Le maximum des cloches est dé 5,000, le minimum de 100.

On peut diviser les marais de Paris en deux classes : ceux où l'on ne fait que des cultures de pleine terre, et ceux où l'on cultive les primeurs. Restent ceux où l'on fait de la culture maraîchère en plein champ ; mais, comme ils sont tous situés hors de la ville, nous nous réservons de traiter ce sujet en parlant des cultures d'Aubervilliers. Pour établir les frais d'exploitation d'un établissement maraîcher, nous prendrons un exemple dans chaque classe.

1° Marais où l'on ne fait que des cultures de pleine terre.

Pour que chaque renseignement vienne en son lieu, nous commencerons par indiquer le nombre de personnes employées à la culture d'un hectare de terre où, excepté quelques couches en plein air, on ne fait que des légumes de pleine terre, bien que ce nombre soit susceptible de varier suivant l'intelligence ou l'activité du chef de l'établissement. Nous dirons que pour cultiver un marais d'un hectare il faut, indépendamment du maître et de la maîtresse, une fille et un garçon pendant toute l'année, un second garçon pendant les mois d'été, puis quelques personnes de journée pendant la saison des arrosements. Quelques maraîchers prennent, pour faire ce travail, des soldats auxquels ils donnent de 20 à 25 centimes par heure.

Si l'eau est la base de la culture maraîchère, le fumier, le terreau et le paillis ne sont pas moins indispensables ; aussi est-il extrêmement rare de trouver un jardin maraîcher où l'on ne fasse pas de couches, et les maraîchers qui n'ont ni cloches ni châssis font ordinairement des couches en plein air pour semer des Radis, des Carottes, et planter des Choux-fleurs. Il est même facile de démontrer que le maraîcher qui ne fait pas de couches dépense autant en achat de terreau que celui qui en fait, et ce dernier a en plus le produit de ces mêmes couches ; puis, après les récoltes, il trouve la quantité de terreau nécessaire aux besoins de son marais. Il est vrai que ces couches ne le dispensent pas d'acheter du fumier pour enterrer, et du paillis pour étendre sur le sol ; car, pour fumer un hectare de terre en culture maraîchère, il faut, déduction faite de l'emplacement des couches, environ 93 mètres 60 centimètres cubes de fumier à 8 fr. 50 c. le mètre, soit 794 fr. 75 c. ; mais, comme ordinairement on ne fume que tous les deux ans, il ne faut compter que sur 397 fr. 38 c. de fumier par an (Pour plus de détails, voir au chapitre *Engrais et Paillis*).

Ainsi, comme, par suite du besoin de terreau, on ne trouve à Paris qu'un très-petit nombre de jardins maraîchers où l'on ne fasse pas de couches, en établissant les dépenses de terreau et paillis, nous prendrons pour exemple un marais dans lequel on fait chaque année dix couches en plein air de 24 mètres de longueur sur 1 mètre 33 centimètres de largeur, plus la largeur des sentiers. Ces couches ont ordinairement 60 centimètres d'épaisseur, et l'on estime qu'il faut pour 40 fr. 51 c. de fumier pour chaque couche, soit, pour les dix couches, 405 fr. 10 c. Après les récoltes, une partie du terreau provenant de ces couches sert à charger les nouvelles couches, et le reste pour étendre sur les planches en culture (particulièrement sur les semis), opération qui doit être répétée après chaque récolte, car alors le terrain est de nouveau labouré, puis semé ou planté, et qui même dans les bonnes années se renouvelle trois fois ; mais, comme la troisième saison consiste en semis faits entre des plantes repiquées ou plantées de manière à leur succéder, nous ne compterons, outre la fumure, que sur deux saisons pour les dépenses d'engrais.

Pour la première saison il faut acheter environ 93 mètres 50 centimètres cubes de terreau à 5 fr. le mètre, soit 467 fr. 50 c.

Pour la seconde saison, on remplace le terreau par du fumier court, dont il faut environ 187 mètres cubes à 4 fr., soit 748 fr., somme à laquelle nous joignons les 405 fr. 10 c. de fumier employé pour les couches, et les 397 fr. 38 c. de fumier pour engrais, ou, au total, 2,017 fr. 98 c. par hectare. Mais, en tenant compte d'un certain nombre de planches qu'il n'est pas absolument nécessaire de terreauter ou de pailler chaque année, il résulte qu'on peut dépenser un peu moins; puis, comme en fait de dépenses nous croyons qu'il est toujours préférable de faire connaître le chiffre le plus élevé, nous avons pris pour exemple un marais de la vallée de Fécamp, localité où la terre est de médiocre qualité, et où par conséquent il est nécessaire de fumer plus que partout ailleurs.

Afin de faire connaître exactement les dépenses à effectuer dans un marais où l'on ne fait que des cultures de pleine terre, nous allons indiquer non-seulement les dépenses annuelles, mais encore celles qui sont nécessaires à l'installation, et le prix de revient de tout ce qui sert à son exploitation.

Frais d'installation.

Une pompe à manége	1,500 fr.	» c.
Un grand tonneau pour recevoir l'eau	15	»
Une grosse cannelle en cuivre y adaptée	24	»
500 mètres de tuyaux de grès, tout posés	590	»
40 tonneaux à 12 francs l'un	480	»
40 cannelles en cuivre à 11 francs l'une	440	»
Un cheval	400	»
Harnais	140	»
Charrette	450	»
4 paires d'arrosoirs en cuivre	120	»
3 bêches	15	»
2 fourches	8	»
2 pelles	1	50
1 chargeoir	6	»
2 hotteraux	12	»
1 hersoir	3	»
2 râteaux	3	»
2 ratissoires	3	»
2 binettes	3	»
1 cordeau	2	»
12 petites hottes à 2 fr. 75 c. l'une	33	»
2 plantoirs garnis en cuivre	3	50
6 mois de loyer, payé d'avance	586	»
Total	4,838	»

Dépenses annuelles.

Loyer d'un hectare de terre dans la région de l'ouest	1,172 fr.	» c.
Une fille toute l'année	250	»
Deux garçons pendant les six mois d'été	480	»
Un garçon pendant les six mois d'hiver	156	»
Nourriture du cheval	821	25
A reporter	2,879	25

Report....	2,879	25
Entretien du cheval (ferrure et maladie).........	40	»
Comme un cheval ne dure pas plus de dix ans, il faut porter le dixième du prix d'achat aux dépenses annuelles, soit..............................	40	»
Entretien des harnais............................	45	»
— de la charrette.......................	80	»
— des outils............................	25	»
Fumier..	824	50
Terreau...	650	»
Fumier court pour paillis.......................	680	»
Intérêts du capital (4,838 francs)...............	241	90
Total.....	5,505	65

A ce chiffre il faudrait ajouter plusieurs autres sommes pour hommes de journée, achats de calais, mannes, paille à lier, etc., etc. ; puis il faudrait aussi faire figurer les frais du ménage ; mais, comme toutes ces dépenses sont très-variables, nous croyons qu'il suffit de les signaler.

2° Marais où l'on cultive les primeurs.

Pour indiquer la somme d'argent consacrée aux achats de fumier dans un établissement où l'on fait des primeurs, nous prendrons pour exemple un marais d'un demi-hectare, contenance moyenne des marais de Paris, où l'on cultive presque toujours séparément des primeurs et de la pleine terre ; nous dirons aussi que dans le plus grand nombre de ces marais, on trouve rarement plus de 400 à 500 panneaux de châssis et plus de 3,000 cloches.

En prenant le nombre le moins élevé de panneaux, nous trouvons qu'il faut, aujourd'hui que le fumier est fort cher, pour 3 fr. 90 c. de fumier par panneau, et, en prenant 10 cloches pour représenter un panneau, il en résulte qu'on emploie dans un établissement d'un demi-hectare où il y a 400 panneaux et 3,000 cloches pour 2,730 francs de fumier par an. Sur quoi nous déduisons un septième pour la vente du terreau ; reste net, 2,340 francs.

Les maraîchers achètent le fumier de cheval au mois, et à un prix déterminé par cheval ; mais il a subi une augmentation vraiment extraordinaire ; car le fumier d'un cheval, qui se vendait autrefois 2 fr. 50 c. par mois, se vend aujourd'hui 4 fr. 50 c.

Nous ne parlerons pas du prix de l'engrais employé pour la portion où se trouvent les cultures de pleine terre ; car, d'une part, comme les couches à melons sont changées de place chaque année, il est inutile de fumer le sol sur lequel elles étaient établies l'année précédente ; puis les débris de couches, le nettoyage des chemins où l'on passe avec le fumier, et les ordures du jardin, après qu'elles sont consommées, tout cela réuni, suffit largement pour fumer le terrain.

Le nombre de personnes employées à la culture d'un demi-hectare de terrain cultivé comme nous venons de le dire se compose, indépendamment du maître et de la maîtresse, d'une fille et de deux garçons toute l'année.

Nous allons maintenant indiquer non-seulement les dépenses annuelles, mais encore le prix de revient de tout ce qui sert à l'exploitation d'un marais où l'on cultive simultanément des primeurs et de la pleine terre.

Frais d'installation.

Une pompe à manége	1,500 fr.	» c.
Un grand tonneau pour recevoir l'eau	15	»
Une grosse cannelle en cuivre y adaptée	24	»
295 mètres de tuyaux tout posés	295	»
20 tonneaux à 12 francs l'un	240	»
20 cannelles de cuivre à 11 francs	220	»
Un cheval	400	»
Harnais	140	»
Charrette suspendue	650	»
400 panneaux de châssis avec leurs coffres, à 1,350 francs le cent	5,400	»
3,000 cloches à 80 francs le cent	2,400	»
700 paillassons à 55 francs le cent	385	»
3 paires d'arrosoirs en cuivre	90	»
3 bêches	15	»
2 fourches	8	»
2 pelles en bois	1	50
2 râteaux	3	»
Un hersoir	3	»
Une paire de crochets pour retenir les coffres	4	50
400 petits crochets pour retenir les châssis lorsqu'ils ont de l'air	24	»
Une binette	1	50
Une ratissoire	1	50
Un chargeoir	6	»
2 hottereaux	12	»
Un cordeau	2	»
12 petites hottes à 2 fr. 75 c. l'une	33	»
2 plantoirs garnis en cuivre	3	50
25 mannettes à 75 centimes l'une	18	75
6 mois de loyer payé d'avance	425	75
Total	12,320	»

Dépenses annuelles.

Loyer d'un demi-hectare de terrain dans la région de l'est	847 fr.	50 c.
Une fille toute l'année	250	»
2 garçons pendant les six mois d'été	480	»
2 garçons pendant les six mois d'hiver	312	»
Entretien du cheval	40	»
Le dixième du prix du cheval	40	»
Nourriture du cheval	821	25
Entretien des harnais	45	»
— de la charrette	80	»
— des outils	25	»
Les 400 châssis avec leurs coffres coûtent 5,400 francs. Comme ces châssis ne durent pas plus d'une quinzaine d'années, il faut porter le quinzième de cette somme aux dépenses annuelles, soit	360	»
Comme les paillassons ne durent guère plus de deux ans, on est obligé d'en renouveler la moitié chaque année, ce qui fait	192	50
Fumier pour les couches, le septième déduit	2,340	»
Intérêts du capital (12,320 francs)	616	»
Total	6,449	25

Et, comme dans les marais de l'autre classe, des dépenses de toutes sortes, dont il nous est impossible d'indiquer le chiffre.

Après avoir fait connaître à nos lecteurs ce que coûtent à Paris la création et l'entretien d'un jardin maraîcher, nous avons pensé qu'il leur serait agréable de savoir ce que peut produire un établissement semblable à celui dont nous avons indiqué les dépenses.

Pour réunir les renseignements nécessaires à ce

travail, il nous a fallu relever jour par jour, dans plusieurs établissements, le prix de vente de tous les produits débités sur les marchés, car pas un seul maraîcher n'a de livres de commerce.

L'intérêt que présente cette grave question nous imposait une tâche, à l'accomplissement de laquelle nous avons consacré tous nos soins. Aussi, malgré la variation des produits maraîchers, vendus sur les marchés de Paris, nos chiffres peuvent être considérés comme rigoureusement exacts, au point de vue statistique.

D'après l'ordre adopté pour les dépenses, nous commencerons par indiquer ce que peut produire un jardin maraîcher de la contenance d'un hectare, où, excepté quelques couches en plein air, l'on ne fait que des cultures de pleine terre.

10 COUCHES de 24 mètres de long sur $1^m,33$ de large, soit $319^m,20$ de superficie, ont produit : 240 francs de Radis, 200 francs de Carottes, 600 francs de Cornichons et 216 francs de Choux-fleurs, soit.....................................	1,256 fr.	» c.
COSTIÈRE, 168 mètres de long sur $2^m,33$ de large, soit $391^m,44$, ont produit : 245 francs de Carottes, 288 francs de Romaines et 174 francs de Radis noirs, soit..................................	707	80
20 PLANCHES de 24 mètres de long sur $2^m,33$ de large (chaque planche représente $55^m,92$), ont produit : 630 francs de Choux, 400 francs de Chicorées, 323 fr. 10 c. de Choux-fleurs et 220 francs d'Epinards, soit............................	1,573	10
20 PLANCHES ont produit 400 francs de Carottes, 375 francs de Romaines, 400 de Chicorées et 160 francs de Mâches, soit..................	1,335	»
A reporter.....	4,871	90

Report.....	4,871	90
20 PLANCHES ont produit 400 francs d'Oignons blancs, 375 francs de Romaines, 437 fr. 25 c. de Escaroles et 160 francs de Mâches, soit................	1,372	25
20 PLANCHES ont produit 640 francs de Chicorées, 538 fr. 20 c. de Choux-fleurs et 160 francs de Mâches................................	1,338	20
20 PLANCHES ont produit 800 francs de Poireaux, 400 francs de Chicorées et 323 fr. 10 c. de Choux-fleurs, soit............................	1,523	10
20 PLANCHES ont produit 371 francs de Laitues rouges, 323 fr. 10 c. de Choux-fleurs, 350 francs de Laitues grises, 400 francs de Chicorées et 160 francs de Mâches, soit............................	1,604	10
20 PLANCHES ont produit 240 francs de Radis roses, 340 francs de Chicorées, 320 francs de Céleris et 162 francs de Choux-fleurs, soit..............	1,062	»
10 PLANCHES ont produit 800 francs d'Oseille, soit..	800	»
10 PLANCHES ont produit 315 francs de Choux et 348 francs de Poireaux, soit................	663	»
Total......	13,234	55

Soit 132 fr. 34 c. par are.

Jardin maraîcher, dans la région de l'est, de la contenance d'un demi-hectare, dans lequel on fait simultanément des primeurs et de la pleine terre.

135 CHASSIS ont produit 303 fr. 75 c. de Carottes, 243 francs de Laitues petite-noire, 675 francs de Melons, 121 fr. 50 c. de Choux-fleurs, 135 francs de Chicorées et 54 francs de Mâches, soit....................................	1,532 fr.	25 c.
132 CHASSIS ont produit 297 francs de Laitues petite-noire, 396 francs de Choux-fleurs, 118 fr. 80 c. de Laitues gotte, 594 francs de Melons, 118 fr. 80 c. de Choux-fleurs, 99 francs de Escaroles et 52 fr. 80 c. de Mâches, soit.................	1,676	40
A reporter.....	3,208	65

Report.....	3,208	65
132 CHASSIS ont produit 330 francs d'Oseille, 323 fr. 40 c. de Chicorées, 594 francs de Melons, 118 fr. 80 de Choux-fleurs, 132 francs de Chicorées et 52 fr. 80 c. de Mâches, soit................	1,551	»
3,000 CLOCHES ont produit le plant de Laitue et de Romaines nécessaire aux besoins de l'établissement, plus 1,125 fr. 10 c. de Laitues, de Romaines et de Chicorées, plus 3,000 francs de Melons, soit.....	4,125	10
Le terrain destiné aux couches à Melons (12 planches) a produit, avant la plantation des Melons, 378 francs de Choux, soit..................	378	»
COSTIÈRE, 96 mètres de long sur 2m,33 de large, soit : 223m,68, ont produit 140 francs de Carottes, 239 fr. 70 c. de Romaines et 100 francs de Radis noirs, soit...............................	479	70
10 PLANCHES de 24 mètres de long sur 2m,33 de large (chaque planche représente 55m,92), ont produit 200 francs de Carottes, 187 fr. 50 c. de Romaines, 200 francs de Chicorées et 80 francs de Mâches, soit....................................	667	50
10 PLANCHES ont produit 200 francs d'Oignons blancs, 234 francs de Romaines, 157 fr. 50 c. de Escaroles et 80 francs de Mâches, soit.........	671	50
20 PLANCHES ont produit 640 francs de Chicorées, 538 fr. 20 c. de Choux-fleurs et 160 francs de Mâches, soit..................................	1,338	20
6 PLANCHES ont produit 240 francs de Poireaux, 120 francs de Chicorées et 97 fr. 20 c. de Choux-fleurs, soit..............................	457	20
Total.......	12,874	85

Soit 257 fr. 49 c. par are. [1].

[1] La consommation des légumes frais, secs et conservés qui concourent à l'alimentation de la ville de Paris, porte sur les quantités ci-après.

Légumes de primeurs............	16,305 kilog.
Légumes frais....................	133,925,391
A reporter.....	133,941,696 kilog.

Habitudes et manière d'être des maraîchers de Paris.

Nous croyons, avant d'entrer en matière, devoir faire connaître les hommes dont nous allons décrire les travaux. Peut-être les éloges que nous leur donnons sembleront-ils exagérés; mais que l'on descende jusque dans les détails de la vie privée de cette classe laborieuse, et l'on verra que nous sommes demeuré fidèle à la vérité, et que, si quelques exceptions viennent contredire la règle générale, elles sont rares et ne peuvent même pas répandre une ombre légère sur la vie pure et irréprochable des hommes qui n'ont pas failli aux traditions honorables que leur ont léguées leurs pères.

A l'époque où toutes les professions étaient divisées en maîtrises, les jardiniers formaient une communauté; celle des jardiniers de Paris remonte à 1473, date de leurs statuts les plus anciens. On remarque qu'à diverses époques, et surtout à chaque nouvel avénement, il y eut une nouvelle confirmation de ces statuts. En 1545 ils furent confirmés à son de trompe; Henri III

Report.....	133,941,696 kilog.
Légumes secs.....................	8,577,873
Légumes desséchés................	76,900
Conserves de légumes............	1,325,000
Total.......	143,921,469 kilog.

Chaque Parisien consomme donc annuellement, en substances légumineuses, 136 kil. 644 par an et 374 grammes par jour.

Les *Consommations de Paris*, par Armand Husson, chef de division à la préfecture de la Seine, 1856.

les confirma en 1576 ; ils furent enregistrés au parlement; puis ils le furent successivement en 1599, en 1646, en 1654, en 1655, etc.

Les maraîchers avaient quatre jurés, qui visitaient les marais deux fois l'an, afin de vérifier si l'on ne s'y servait pas, pour fumer les terres, d'immondices, de fiente de porcs ou de boues de Paris. Les apprentis étaient engagés pour quatre ans ; ils servaient ensuite pendant deux ans comme compagnons et étaient obligés au chef-d'œuvre pour obtenir la maîtrise.

En 1776, époque où cette communauté fut supprimée, il y avait à Paris 1,200 maîtres. On les appelait *maraîchers*, *maragers* et *préoliers ;* ce dernier nom appartenait exclusivement aux maîtres.

Alors les jardiniers étaient mal logés, mal vêtus ; ils portaient à dos leurs légumes à la halle, et tiraient l'eau de leurs puits à la corde et à force de bras. Bien que les frais d'établissement fussent loin d'être aussi élevés qu'aujourd'hui, il vivaient péniblement; c'est qu'alors, tout en travaillant beaucoup, ils étaient loin de tirer un aussi bon parti de leurs marais qu'on le fait à notre époque. Il est vrai que les connaissances nécessaires et les moyens de faire mieux leur manquaient, car ils n'avaient alors que peu de cloches et pas de châssis; ce qui fait qu'après avoir semé et planté ils attendaient patiemment l'époque de la récolte. Cet état de choses dura jusqu'à ce que les succès obtenus dans les jardins royaux, où l'on forçait une grande quantité de légumes, vinssent exciter le zèle des maraîchers, et à partir de cette époque leur position s'améliora d'année en année. Aujourd'hui ils sont assurés, avec de l'intelligence et de l'assiduité, s'ils n'éprouvent pas de malheurs, de vivre honorablement, et, lorsque l'âge et les infirmités ne leur permettent plus de travailler, leurs économies leur procurent les moyens de subvenir à leurs besoins. Il est vrai de dire que, s'ils sont plus heureux qu'autrefois, c'est qu'ils travaillent avec plus d'intelligence. Tous sont dès leur plus tendre jeunesse habitués au travail. Nous ne blâmons pas les parents que leur position gênée met dans la nécessité de faire travailler leurs enfants dès l'âge de huit à dix ans; mais nous désapprouvons la conduite de ceux qui, dans une position plus favorable, prétendent que, leurs enfants devant continuer leurs travaux, il leur suffit de savoir signer leur nom. Il est vrai de dire, pour atténuer ce reproche d'insouciance, que, s'ils ne sentent pas l'utilité de l'instruction pour leur jeune famille, ils lui transmettent par l'exemple les principes d'amour du travail, qui leur ont été inculqués à eux-mêmes par leurs parents.

Dès l'âge de dix à douze ans, le père, pour les encourager, leur abandonne le sentier des planches, ou bien un coin de terre, où ils cultivent pour leur propre compte ce qui leur paraît le plus profitable. C'est là que, s'aidant de leur jeune expérience, ils mettent en pratique les méthodes qu'ils ont vues en usage chez leurs parents, et, comme ils entendent toujours parler d'économie, ils s'accoutument à ne pas dépenser inutilement le produit de la vente de leur petite culture.

On comprendra facilement qu'avec de tels principes

il est rare que ces enfants ne deviennent pas de bons ouvriers.

Le premier soin du maraîcher qui songe à s'établir est de se marier; car, plus que tout autre établissement, celui du maraîcher a besoin d'une femme pour prospérer : si l'homme cultive le marais et le fait produire, la femme seule sait tirer parti des récoltes. Mais les maraîchers ne vont guère chercher des femmes en dehors de leur profession; ils choisissent toujours la fille d'un de leurs confrères; il y a peu d'exemples qu'un mariage se soit fait autrement. En cela ils ont raison, car il faut être né dans cette profession pour en supporter les fatigues. On pourrait dire que les maraîchers ne forment qu'une seule et même famille; aussi voit-on souvent jusqu'à quatre cents convives réunis pour fêter une solennité nuptiale. Après leur mariage, livrés tout entiers à leurs travaux, pour eux l'horizon ne s'étend pas au delà de leur jardin.

Dans un établissement maraîcher tout le monde se lève avant le jour. En été, les femmes partent à deux heures du matin et en hiver à quatre heures pour aller vendre leurs produits au marché. Cette vente est terminée à sept heures du matin, en été, et à huit heures, en hiver. En revenant elles apportent les provisions nécessaires aux besoins de la journée, et, une fois de retour à la maison, elles vont au jardin et commencent leur travaux, qui consistent à sarcler les planches en culture, à cueillir ou à arracher les légumes qu'il faudra porter au marché le lendemain matin.

Dans toutes ces opérations, les maîtresses se font

aider par les filles. Ce travail, sans être précisément rude, est néanmoins pénible, car il les oblige d'être à genoux sur la terre pendant une bonne partie de la journée, et cela sans égard pour le temps ni pour la saison.

Aussitôt après le départ des femmes pour le marché, les hommes commencent leurs travaux. A sept heures ils mangent un morceau de pain en travaillant, et à neuf heures tout le monde déjeune.

En été ils se reposent une heure ou deux dans le milieu de la journée et dînent à deux heures. Le maître et la maîtresse, les enfants, les filles et les garçons à gages mangent ensemble à la même table, ce qui rappelle les mœurs patriarcales ; aussi trouve-t-on plus de moralité parmi les maraîchers que dans les autres classes laborieuses. Le maître ne traite jamais ses ouvriers avec hauteur ou dureté ; sa conduite envers eux est généralement pleine de bienveillance. Après le dîner chacun reprend son travail, qui continue sans interruption jusqu'à l'heure du souper, qui a lieu à dix heures, en été, et à huit heures, en hiver. Le soir les hommes arrosent, font des paillassons, transportent du terreau, des fumiers, etc. Pendant ce temps les femmes rangent les légumes sur des hottes, dans des calais ou dans des mannes, suivant leur nature ; après quoi on les charge dans la voiture, afin de n'avoir plus qu'à partir. Le lendemain on reprend les travaux au point où on les a laissés. A une journée d'un travail rude et assidu en succède une autre pareille, et ainsi se passe leur vie.

Le mariage d'un parent, le convoi d'un ami et la Saint-Fiacre sont les seules circonstances qui puissent les déterminer à quitter leurs travaux. Trop nombreux pour célébrer la Saint-Fiacre tous ensemble, ils se divisent en plusieurs confréries. Chaque confrérie a un règlement particulier; dans les unes on paye une cotisation annuelle, dans les autres les souscriptions sont facultatives. Chaque confrérie a un président, un ou deux marguilliers, qui sont élus pour un an, puis un trésorier. Le montant des cotisations ou des souscriptions est affecté aux frais d'une messe. Après la cérémonie, chaque confrérie se réunit dans un banquet, suivi d'un bal, mais qui cesse aussitôt que sonne l'heure du départ pour la halle.

Une gaieté franche préside toujours à ces fêtes; on n'y voit jamais aucun désordre, aucun excès.

Malgré cette vie active et laborieuse, qui ne laisse, ni à l'esprit le temps de se distraire, ni au corps le loisir du repos, les maraîchers ne cessent ordinairement de travailler qu'à un âge fort avancé ; aussi ne voit-on jamais ni vieux maraîcher ni vieille maraîchère avoir recours à la charité publique, comme il y en a tant d'exemples dans beaucoup d'autres classes laborieuses. Ce n'est pas, cependant, que tous puissent se mettre à l'abri du besoin pour leurs vieux jours ; mais ils sont tellement habitués à travailler, qu'ils ne conçoivent pas qu'on puisse vivre autrement. Ceux qui n'ont pu faire d'économies sont recueillis chez leurs enfants, qu'ils aident encore de leurs conseils, fondés sur une longue expérience ; ceux qui n'ont pas d'enfants (ce qui est extrêmement rare) vont, pour un faible salaire, offrir leurs services à leurs confrères plus heureux, et ceux-ci se font toujours un devoir de les recueillir et de les occuper suivant leurs forces.

L'isolement complet dans lequel ils vivent n'a pas peu contribué au manque total de documents sur leurs travaux ; car on peut les dire entièrement étrangers à la ville qu'ils habitent, à leur quartier même, tant leur activité est concentrée dans l'étroit espace de leurs marais.

CHAPITRE III.

Analyse des terres.

En traitant cette question au point de vue horticole, nous nous serions borné à dire que le sol des marais de Paris se compose de deux natures de terres, l'une connue sous le nom de *terre forte*, l'autre sous celui de *terre légère*. Les terres fortes sont argileuses, contiennent plus ou moins de chaux, du sable et généralement peu d'humus. Les terres légères ne contiennent pas ou presque pas d'argile; elles sont sablonneuses ou calcaires, selon les proportions de sable ou de chaux qui en font partie. Mais, comme ces renseignements n'auraient véritablement présenté qu'un bien mince intérêt, nous avons eu recours au talent de M. Poinsot, préparateur du cours de chimie de M. Payen, qui a bien voulu se charger de nous donner une analyse scientifique de ces terres. Nous nous en félicitons d'autant plus que, ce travail ayant eu lieu dans le laboratoire de M. Payen, au Conservatoire des arts et métiers, cette circonstance a permis au savant professeur de suivre cette opération délicate ; aussi, prions-nous ces Messieurs de recevoir ici l'expression de notre reconnaissance.

Afin de suivre l'ordre précédemment adopté pour la partie statistique, nous avons pris plusieurs échantillons de terre dans chacune des quatre régions que nous avons établies, de manière à représenter exactement la nature des principaux marais de Paris.

Première opération.

Pour déterminer la quantité de matière organique contenue dans chacune de ces terres, nous en avons desséché une partie, et le produit ayant été incinéré, nous avons obtenu les résultats suivants :

Manière organique pour 100 parties de terre sèche.

Est,	14,80.	Nord,	14,42.
Ouest,	11,22.	Sud,	10,67.

Deuxième opération.

Examen de la composition minérale des terres.

La composition minérale de ces terres varie peu ; toutes contiennent une certaine quantité de sable, des sels alcalins solubles, une assez grande quantité de carbonate de chaux, un peu de phosphate terreux et de l'oxyde de fer.

Le carbonate de chaux et le phosphate terreux sont plus abondants dans les terres du sud et du nord que dans les deux autres ; elles contiennent toutes un peu de magnésie.

Troisième opération.

Lavage.

Pour cette opération, 100 parties de terre sèche ont donné :

	EST.	OUEST.	NORD.	SUD.
Substances sableuses............	55,56	88,19	84,93	64,14
Substances limoneuses ou humus.	44,44	11,81	15,07	35,86
	100,00	100,00	100,00	100,00

Quatrième opération.

En traitant à froid par l'eau distillée une certaine quantité de chaque terre, l'eau dissout une grande quantité de sels alcalins, quelques sels terreux, et un peu de matière organique.

100 grammes de chaque échantillon ont été lavés successivement par 2 demi-litres d'eau distillée ; le liquide provenant de ces lavages a été filtré, puis évaporé à sec sans calcination.

Le résidu sec a été pesé, puis incinéré, afin de déterminer la proportion de substances organiques. Le liquide provenant du lavage de ces terres exerce une réaction faiblement acide ; mais par l'ébullition cette réaction acide disparaît, et fait place à une réaction alcaline, ce qui prouve que la réaction acide est produite par l'acide carbonique.

Matière soluble dans l'eau pour 100 parties de terre sèche.

Est,	0,457.	Nord,	0,841.
Ouest,	0,477.	Sud,	0,103.

100 parties de la matière soluble dans l'eau soumise à la calcination ont perdu :

Est,	15,03.	Nord,	21,78.
Ouest,	23,28.	Sud,	25,27.

Cette matière soluble calcinée contient pour toutes ces terres une assez grande quantité de carbonate de chaux.

La quantité de substances solubles à froid que renferme une terre doit avoir une grande influence sur sa fertilité, puisque les plantes ne doivent absorber que les matières solubles présentant alors une division qui leur permet d'être absorbée par les vaisseaux capillaires des racines.

On peut dire que dans chacune des terres analysées, la quantité de substances solubles est environ le double de celles que donnent les terres labourables de bonne qualité.

Les proportions de matières organiques sont aussi beaucoup plus abondantes que dans ces dernières.

Comme les terres des marais de Paris doivent encore une partie de leur fertilité à la grande quantité d'azote qu'elles contiennent, nous croyons nécessaire, pour compléter l'intérêt que peut présenter notre travail, d'indiquer la proportion d'azote trouvée dans les terres ci-dessus analysées :

Azote pour 100 parties de terre sèche............	0,497
Azote pour 100 parties de matière organique......	4,880

La proportion de substances azotées est considérablement plus forte que dans les terres labourables.

Bien que les maraîchers se préoccupent généralement peu de connaître la constitution chimique du sol de leurs marais, nous espérons que beaucoup de nos lecteurs nous sauront gré de leur avoir donné une analyse exacte de la terre des marais de Paris, réputés les plus productifs de la France, nous pourrions même dire de l'Europe. D'après l'analyse de ces terres, on voit que les substances qui les composent varient seulement sous le rapport des proportions. On reconnaît aussi que les marais de l'est, réputés pour leur fertilité et leur précocité, ne doivent pas ces avantages uniquement à leur position ; car la terre qui les compose est celle qui contient la plus grande quantité d'humus, ce qui fait que sur d'autres points l'on peut espérer d'arriver au même résultat par l'emploi des débris de végétaux et une addition d'engrais consommés.

CHAPITRE IV.

Établissement d'un jardin maraîcher.

Les cultures maraîchères peuvent être divisées en trois catégories : la première se compose des terrains où l'on fait de la culture maraîchère de plein champ, c'est-à-dire où l'on ne cultive que de gros légumes ;

La seconde, de ceux où l'on fait simplement de la culture maraîchère de pleine terre ;

La troisième, des terrains où l'on cultive simultanément des primeurs et de la pleine terre.

Les terrains les plus favorables pour la culture des gros légumes sont de bonnes terres argileuses suffisamment fumées et assez compactes pour conserver l'humidité, condition essentielle dans ce genre de culture, où les seuls arrosements praticables sont les irrigations, ce qui toutefois ne peut avoir lieu que lorsque ces terrains se trouvent à proximité d'un cours d'eau dont on peut disposer à son gré.

On obtient encore de très-bons résultats dans quelques terrains marécageux, ainsi que cela se voit en Picardie, où l'on trouve un grand nombre d'étangs desséchés, dans lesquels on récolte des légumes de la plus grande beauté.

Pour l'établissement d'un marais de la seconde catégorie, il faut un terrain bien aéré et très-découvert (jamais on ne doit planter d'arbres, dont l'ombrage nuirait aux cultures), mais autant que possible à l'abri des coups de vent, présentant une pente douce au levant ou au couchant, et situé dans une position basse, sans être cependant marécageuse ni trop fraîche. Il est vrai que ces conditions sont souvent difficiles à réunir, et, lorsqu'on est forcé d'accepter une position faite, il faut, autant qu'on le peut, la rendre la plus favorable possible en dirigeant tous ses travaux vers un même but, celui d'approcher, autant qu'il se pourra, des conditions que nous venons de signaler. Si la nature du sol et l'exposition d'un terrain sont des considérations dont on doive sérieusement se préoccuper, la proximité des eaux n'est pas moins importante, car sans eau point de culture maraîchère ; aussi le premier soin du maraîcher qui forme un nouveau jardin doit-il être de s'informer de la profondeur de l'eau, ce que l'on peut savoir approximativement par la profondeur des puits voisins.

Lors de la mise en culture, le terrain est divisé en planches parallèles, séparées par des sentiers étroits, que l'on tient plus élevés que les planches dans les terrains légers et secs, afin de retenir l'eau des arrosements, tandis qu'ils doivent être en creux dans les terrains humides, de manière que, les planches étant plus élevées, elles se ressuient plus promptement. Comme dans ces marais l'on ne fait pas de primeurs, il suffit presque toujours qu'ils soient entourés d'une simple clôture, d'un treillage, d'un brise-vent de paille ou d'un fossé ; ce qui, il est vrai, ne les garantit pas toujours de la dévastation des maraudeurs.

Pour ceux de la troisième catégorie, la plus avantageuse de toutes les positions est un terrain horizontal, également très-découvert, formant un carré long et présentant le plus de développement possible au sud ; car, comme il est toujours avantageux d'obtenir des produits précoces, il est de toute nécessité d'avoir de bonnes expositions, protégées autant que possible par un mur. Pour utiliser ce mur, on peut le garnir de Vignes au sud et de Poiriers aux autres expositions. Comme chaque exposition a son utilité particulière, on ménage en avant du mur une costière ou large plate-bande qu'on utilise selon la saison et l'exposition ; à celle du midi, on établit une costière de 2 mètres à 2^{m},65 de largeur, c'est-à-dire proportionnée à la hauteur du mur, et dès les premiers jours de février on y plante de la Romaine verte élevée sous cloches ; puis on sème des Carottes hâtives, des Radis, des Epinards ou du Persil, et dans la première quinzaine de mars on contreplante des Choux-fleurs semés en automne. Toutes ces plantes sont bonnes à récolter environ trois semaines avant celles plantées en plein marais. Après la récolte des Choux-fleurs, on peut planter des Cornichons, qui peuvent être remplacés par de l'Escarole.

A l'est et à l'ouest on peut également planter ou semer tout ce qui est indiqué pour la costière du sud ; seulement, comme ces expositions sont moins favorables, on plante quinze jours ou trois semaines plus tard.

L'exposition du nord peut servir à mettre en hiver différents légumes en jauge, et, en été, c'est là qu'on élève ses plants et qu'on sème des Epinards et du Cerfeuil, enfin toutes les plantes qui, pendant les chaleurs, ne réussissent qu'en un endroit ombragé. C'est aussi à cette exposition qu'on dépose les coffres pendant l'été, et qu'on élève un hangar pour serrer les châssis et les paillassons qui ne servent plus.

Dans ce genre de culture, les abris sont d'une telle importance, qu'à défaut de murs, il faudrait établir soit des palissades de planches, soit des brise-vent faits avec de la paille ou même des roseaux maintenus en haut et en bas entre deux lattes de treillage. Comme toujours, on fait les costières d'une largeur proportionnée à la hauteur des abris ; puis, en labourant, on a soin d'élever le terrain d'environ 15 centimètres par derrière, de manière à présenter au soleil un plan incliné. En toute circonstance la partie du terrain la mieux exposée doit être réservée pour établir les couches, et le reste être divisé par planches, comme nous l'avons précédemment indiqué.

S'il arrivait qu'on fût forcé de prendre un terrain de médiocre qualité, il faudrait, la première année, établir ses couches, et, dans le reste du terrain, cultiver de gros légumes.

La seconde année on établirait ses couches sur un autre emplacement, et, au lieu d'enlever les fumiers et le terreau des vieilles couches, comme cela se fait ordinairement, on répandrait également ces engrais ; on donnerait un bon labour, et on réserverait cette partie pour cultiver les plantes qui exigent un terrain bien fumé.

L'année suivante on ferait le même travail, et ainsi de suite, jusqu'à ce que l'on fût arrivé à changer complétement la nature du sol.

DES ASSOLEMENTS.

L'assolement d'un marais est une combinaison de la plus haute importance ; celui des marais de Paris est véritablement d'une supériorité incontestable, non-seulement sur ceux des autres points de la France, mais encore sur ceux des pays où l'horticulture est la plus avancée.

Leur position géographique a beau n'être pas privilégiée, nulle part l'on ne fait un aussi grand nombre de récoltes sur le même terrain (presque toujours trois saisons, et souvent six récoltes dans le courant d'une année). Afin de donner une idée de l'intelligence avec laquelle nos maraîchers font succéder une saison à une autre, nous allons prendre un ou deux exemples d'assolement dans chacune des quatre régions établies pour la statistique.

OUEST.

Marais où l'on cultive simultanément des primeurs et de la pleine terre.

Couches. — 1° Vers le 15 décembre on sème des Carottes courtes hâtives sous panneaux, et l'on plante des Laitues petite noire. La récolte des Carottes étant terminée dans les premiers jours d'avril, on retourne la couche, et l'on plante des Melons à cloches.

En août on plante deux rangs de Choux-fleurs, ou bien un seul rang, et un rang d'Escaroles de chaque côté.

Puis, en septembre, on sème du Cerfeuil, des Epinards ou des Mâches. Du 20 au 25 juillet on plante un rang de Choux de Vaugirard dans chaque sentier de couches.

2° Dans la seconde quinzaine de mars on plante des Melons (sur lesquels on rapporte les panneaux qui étaient sur les Carottes), et trois Choux-fleurs par panneau, sur le milieu de la couche.

Vers la fin de juin, la récolte des Melons étant terminée, on plante de la Chicorée ou de l'Escarole; puis, après la récolte des Chicorées (fin de septembre), on sème des Mâches.

3° Dans les premiers jours de janvier on plante de la Laitue petite noire, et, vers le 15 janvier, six Choux-fleurs sous chaque panneau.

Dans la première quinzaine de mars, après la récolte des Laitues petite noire, on plante de la Laitue gotte. En mai, après la récolte des Choux-fleurs, on retourne la couche, et l'on plante des Melons à cloches.

En juin ou juillet, l'on plante des Choux-fleurs; en septembre on sème des Mâches ou des Epinards.

4° Fin de mars, on plante des Melons, sur lesquels on rapporte les panneaux qui étaient sur les Choux-fleurs.

Vers le 15 juin on plante un rang de Choux-fleurs, et après la récolte des Melons, dans la seconde quinzaine de juin, on plante des Chicorées ou des Escaroles, et dans les premiers jours d'octobre, après la récolte des Chicorées, on sème des Mâches.

5° En décembre on plante de l'Oseille ; en février on retourne la couche, et l'on plante de la Chicorée. Vers la fin d'avril, après la récolte des Chicorées, on retourne la couche, et l'on plante des Melons à cloches. En juin ou juillet on plante un rang de Choux-fleurs, et en septembre, après la récolte des Melons, on sème des Epinards ou des Mâches.

6° Dans la seconde quinzaine de février on plante une Romaine et quatre Chicorées sous chaque cloche, et une Romaine entre chaque cloche.

Vers la fin d'avril, après la récolte des Chicorées, on retourne la couche, et l'on plante des Melons à cloches, puis des Choux-fleurs, et l'on sème des Epinards ou des Mâches.

7° Dans les premiers jours de mars on plante quatre Laitues petite noire et une Romaine sous chaque cloche (pour cela on prend les cloches qui ont servi à élever les plants de Laitues et de Romaines). Vers la fin d'avril, après la récolte des Romaines, on retourne la couche, et l'on plante des Melons à cloches, puis des Choux-fleurs et des Epinards, ou des Mâches.

Costière (sud). — En février on plante de la Romaine verte, et l'on sème du Poireau (qu'on laisse en place) avec un peu de Carottes; en août on plante de la Chicorée ou de l'Escarole.

Costière (est). — En mars on plante de la Romaine verte, et l'on sème des Radis.

En mai, après la récolte des Romaines, on sème du Cerfeuil, et dans les premiers jours de juillet on sème des Radis noirs.

Planche 1 [1]. — En octobre on repique de l'Oignon blanc (semé en août), parmi lequel on sème des Mâches.

Vers le 15 juin, après la récolte des Oignons, on plante de la Romaine blonde, et dans les premiers jours de juillet on contre-plante de l'Escarole, puis un rang de Choux de Vaugirard (semés en juin) de chaque côté de la planche.

En septembre on sème des Mâches dans l'Escarole.

Planche 2. — En février on sème des Carottes demi-longues, et l'on repique de la Romaine ; puis, vers le 20 avril, on contre-plante trois rangs de Choux-fleurs. Dans le courant d'août, après la récolte des Choux-fleurs, on plante de la Chicorée, et vers le 15 septembre on sème des Mâches dans la Chicorée.

Planche 3. — En février ou mars on repique du Poireau (semé sur couche en janvier) ; à la fin de juin ou dans le commencement de juillet on plante de la Chicorée ; dans la seconde quinzaine de juillet on contre-plante trois rangs de Choux-fleurs, et en octobre on sème des Epinards.

Planche 4. — En février on plante de la Romaine ; en avril ou mai on sème de l'Oseille.

[1] Chaque numéro représente un nombre indéterminé de planches.

Planche 5. — En février on plante de la Romaine verte, qu'on couvre de cloches dans la seconde quinzaine d'avril. Après la récolte des Romaines on plante des Chicorées, et dans la seconde quinzaine de mai on contre-plante de la Chicorée ; puis dans la première quinzaine de juin on contre-plante trois rangs de Choux-fleurs. Dans la seconde quinzaine de juillet, après la récolte des dernières Chicorées, on donne un labour entre les Choux-fleurs, et l'on plante un rang de Choux-fleurs dans chaque intervalle.

Après la récolte des Choux-fleurs, dans le courant de septembre, on sème des Mâches.

Planche 6. — En décembre on plante des Choux d'York (semés en août), et en mars on contre-plante trois rangs de Choux-fleurs. Après la récolte des Choux-fleurs (fin de juin, commencement de juillet) on sème des Radis noirs.

SUD.

Marais où l'on ne cultive que des primeurs.

Les murs de ce marais sont garnis de Vignes. En décembre on force une partie de l'espalier du sud ; en novembre on place des panneaux devant les parties qui n'ont pas été forcées ; de cette manière on conserve du Raisin dans toute sa beauté jusqu'en janvier.

Couches. — 1° Dans la première quinzaine de décembre on repique des Pois sous panneaux, mais à froid.

La récolte étant terminée vers la fin d'avril, on fait une couche, et dans les premiers jours de mai on plante des Patates.

2° En février on plante des Melons.

Dans la seconde quinzaine de mai, la récolte des Melons étant terminée, on retourne la couche et l'on plante des Melons à cloches.

3° En février on plante des Concombres verts anglais.

Dans la seconde quinzaine de mai, la récolte étant terminée, on retourne la couche et l'on plante des Melons à cloches.

4° Tout le reste du terrain est planté en Fraisiers des Alpes. Vers la fin de janvier on place des panneaux sur les planches de Fraisiers (plantés à la fin de septembre). On plante intérieurement un rang de touffes d'Oseille autour des coffres, et l'on commence à forcer les Fraisiers, au moyen de réchauds de fumier.

Dans la seconde quinzaine de juin, la récolte des Fraisiers étant terminée, on les détruit, puis on fait des couches, et l'on plante des Melons à cloches.

Marais où l'on ne cultive que des légumes en pleine terre.

Couches a l'air. — A la fin de février on sème des Carottes et des Radis, puis dans les premiers jours de mars on plante deux rangs de Choux-fleurs.

Vers la fin de mai, après la récolte des Carottes, on plante des Cornichons. Dans la seconde quinzaine de juillet, après la récolte des Choux-fleurs, on plante deux autres rangs de Choux-fleurs.

Costière (sud). — En février on sème des Carottes, et dans la seconde quinzaine de février on plante de la Romaine.

Dans la seconde quinzaine de juin, après la récolte des Carottes, on sème des Radis noirs.

Planche 1. — Vers le 15 février on plante des Choux d'York (semés en août). Dans la première quinzaine de juin, après la récolte des Choux, on plante des Chicorées, et dans les premiers jours de juillet on contre-plante des Choux-fleurs. La récolte étant terminée dans les premiers jours de septembre, vers le 15, on sème des Radis roses sur ados. Du 20 au 25 juillet on repique un rang de Choux de Vaugirard de chaque côté des planches.

Planche 2. — En février on sème des Carottes ; en mars on plante de la Romaine verte, et dans la seconde quinzaine d'avril on contre-plante trois rangs de Choux-fleurs.

Vers la fin de juillet, la récolte des Choux-fleurs étant terminée, dans les premiers jours d'août on plante de la Chicorée ; puis dans la seconde quinzaine de septembre on sème les Mâches dans la Chicorée.

Planche 3. — Dans la seconde quinzaine d'octobre on repique de l'Oignon blanc (semé en août).

Dans la première quinzaine de juin, après la récolte des Oignons, on sème des Radis, et l'on plante de la

Romaine ; puis dans la seconde quinzaine on contre-plante des Escaroles.

En septembre on sème des Mâches dans l'Escarole.

Planche 4. — En mars on sème de l'Oseille.

Planche 5. — En mars on sème des Radis roses (seuls).

Vers le 15 avril, après la récolte des Radis, on plante de la Chicorée ; dans la seconde quinzaine de mai on contre-plante des Chicorées, et dans la première quinzaine de juin on contre-plante trois rangs de Choux-fleurs.

Dans la seconde quinzaine de juin, après la récolte des dernières Chicorées, on contre-plante deux rangs de Choux-fleurs, et vers la fin de septembre on sème des Mâches ou des Epinards.

Planche 6. — Dans la seconde quinzaine de mars on sème des Radis (seuls).

En mai, après la récolte des Radis, on plante de la Chicorée, et en juin on contre-plante du Céleri dans la Chicorée, de deux en deux planches.

Dans les premiers jours de juin on contre-plante de la Chicorée dans les planches intermédiaires, et dans la seconde quinzaine on contre-plante dans la Chicorée des Choux-fleurs, qui sont récoltés à l'époque où l'on butte le Céleri.

Planche 7. — En février ou mars on sème du Poireau ; à la fin de juin, après la récolte du Poireau, on plante de la Chicorée, et dans la seconde quinzaine de juillet on contre-plante trois rangs de Choux-fleurs.

Planche 8. — Dans les premiers jours d'avril on

plante des Laitues rouges; dans la seconde quinzaine on contre-plante des Chicorées, et dans la première quinzaine de mai on contre-plante trois rangs de Choux-fleurs.

Dans la première quinzaine d'août, après la récolte des Chicorées, on plante des Laitues grosse brune, et quelques jours après on contre-plante de la Chicorée. En octobre, après la récolte des Chicorées, on sème des Mâches ou des Epinards.

EST.

Marais où l'on cultive à la fois des primeurs et de la pleine terre.

Couches. — 1° En décembre on plante de l'Oseille; dans la seconde quinzaine de janvier on plante des Haricots de Hollande; on retourne la couche dans la seconde quinzaine d'avril, et l'on plante des Melons.

Dans la seconde quinzaine de septembre, la récolte des Melons étant terminée, on laboure le terrain et l'on sème des Epinards (pour récolter dans la seconde quinzaine de mars).

2° Vers la fin de novembre ou au commencement de décembre, on plante quatre Laitues petite-noire et une Romaine sous chaque cloche. La récolte étant terminée dans la première quinzaine de février, on plante une seconde saison de Laitues et de Romaines; puis, lorsque la température le permet, on plante une Romaine entre chaque cloche, et, lorsque celles qui ont été plantées sous cloches sont récoltées, on rapporte les cloches sur les dernières plantées.

Dans la première quinzaine d'avril, la récolte des Romaines étant terminée, on retourne la couche et l'on plante des Melons.

En juillet on plante des Choux-fleurs, et en septembre, après la récolte des Melons, on sème des Mâches.

3° Dans la seconde quinzaine d'octobre on plante sur terre, mais sous panneaux, de la Chicorée et deux rangs de Choux-fleurs.

La récolte des Choux-fleurs étant terminée vers la fin d'avril, dans le commencement de mai on fait une couche et l'on plante des Melons à cloches.

En juillet on plante des Choux-fleurs, et en septembre, après la récolte des Melons, on sème des Mâches.

Carré d'Asperges. — Vers la fin d'octobre on recharge avec la terre des sentiers les planches d'Asperges qu'on veut forcer ; on place les coffres ; puis on plante de la Chicorée, et l'on commence à chauffer les Asperges en décembre, janvier ou février. Enfin, après la récolte des Asperges, on plante de la Laitue gotte et deux rangs de Choux-fleurs, et, lorsque ces derniers sont récoltés, on enlève les coffres, on remplit les sentiers et l'on plante de la Chicorée. Après la Chicorée on sème du Cerfeuil, et après la récolte du Cerfeuil on sème des Mâches.

Costière (sud). — En février on plante de la Romaine verte, et l'on sème à travers des Radis ou des Carottes. En mars, on contre-plante des Choux-fleurs.

Dans la première quinzaine de juin, après la récolte des Choux-fleurs, on fait une couche et l'on plante des Melons à cloches.

La récolte des Melons étant terminée, dans la première quinzaine de septembre, on laboure le terrain et l'on sème des Epinards (pour récolter en janvier).

Planche 1. — En décembre on plante des Choux d'York (semés à la fin d'août).

La récolte étant terminée en mai, on fait une couche, et l'on plante des Melons à cloches.

En juillet on plante des Choux-fleurs, et en septembre, après la récolte des Melons, on sème des Mâches ou du Cerfeuil.

Planche 2. — En décembre on plante des Choux d'York ; en mai, après la récolte des Choux, on repique de la Chicorée, et en juin on contre-plante de la Poirée à cardes (semée en mai).

Planche 3. — En février on plante des Choux d'York et l'on sème parmi eux des Epinards.

En mai, après la récolte des Choux, on plante de la Romaine blonde et l'on contre-plante des Tomates.

En septembre on sème du Cerfeuil parmi les Tomates.

Planche 4. — Dans la seconde quinzaine de septembre on sème du Poireau, et en mai, après la récolte du Poireau, on plante des Potirons.

Planche 5. — En mars on repique du Poireau (semé sur couche en janvier).

En juin, après la récolte du Poireau, on repique de

la Romaine, et l'on contre-plante des Chicorées ou des Escaroles.

La récolte des Chicorées étant terminée en septembre, on sème des Epinards ou des Mâches.

Planche 6. — En février on plante des Choux d'York, parmi lesquels on sème des Epinards.

En juin, après la récolte des Choux, on plante de la Romaine, et l'on contre-plante des Poireaux.

Planche 7. — En février on sème des Carottes, et l'on y mêle un peu de Radis.

En juin, après la récolte des Carottes, on plante des Laitues, et l'on contre-plante de la Chicorée.

En septembre, la récolte des Chicorées étant terminée, on sème des Epinards ou des Mâches.

Planche 8. — En février on sème des Poireaux ; à la fin de juin et dans le courant de juillet, après la récolte des Poireaux, on plante du Céleri (semé dans la première quinzaine de mai) et l'on contre-plante de la Romaine ou des Laitues.

Planche 9. — En mars on plante des Choux-fleurs, et l'on contre-plante de la Romaine.

Dans la première quinzaine de juillet, après la récolte des Choux-fleurs, on plante des Laitues, et l'on contre-plante de la Chicorée.

En octobre on sème des Mâches ou du Cerfeuil.

Planche 10. — Dans la seconde quinzaine d'octobre on repique de l'Oignon blanc (semé en août).

A la fin de mai, après la récolte de l'Oignon, on repique du Céleri (semé en avril), et l'on contre-plante de la Romaine blonde.

Vers la fin d'août et dans le courant de septembre, après la récolte du Céleri, on fait des meules à Champignons.

Marais où l'on ne cultive que des primeurs.

COUCHES. — 1° En novembre on commence à chauffer des Asperges vertes, et l'on continue successivement jusqu'en mars.

En mars on plante des Aubergines.

2° En novembre on commence à chauffer des Asperges vertes, et l'on continue successivement jusqu'en mars.

En mars on plante des Melons.

En août, après la récolte des Melons, on laboure le terrain, et l'on repique de la Poirée blonde (semée en juin).

3° Dans le courant de novembre on plante de la Chicorée, et deux rangs de Choux-fleurs (sous panneaux, mais sur terre).

Dans la seconde quinzaine de mai, après la récolte des Choux-fleurs, on fait une couche et l'on plante des Melons.

COSTIÈRE (sud). — En février on plante de la Romaine, et en mars on contre-plante des Choux-fleurs.

Dans la première quinzaine de juin, après la récolte des Choux-fleurs, on fait une couche et l'on plante des Melons à cloches.

PLANCHE 1. — En septembre on fait des meules à Champignons.

En mai on plante des Concombres.

PLANCHE 2. — En septembre on fait des meules à Champignons.

En mai on plante des Tomates.

Marais de la vallée de Fécamp.

PLANCHE 1. — Dans la première quinzaine de mars on repique de la Romaine verte.

Dans la seconde quinzaine on contre-plante de la Laitue rouge.

En mai on plante des Cornichons; en septembre, après la récolte des Cornichons, on sème des Poireaux et des Mâches.

PLANCHE 2. — En février on sème des Carottes et des Radis.

En juin, la récolte des Carottes étant terminée, on plante de la Romaine blonde ou de la Laitue grise, et l'on contre-plante des Choux-fleurs.

En septembre, après la récolte des Choux-fleurs, on sème des Epinards ou des Mâches.

PLANCHE 3. — En mars on plante de la Romaine verte et de la Laitue rouge, et l'on contre-plante des Choux-fleurs. La récolte des Choux-fleurs étant terminée dans la seconde quinzaine de juin, on sème des Carottes dans les premiers jours de juillet.

PLANCHE 4. — En mars on sème de l'Oseille.

PLANCHE 5. — En octobre on repique de l'Oignon blanc, et l'on sème des Mâches ou du Cerfeuil.

En juin, après la récolte des Oignons, on repique de la Laitue grise, et dans les premiers jours de juillet on contre-plante des Chicorées ou de l'Escarole.

En octobre, après la récolte des Chicorées, on sème des Epinards ou des Mâches.

Planche 6. — En octobre on repique de l'Oignon blanc, et l'on sème des Mâches ou du Cerfeuil.

En juillet, après la récolte des Oignons, on plante de la Romaine blonde ou de la Laitue grise, et l'on contre-plante des Choux-fleurs. En septembre on sème des Mâches.

Planche 7. — En février ou mars on sème de la Ciboule et des Radis. En août, après la récolte des Ciboules, on sème des Radis (seuls). La récolte des Radis étant terminée, à la fin d'août (dans la première quinzaine de septembre), on sème des Epinards.

Planche 8. — En février on sème des Poireaux.

En juillet, après la récolte des Poireaux, on plante de la Chicorée ou de l'Escarole.

Planche 9. — En septembre on sème de la Carotte hâtive. A la fin de mai ou au commencement de juin, après la récolte des Carottes, on plante de la Romaine blonde ; à la fin de juin on contre-plante de la Chicorée.

En octobre on sème du Cerfeuil.

Planche 10. — En février on plante des Choux d'York et l'on sème des Epinards.

En juin, après la récolte des Choux, on plante de la Romaine blonde, et quinze jours après on contre-plante du Céleri.

Planche 11. — En décembre on plante des Choux cœur-de-bœuf, et dans la première quinzaine de juillet, après la récolte des Choux, on sème de la Ciboule et des Radis.

Planche 12. — En décembre on plante des Choux cœur-de-bœuf. La récolte des Choux étant terminée vers la fin de juin, dans le commencement de juillet on plante de la Laitue et l'on contre-plante de la Chicorée ou de l'Escarole, et dans la première quinzaine de septembre, après la récolte des Chicorées, on plante des Poireaux.

NORD.

Marais où l'on cultive simultanément des primeurs et de la pleine terre.

Couches. — 1° En décembre on sème des Carottes courtes hâtives, et l'on plante de la Laitue petite-noire.

En mai, après la récolte des Carottes, on retourne la couche et l'on plante des Melons. En juillet ou août on plante des Choux-fleurs, et en septembre, après la récolte des Melons, on sème des Mâches, du Cerfeuil ou des Epinards.

2° En janvier on plante une Romaine verte et quatre Laitues sous chaque cloche.

Dans la première quinzaine de février, la récolte étant terminée, on plante une seconde saison de Laitue et de Romaine ; puis, lorsque la température le permet, on plante une Romaine entre chaque cloche, et, lorsque celles plantées sous cloche sont récoltées, on rapporte les cloches sur les dernières plantées.

Dans la première quinzaine d'avril, la récolte des Romaines étant terminée, on retourne la couche et l'on plante des Melons.

En juillet ou août on plante des Choux-fleurs, puis l'on contre-plante de l'Escarole ou du Céleri-rave.

Costière (sud). — En février on plante de la Romaine verte et l'on sème des Radis ou de la Carotte.

En mai, après la récolte, on plante des Cornichons, et dans la seconde quinzaine d'août on contre-plante de l'Escarole.

Costière (est). — En mars on plante de la Romaine, et l'on sème des Radis ; après la récolte des Romaines on sème du Persil (pour l'hiver).

Costière (nord). — Pendant l'été on sème du Cerfeuil.

Planche 1. — En février ou en mars on plante de la Romaine, et l'on contre-plante des Choux-fleurs.

En juin, après la récolte des Choux-fleurs, on plante de la Romaine blonde ou de la Laitue, et dans la première quinzaine de juillet on contre-plante de la Chicorée ou de l'Escarole, et à la fin de septembre ou au commencement d'octobre, après la récolte des Chicorées, on sème des Epinards.

Planche 2. — En février on plante des Choux d'York, et l'on sème, à travers, des Epinards.

A la fin de juin ou dans le courant de juillet, après la récolte des Choux, on repique du Poireau, et l'on sème des Mâches.

PLANCHE 3. — En octobre on repique de l'Oignon blanc et l'on sème du Cerfeuil.

A la fin de mai ou au commencement de juin, après la récolte des Oignons, on plante de la Romaine blonde ou de la Laitue. Dans la seconde quinzaine de juin on contre-plante de la Chicorée ou de l'Escarole, et dans la seconde quinzaine d'août on sème des Epinards pour l'automne.

PLANCHE 4. — En décembre on plante des Choux d'York.

A la fin de juin ou au commencement de juillet on plante de la Chicorée, et dans la première quinzaine de juillet on contre-plante du Céleri.

PLANCHE 5. — En février ou mars on plante de la Romaine et l'on sème des Radis.

En avril, après la récolte des Romaines, on plante de la Chicorée, et l'on contre-plante du Céleri-rave.

PLANCHE 6. — En février on plante des Choux d'York, dans lesquels on sème des Epinards.

Dans la première quinzaine de juin, après la récolte des Choux, on plante de la Romaine blonde ou de la Laitue, et l'on contre-plante de la Chicorée ou de l'Escarole. A la fin d'août, après la récolte des Chicorées, on sème de l'Oignon blanc et des Mâches.

PLANCHE 7. — En décembre on plante des Choux d'York. En mai, après la récolte des Choux, on plante ou l'on sème des Cardons, et l'on contre-plante de la Romaine blonde.

PLANCHE 8. — En février ou mars on plante de la Romaine, et l'on sème des Radis.

En avril, après la récolte des Romaines, on plante de la Chicorée, et l'on contre-plante du Céleri.

Dans la seconde quinzaine d'août, après la récolte du Céleri, on plante de l'Escarole.

PLANCHE 9. — En février ou en mars on plante de la Romaine, et en mai on sème de l'Oseille.

PLANCHE 10. — En février on sème des Carottes ; dans la première quinzaine de juillet, après la récolte des Carottes, on plante de la Romaine, et dans la seconde quinzaine on contre-plante de la chicorée ou de l'Escarole.

En octobre, après la récolte des Chicorées, on sème du Cerfeuil.

PLANCHE 11. — En février on sème de la Ciboule et des Radis. En juillet, après la récolte des Ciboules, on plante de la Chicorée et l'on contre-plante des Choux-fleurs ; puis en septembre on sème des Mâches.

PLANCHE 12. — En mars on repique du Poireau semé sur couche en janvier.

Fin juin, après la récolte du Poireau, on plante de la Chicorée ou de l'Escarole, puis on contre-plante des Choux-fleurs, et en septembre on sème des Mâches dans les Choux-fleurs.

PLANCHE 13. — En février ou mars on plante de la Romaine ; dans la seconde quinzaine d'avril on contre-plante de la Chicorée, et dans la seconde quinzaine de mai on contre-plante de la Chicorée dans la Chicorée.

La récolte étant terminée dans la seconde quinzaine

de juillet, on plante de la Romaine blonde ou de la Laitue, et l'on contre-plante des Choux-fleurs, et en septembre on sème des Mâches dans les Choux-fleurs.

Culture maraîchère d'Aubervilliers.

Presque tous les terrains dépendant des communes d'Aubervilliers-les-Vertus, la Chapelle, la Villette, la Courneuve, Baubigny, le Bourget, Drancy, Saint-Denis, Saint-Ouen et Pantin, sont consacrés à la culture des légumes. Le sol de ces marais est une terre franche, profonde, très-fertile. Presque tous ces terrains sont affermés à raison de 350 francs l'hectare.

La contenance moyenne des terrains occupés par chaque cultivateur est d'environ 5 hectares, divisés en plusieurs parcelles de terre souvent très-éloignées les unes des autres et de natures diverses.

Le nombre des personnes employées à la culture des 5 hectares de terre est environ de trois hommes en été, plus quelques femmes de journée pour les sarclages, et d'un homme et d'une femme pendant l'hiver. Le matériel nécessaire à chacune de ces exploitations se compose d'un cheval, d'une charrette, d'une charrue, d'une herse et d'un rouleau, de plusieurs fourches, houes, hoyaux, crochets (pour arracher les Pommes de terre), binettes (espèce de petite houe), etc.

Pour compléter nos renseignements sur la culture maraîchère en plein champ, nous allons donner un exemple d'assolement qu'on peut considérer comme représentant tous les genres de culture pratiqués à Aubervilliers, nous réservant de donner quelques détails de culture au chapitre intitulé *Culture*.

1° Dans la seconde quinzaine de février ou dans la première quinzaine de mars on sème de l'Oignon jaune, puis du Poireau dans le même terrain et dans les proportions suivantes :

15 kilogrammes d'Oignon et 3 kilogrammes de Poireau par hectare. A la fin d'août ou au commencement de septembre on récolte les Oignons, ce qui permet alors aux Poireaux de se développer.

2° En mars on sème des Carottes demi-longues (à raison de 5 kilogrammes par hectare). Dans la première quinzaine de juillet, après la récolte des Carottes, on plante des Choux de Milan des Vertus (semés en juin).

3° En mai on sème des Carottes demi-longues.

4° En mai on sème des Carottes rouges longues et jaunes longues (à raison de 4 kilogrammes par hectare).

5° Dans la seconde quinzaine de mars ou dans la première quinzaine d'avril on sème des Scorsonères, à raison de 10 kilogrammes par hectare.

6° En mai on plante des Choux de Milan des Vertus (semés en avril) ou des Choux de Saint-Denis (semés à la même époque).

7° En mars on sème des Panais ronds et longs (à raison de 6 kilogrammes par hectare).

8° En juin on plante des Choux de Milan des Vertus (semés en mai).

9° En mai on sème des Betteraves rouges et jaunes pour salade (à raison de 5 kilogrammes par hectare).

10° En février ou mars on plante des Aulx ; en août, après la récolte, on sème des Navets des Vertus.

11° En février on plante des Echalotes ; en juillet, après la récolte, on plante des Choux de Milan des Vertus (semés en juin).

12° En mars on plante des Pommes de terre Shaw, et en août, après la récolte des Pommes de terre, on plante des Choux de Milan des Vertus.

13° En mai on plante des Pommes de terre Shaw.

14° En février ou mars on sème de l'Oignon blanc gros ; en juillet, après la récolte des Oignons, on plante des Choux de Milan des Vertus (semés en juin).

15° En mars on plante des Asperges par fosse, et à la même époque on plante des Pommes de terre. Dans l'intervalle des fosses, en juin, après la récolte des Pommes de terre, on sème des Betteraves.

16° En avril on plante des Artichauts.

17° Dans la seconde quinzaine d'août, après la récolte des céréales, dont chaque cultivateur sème quelques pièces chaque année, on sème des Navets des Vertus.

Comme, en raison de leur nature épuisante, un grand nombre de plantes potagères ne peuvent être cultivées plusieurs années de suite dans le même terrain, les cultivateurs dont nous venons de faire connaître les opérations ont adopté l'assolement triennal de la manière suivante :

Après une bonne fumure de fumier et d'immondices

de ville on sème : 1re année, des Scorsonères; 2e année, des Choux; 3e année, Oignons et Poireaux, ou Carottes, Betteraves, etc.

Culture des marais d'Amiens.

Les marais de la Somme, cultivés par les jardiniers maraîchers connus sous le nom d'*hortillons*, ont une haute valeur ; leur étendue dépasse 100 hectares.

Pour mettre ces terrains en culture on a partagé le sol en planches de 3 à 4 mètres de largeur, au moyen de canaux, larges de 2 mètres, qui s'étendent d'un bras de la Somme à l'autre. Les terres qu'on a dû enlever ont été distribuées sur la surface des planches, dont le sol, de cette façon, se trouve élevé de beaucoup au-dessus des eaux.

Ces canaux reçoivent toutes les mauvaises herbes provenant des sarclages, et tous les débris fournis par l'*habillage* des légumes, ce qui procure, chaque année, aux jardiniers qui exploitent ces marais, d'abondantes fumures, au moyen desquelles ils obtiennent une quantité considérable de beaux et bons légumes.

La première année, après une bonne fumure avec du fumier de cheval et un labour à la bêche, on sème, vers le milieu de février, tout ensemble, des graines de Radis, de Laitues, de Carottes, d'Oignons et de Poireaux.

Au commencement de mai on récolte d'abord les Radis, puis successivement les Laitues, les Carottes, les Oignons et les Poireaux. Quand le terrain est complétement débarrassé, on renouvelle la fumure, et on donne un nouveau labour sur lequel on repique alternativement des Laitues ou des Chicorées et des Choux. Les Salades sont récoltées avant l'hiver et les Choux en décembre, janvier et février.

La seconde année on procède au curage des canaux ; on fume et on laboure comme la première année, puis on sème des Pois et des Pommes de terre. Quand la récolte des Pois est enlevée, dans le courant de juin, on plante des Choux entre les lignes de Pommes de terre.

La récolte des Pommes de terre se fait en août et septembre, ce qui permet encore de planter des Chicorées ou des Laitues, qu'on récolte en automne.

La troisième année, après avoir curé les canaux, fumé et labouré le terrain, on sème des Radis et des Salades. En mars ou avril, selon l'état de la température, on plante sur semis des œilletons d'Artichauts, qui, bien soignés, donnent leur récolte en août et septembre ; après quoi on les arrache pour faire place à des Chicorées.

Ces marais, si prodigieusement fertiles, sont essentiellement tourbeux ; l'acidité naturelle de ce genre de sol est détruite par l'abondance des fumures, riches en substances alcalines. Ils sont une preuve frappante de ce qu'on peut obtenir des marais tourbeux avec des soins, du travail, de l'intelligence et beaucoup d'engrais, sans recourir à la méthode de l'écobuage, si vantée de nos jours.

Cette méthode peut donner temporairement de bons produits là où le sol tourbeux est très-profond ; mais, en dernière analyse, elle escompte l'avenir au profit du présent. Si les marais de la Somme avaient été mis en valeur par écobuage, il y a des siècles qu'il ne serait plus question des hortillons d'Amiens.

CHAPITRE V.

Engrais et paillis.

Les engrais employés dans les marais sont : les fumiers, les terreaux et les paillis.

FUMIER. — Comme la terre qui compose le sol des marais de Paris est généralement légère et brûlante, on emploie de préférence, comme engrais, du fumier de vache, ou, à défaut, du fumier de cheval ; mais alors on ne doit employer ce dernier qu'à moitié consommé.

Ces fumiers doivent être enterrés vers la fin de l'automne ou au commencement de l'hiver, dans la proportion d'un demi-tombereau par planche de 2^m,33 de largeur sur 24 de longueur, ce qui fait environ 100 mètres cubes par hectare[1] ; mais, comme nous avons déjà eu occasion de le dire, on ne fait acquisition d'engrais que dans les établissements où l'on ne monte pas de couches ; dans les autres, c'est seulement après avoir servi à faire les couches que les fumiers passent à l'état d'engrais, et, comme alors ils sont devenus inutiles, on en tire parti ou on les vend.

[1] Dans la grande culture, on emploie le plus souvent 30,000 kilogrammes de fumier de ferme par hectare.

Les sarclures, les épluchures de légumes, enfin tous les débris végétaux peuvent également être employés comme engrais après leur réduction en terreau, mais non avant, car alors ces fumiers renferment des graines encore susceptibles de germer et qui couvriraient le sol de mauvaises herbes.

Le fumier de cheval, en usage à Paris, n'est pas le seul engrais que puissent employer les jardiniers maraîchers, car le fumier de vaches, le fumier de moutons, la gadoue (issues de ville) et l'engrais humain conviennent tout aussi bien aux plantes potagères que le fumier de cheval.

Perdu le plus souvent pour le jardinage en raison de la répugnance que l'on éprouve à l'employer, l'engrais humain peut être désinfecté facilement avec du poussier de charbon, de la sciure de bois, du crottin de cheval, du vitriol vert, etc. Quelle que soit la forme sous laquelle on l'emploie, cet engrais produit des effets tellement remarquables sur la végétation, que nous croyons devoir en recommander tout particulièrement l'usage aux personnes qui cultivent les plantes potagères.

Le moyen le plus simple d'employer l'engrais humain consiste à le répandre, comme on le fait dans le nord de la France, sous forme d'arrosement, après lui avoir laissé subir une certaine fermentation.

Le purin et une petite quantité de guano ajoutée à l'eau des arrosements (3 ou 4 kilogrammes par 100 litres d'eau) constituent également un bon engrais liquide ; mais il en est des engrais liquides comme de toutes les substances énergiques, il ne faut pas en abuser, et il faut surtout savoir les administrer à propos, afin de ne pas dépasser le but que l'on se propose d'atteindre, ce qui arriverait souvent, si l'on soumettait toutes les plantes au même traitement.

Par suite de la manière dont ces engrais agissent, on doit les administrer à des époques différentes, suivant que l'on veut avoir des racines, des fruits ou des feuilles. Ainsi; conformément aux lois de la physiologie végétale, pour obtenir des racines volumineuses, il faut commencer par favoriser le développement des feuilles. Si, au lieu de racines, ce sont des fruits que l'on veut avoir, il faut attendre, pour donner des engrais liquides aux plantes soumises à ce traitement, que les fruits soient noués; autrement, les fleurs coulent. Pour avoir des feuilles larges et abondantes, on peut prolonger sans danger l'emploi des engrais liquides jusqu'à ce que l'on ait obtenu tout ce que l'on veut avoir.

Toutes les plantes potagères peuvent, comme on le voit, recevoir des engrais liquides. Seulement, en raison des influences que la nature du terrain peut exercer sur l'état de la végétation, il est matériellement impossible de déterminer ce que l'on peut en donner à chacune.

Terreau. — Le terreau est la partie la plus consommée des couches; comme, chez les maraîchers, les couches servent à faire plusieurs saisons, elles sont labourées plusieurs fois et fréquemment arrosées. Il en résulte qu'après les récoltes le fumier se trouve entièrement décomposé, et dès ce moment il peut être mis en tas; mais auparavant il faut le briser avec la fourche, et avoir soin de bien mélanger avec le terreau gras la partie épuisée par les cultures, de manière qu'il se trouve de même qualité sur tous les points.

Une partie de ce terreau sert à charger les nouvelles couches ; une autre, au printemps, est étendue sur les semis de pleine terre, ce qui facilite la germination des graines et protége la levée des plantes, qui souvent pourrait être compromise sans cette précaution; car, à cette époque, la surface du terrain se durcit, et, comme la température ne favorise pas toujours le développement des jeunes plantes, il arrive qu'elles périssent, si elles se trouvent comprimées dans une terre humide et froide. Pour cette opération, on emploie environ 1 mètre cube de terreau par are, soit 100 mètres par hectare.

Paillis. — Le paillis est un fumier court qui provient soit des vieilles couches, soit des vieux réchauds ou des sentiers de couches, soit enfin des meules à Champignons. On l'étend, vers la fin du printemps et pendant le reste de l'année, sur toutes les planches en culture, afin de conserver l'eau des arrosements et d'empêcher la terre d'être battue ou de se durcir, ce qui aurait nécessairement lieu sans cette précaution, à cause de la grande quantité d'eau qu'on est forcé de répandre sur le sol pendant les temps de sécheresse.

Il faut environ 2 mètres cubes de paillis par are, soit 200 mètres par hectare.

CHAPITRE VI.

Des Arrosements.

L'eau étant un des plus puissants agents de la végétation, on doit, en établissant un jardin, se préoccuper des moyens les plus avantageux de s'en procurer, ce qui est d'autant plus nécessaire pour les jardins maraîchers que les années sèches sont toujours les plus productives. D'après la position de nos marais, il a fallu à toutes les époques tirer de l'eau du sein de la terre, ce qui eut lieu pendant fort longtemps à l'aide d'une poulie, d'une corde et de seaux. Rien de plus simple que ce qui avait lieu alors : les jardiniers creusaient leurs puits eux-mêmes, et trois perches placées en triangle et réunies par le haut supportaient la poulie. Bien que les seaux ne continssent que 12 à 15 litres, ce n'en était pas moins un travail long et rude, à cause de la quantité d'eau nécessaire pour ce genre de culture. Les marais ayant peu à peu été reculés, ils se trouvèrent sur un plan plus élevé ; alors ce système d'arrosement fut insensiblement abandonné et remplacé par le manége ; mais alors il devint indispensable de recourir aux puits en maçonnerie, vu leur profondeur et la largeur nécessaire au passage des seaux employés avec le nouvel appareil.

Le prix auquel revient un puits varie suivant la profondeur et les difficultés du terrain ; ainsi la fouille et la maçonnerie peuvent coûter de 800 à 1,800 francs.

Les premières manivelles furent établies vers 1788 ; M. Bourgeois, qui demeurait au Petit-Grenelle, fut, dit-on, un des premiers qui ait eu une manivelle. Cet appareil, monté avec toute l'économie désirable, coûte environ 256 francs [1].

La figure 1 représente cet appareil avec tous ses détails.

Fig. 1. — Appareil d'une manivelle pour l'arrosage.

A est le tambour autour duquel s'enroulent les câbles qui font monter et descendre les seaux ; il se compose

[1]

Charpente.	80 francs.
Poulie et porte-poulie.	50
Les deux câbles (pour un puits de 15 mètres de profondeur).	80
Les seaux.	66
Total.	256 francs.

de deux roues, séparées entre elles par des montants d'environ 1^{m},30 de longueur. L'arbre B, qui sert d'axe fixe, a environ 4 mètres de hauteur ; il traverse le moyeu des roues qui composent le tambour. L'extrémité inférieure est taillée en pointe et garnie en fer, et elle tourne sur un dé en pierre ; la partie supérieure est fixée sur l'un des côtés de la grande pièce de bois (cette pièce doit avoir 6 mètres de longueur), au moyen d'une pièce accessoire également en bois retenue par des boulons. C est le timon d'attelage ; D est le palonnier auquel on attelle le cheval. EE sont des pièces de bois nommées porte-poulie, au milieu desquelles on pratique une entaille pour recevoir les poulies.

L'adoption de cette nouvelle machine hydraulique fit époque dans les travaux maraîchers. Jusque-là le transport des produits à la halle avait eu lieu à la hotte ; au printemps et en été, chaque garçon jardinier faisait un voyage le soir après sa journée, et quelquefois deux le matin avant de se mettre à l'ouvrage. Mais un cheval étant devenu nécessaire pour le service de la manivelle, il arriva qu'on fit aussi l'acquisition d'une charrette.

Quoique bien supérieure au premier moyen, la manivelle laissait encore beaucoup à désirer, car il fallait une personne constamment occupée à vider les seaux et à diriger le cheval. Il était aussi arrivé plusieurs accidents très-graves occasionnés par la rupture d'un des câbles au moment où un seau montait, ce qui détermina plusieurs maraîchers à essayer d'autres machines hydrauliques ; mais, les résultats n'ayant pas été satisfaisants, ce ne fut qu'en 1836 qu'on essaya des pompes à manége (fig. 2). La tentative eut un plein

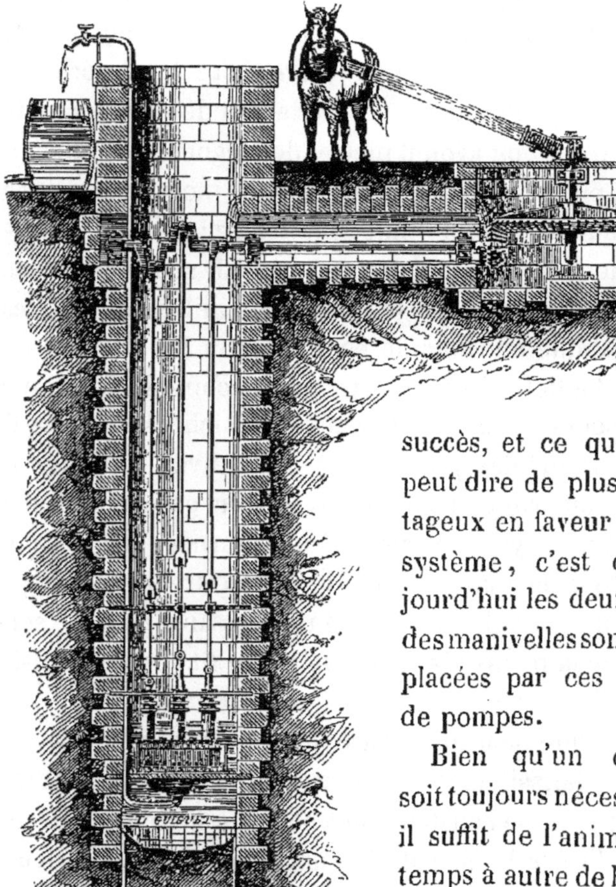

Fig. 2. — Pompe à manége.

succès, et ce que l'on peut dire de plus avantageux en faveur de ce système, c'est qu'aujourd'hui les deux tiers des manivelles sont remplacées par ces sortes de pompes.

Bien qu'un cheval soit toujours nécessaire, il suffit de l'animer de temps à autre de la voix ou du fouet, ce qui, pendant tout le temps des arrosements, économise le travail d'une personne.

Ces pompes peuvent être placées dans tous les

puits ; elles donnent de 12,000 à 15,000 litres d'eau par heure, et coûtent de 1,200 à 1,800 francs, suivant la profondeur du puits et les difficultés du terrain ; elles sont à triple effet, c'est-à-dire à trois pistons.

L'eau des puits de Paris contient presque toujours du carbonate et souvent du sulfate de chaux ; sur quelques points même ces substances sont tellement abondantes, que l'eau dépose sur le sol et sur les feuilles des plantes une couche de sels calcaires qui ne permettent plus aux racines de jouir des influences atmosphériques et aux feuilles de remplir leurs fonctions physiologiques, ce qui occasionne quelquefois la perte des cultures, ou le plus souvent un état de langueur non moins préjudiciable. Dans ce cas il est de toute nécessité d'avoir un réservoir pour que l'eau soit employée quelques heures seulement après avoir été tirée, ce qui permet aux substances malfaisantes qu'elle contient de se déposer. Il y a aussi avantage à laisser l'eau s'échauffer au soleil, car, pour l'arrosement des plantes délicates ou de celles cultivées sur couche, l'eau ne devrait jamais avoir moins de 8 ou 10 degrés de température. Il n'en est pas de même, il est vrai, pour les gros légumes ; il faut, au contraire, employer l'eau aussitôt qu'elle est tirée du puits, car autrement elle activerait trop la végétation et ils ne pourraient acquérir tout leur développement.

Ces considérations déterminèrent M. Lenormand, habile horticulteur maraîcher, à faire, dans ces dernières années, l'acquisition d'une cuve en bois qui lui sert de réservoir ; elle a $1^{m},65$ de hauteur et 12 mètres de circonférence ; elle contient 20,000 litres d'eau. Elle est maintenue par cinq cercles de fer, et elle lui a coûté 600 francs. Malgré l'avantage d'avoir d'avance une si grande quantité d'eau, il n'y a encore qu'un très-petit nombre de maraîchers qui aient des réservoirs; chez la plupart c'est une auge en pierre, du prix de 80, 100 ou 120 francs, quelquefois même un simple tonneau, qui en tient lieu.

Nous allons maintenant indiquer le moyen le plus avantageux de distribuer l'eau sur tous les points du jardin où l'on peut en avoir besoin, et nous décrirons celui qu'on suit chez MM. Moreau, Lenormand, et plusieurs autres habiles maraîchers.

La figure 3 montre la disposition de tout ce système.

Nous dirons que pour un marais d'un demi-hectare, il faut vingt tonneaux environ[1]. Ils doivent être placés à l'extrémité des planches et à une distance à peu près égale entre eux. Il faut avoir soin d'en placer un au moins auprès des tas de fumier, afin d'y recourir en cas d'incendie.

Si le terrain était en pente et que le puits fût placé dans la partie la plus basse, il faudrait, pour que tous

[1] On achète ces tonneaux dans les magasins d'huile. Ils sont cerclés en fer, contiennent de 504 à 568 litres et coûtent 12 à 13 francs la pièce.

Dans les jardins où l'installation est définitive, on peut remplacer très-avantageusement les tonneaux à huile par des cuves en briques et en ciment romain. Ces cuves, en usage depuis longtemps à Orléans, chez les maraîchers et chez les tanneurs, coûtent 6 francs le mètre, y compris les cercles en fer destinés à maintenir l'écartement.

les tonneaux pussent s'emplir également, que le fond du réservoir fût au niveau de la partie la plus élevée du terrain, et même encore plus haut, s'il est possible, afin que l'eau fût chassée avec plus de force dans les tuyaux.

Tous les tonneaux doivent être enterrés à la même

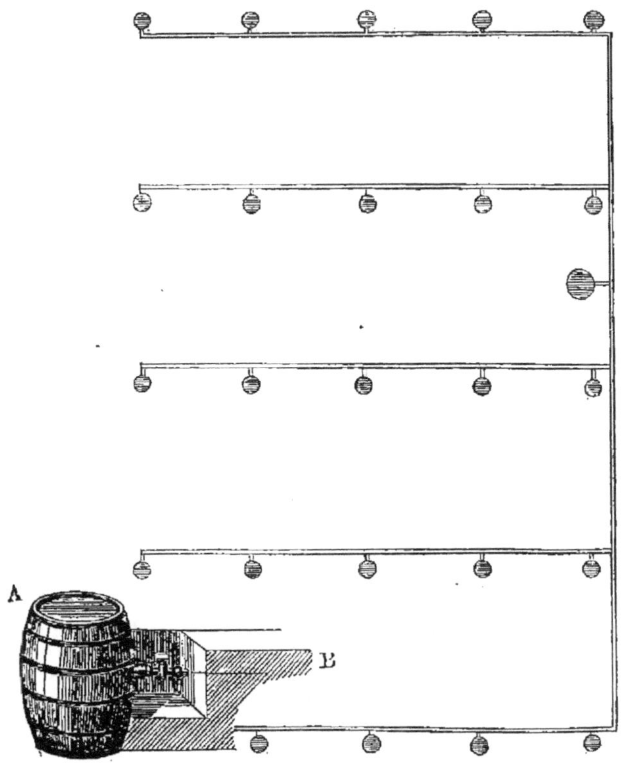

Fig. 3. — Tonneaux pour l'arrosage.

profondeur, de manière à sortir de terre de 25 à 30 centimètres (voir fig. 3 A), et l'on a soin de les tourner de telle sorte que l'eau puisse arriver par la bonde. En partant de la cuve, on ouvre une tranchée en ligne droite d'environ 22 centimètres de profondeur, et jusqu'au point où doit se trouver la dernière ligne de tonneaux ; puis on pratique une autre tranchée semblable pour communiquer avec chacune de ces lignes.

Pour amener l'eau dans les tonneaux, on emploie ordinairement des tuyaux de grès ; ceux de la ligne directe ont 80 millimètres de diamètre, ceux des embranchements en ont 54. Chaque tonneau est mis en communication avec la ligne de tuyaux au moyen d'un T.

Pour distribuer l'eau à volonté et suivant le besoin, on place une grosse cannelle au départ de la cuve et une petite à chaque tonneau. (Voir fig. 3 B.) Ces tuyaux doivent être posés sur un sol ferme, de manière à ne subir aucun tassement ; on les lute avec du mastic de fontainier ou du bitume. Pour amener l'eau du réservoir dans les vingt tonneaux, il faut 295 mètres de tuyaux, qui, tout posés, coûtent 1 franc le mètre.

Par ce système, on peut éviter toutes les pertes d'eau ; car, dans le cas où un tuyau viendrait à crever en fermant les cannelles, il est facile de laisser les tonneaux pleins, de même que, s'il était nécessaire de changer un tonneau, on le pourrait sans vider même les plus rapprochés.

Malgré les avantages que nous venons de signaler, l'emploi des tuyaux de grès a le désagrément d'exiger des réparations qui peuvent devenir nécessaires à des époques où, quelque simples qu'elles soient, elles occasionnent beaucoup d'embarras. C'est ce qui a déterminé M. Lenormand à remplacer les tuyaux de grès par des tuyaux de fonte de même diamètre. Ces tuyaux ne reviennent qu'à 2 francs ou 2 fr. 50 c. de plus que ceux de grès, augmentation qui n'est rien si on la compare à la durée.

Il est facile de comprendre qu'avec ce système de distribution, quel que soit le point où l'on veut arroser, on n'a pas loin à aller pour avoir de l'eau, et un seul homme peut arroser, dans un temps donné, autant que deux pendant le même temps dans d'autres circonstances.

Cette disposition, considérée comme la plus avantageuse que l'on puisse adopter, présente cependant de graves inconvénients au point de vue de la fatigue que nécessite le transport de l'eau pendant les fortes chaleurs.

Pour remédier à cet état de choses, M. Ponce, maraîcher à Clichy, remplaça, en 1859, les tonneaux de son jardin par des bouches à raccord ou prises d'eau, destinées à recevoir un tuyau en caoutchouc de 10 mètres de largeur, terminé par une pomme d'arrosoir.

Un réservoir de 9,500 litres, élevé à $3^{m},40$ du sol, complète le système adopté par M. Ponce, et il n'a plus maintenant, pour arroser ses cultures, autre chose à faire, une fois le tuyau vissé sur la prise d'eau, qu'à tourner le robinet placé près de chaque prise d'eau. Ayant utilisé les conduites en grès de son ancien système d'arrosage, la dépense a été pour lui peu élevée.

Depuis, beaucoup d'autres maraîchers ont suivi l'exemple donné par M. Ponce; seulement aux conduites en grès ils ont substitué des conduites en fonte semblables à celles qu'on emploie au bois de Boulogne, où le système d'arrosage adopté par M. Ponce fonctionne depuis 1855.

Pour que les plantes profitassent le plus possible des arrosements, il faudrait, pendant les journées chaudes de juin, juillet et août, arroser dans l'après-midi; mais, au printemps et à l'automne, époque où les nuits sont ordinairement fraîches, on ne doit arroser que le matin. Les maraîchers le savent très-bien; mais, vu l'étendue de terrain qu'ils ont à arroser chaque jour et la nature perméable du sol, qui, dans les temps de sécheresse, oblige souvent d'arroser les mêmes planches deux fois dans la même journée, on comprend qu'il leur est impossible d'avoir égard aux considérations ci-dessus; c'est pourquoi, dans les temps de sécheresse, ils commencent à arroser dès le matin pour ne finir que le soir. On met alors le cheval à la pompe vers huit heures du matin, et il reste attelé jusqu'à une heure; puis on l'y remet à trois heures, et il y reste alors jusqu'à six ou sept heures.

Il résulte de là qu'en tenant compte du temps de repos, on peut dire que, pour arroser un marais d'un demi-hectare, il faut, pendant les chaleurs, que le cheval tire de l'eau pendant au moins huit heures chaque jour, ce qui ne fait pas moins de 96,000 litres ou 96 mètres cubes d'eau employés dans une seule journée.

L'irrigation telle qu'on la pratique dans les jardins

maraîchers du midi de la France nous ayant paru présenter quelque intérêt en raison des services que ce mode d'arrosage peut rendre dans la culture des gros légumes, nous dirons que, partout où ce procédé est en usage, le terrain est divisé en billons de 60 centimètres à 1 mètre de largeur, séparés les uns des autres par des rigoles creusées dans le sol, qui communiquent avec le point de départ des eaux par une rigole de dérivation placée à la partie supérieure du terrain qu'on veut arroser.

Quand le terrain est horizontal ou légèrement en pente, les rigoles sont tracées dans le sens de la pente du terrain, perpendiculairement à la rigole de dérivation; mais quand la pente est sensible, on les trace obliquement.

L'ouvrier chargé des arrosages, dit M. Maffre dans son Mémoire sur la culture des jardins maraîchers du midi de la France, a d'abord le soin de suivre le cours de l'eau le long des rigoles qu'elle parcourt, d'enlever avec son outil les herbes et autres matières qui en retardent la marche, de fermer avec de la terre toutes les issues qui pourraient occasionner un déversement, d'enlever les petits batardeaux qui avaient servi auparavant à la mener ailleurs que sur le point où il doit la conduire, et enfin d'en détourner la marche pour l'introduire sur la planche qu'il doit arroser. Là, il la dirige dans le premier ou dans le dernier rayon par lequel il veut commencer son travail, et lorsque ce rayon est plein, il en ferme l'issue et en ouvre une autre à la suite pour y introduire l'eau, qui arrive toujours d'une manière régulière et constante, et ainsi successivement jusqu'au dernier, en ayant l'attention d'aller dévier le courant vers une autre planche, pour que l'eau ne surabonde pas trop à la fin de l'opération et qu'il n'en arrive que la quantité nécessaire pour la compléter.

Avec la *noria*[1] que l'on emploie dans le midi de la France pour élever l'eau des puits, un homme peut arroser un hectare de terre en trois jours.

Malgré l'économie que présente ce mode d'arrosage, il n'est pas sans inconvénient, car l'eau tasse tellement la terre, que ce n'est qu'à force de binages qu'elle peut être pénétrée par la chaleur.

[1] La *noria* est une machine qui a une grande analogie avec le *chapelet*. Elle se compose, comme lui, d'une chaîne sans fin, qui s'engage sur le contour de deux roues, que l'on met en mouvement de la même manière; mais, au lieu de porter des disques qui doivent faire monter l'eau dans un tuyau ou dans un chenal incliné, cette chaîne est munie, dans toute sa longueur, de godets destinés à contenir le liquide à élever.

Ces godets montent et descendent successivement. Lorsqu'ils sont à la partie inférieure de leur course, ils s'emplissent d'eau, ils montent avec l'eau qu'ils contiennent et doivent avoir, par conséquent, en montant, leur ouverture tournée vers le haut; arrivés près de la roue supérieure, ils tournent autour de cette roue, se vident en s'inclinant, puis redescendent, ayant l'ouverture tournée vers le bas, pour venir s'emplir de nouveau dans la masse d'eau qui doit être élevée.

Il n'y a pas longtemps encore que dans le midi de la France les seaux de la *noria* étaient de simples pots de terre cylindriques, que les chaînes consistaient en des tresses de paille et que les rouages étaient des bouts de solives assemblées en double croisillon (*Traité d'hydraulique*).

CHAPITRE VII.

Outils, instruments et machines propres à l'exploitation d'un jardin maraicher.

Nous avons arrêté notre choix sur tout ce qui peut faciliter ou simplifier les opérations, ce qui fait qu'au nombre des objets que nous allons mentionner il pourra s'en trouver quelques-uns encore peu connus des horticulteurs maraîchers.

ARROSOIRS A POMME. — Ils doivent être en cuivre, pour avoir plus de durée ; leur capacité ordinaire est de 10 litres; ils coûtent de 30 à 32 francs la paire.

BÊCHE DE SOISSONS. — La lame est un peu évidée au milieu ; elle a 27 centimètres de longueur sur 20 cenmètres de largeur par le haut et 16 par le bas. Au lieu d'avoir une douille comme les autres bêches, la lame est ici fixée au manche au moyen de deux chevilles rivées. Cette bêche, qui n'est pas lourde, est très-favorable pour les labours des marais de Paris, dont le sol est léger; mais on n'en trouve pas dans le commerce ; il faut la faire venir de Soissons, où on la fabrique.

BÊCHE DE SENLIS. — Cette bêche est aussi en grande

réputation ; celle qu'on emploie le plus ordinairement a 30 centimètres de hauteur, 22 de largeur par le haut et 18 par le bas ; elle coûte 5 francs avec le manche.

Binette a croc. — Cette binette, dont la lame est double, offre un taillant d'un côté et deux longues dents de l'autre ; elle coûte de 1 fr. 50 c. à 2 francs.

Bordoir. — Autrefois on appelait ainsi une longue planche qu'on plaçait de champ sur le bord des couches à cloches pour retenir le terreau pendant le temps qu'on le foulait et jusqu'à ce qu'il eût acquis assez de consistance pour tenir seul. Maintenant on se sert pour cet usage d'une planche d'environ 1 mètre de longueur sur 20 centimètres de largeur, à laquelle on adapte une poignée en bois.

Chargeoir. — Il sert à poser la hotte pendant qu'on la charge. L'ensemble des deux pièces de bois qui le composent forme un T. La traverse la plus longue a environ 70 centimètres de longueur, l'autre 35 centimètres ; elle est fixée au milieu de la première par un tenon et une mortaise. A l'extrémité on enfonce deux bouts de bois formant une paire de cornes contre lesquelles on appuie la hotte, et sur l'autre partie on rapporte une tringle qui est destinée à maintenir les pieds de celle-ci. Le tout est élevé d'environ 85 centimètres au moyen d'un pied placé à chacune des trois extrémités, auxquelles, pour avoir plus d'équilibre, on donne plus d'écartement par le bas que par le haut. Ce chargeoir coûte 6 francs.

Charrette. — Elle doit être proportionnée à la force du cheval. Le plus ordinairement elle coûte 450 francs.

Depuis quelque temps un grand nombre de maraîchers ont fait suspendre leurs charrettes, ce qui en augmente le prix d'environ 200 francs, il est vrai ; mais cette amélioration est fort avantageuse pour le transport des produits.

Chassis. — Les châssis ont pour objet d'augmenter la chaleur des couches et de permettre la culture des plantes potagères qui ne réussissent pas à l'air libre ; aussi les emploie-t-on avantageusement pour faire des primeurs (fig. 4).

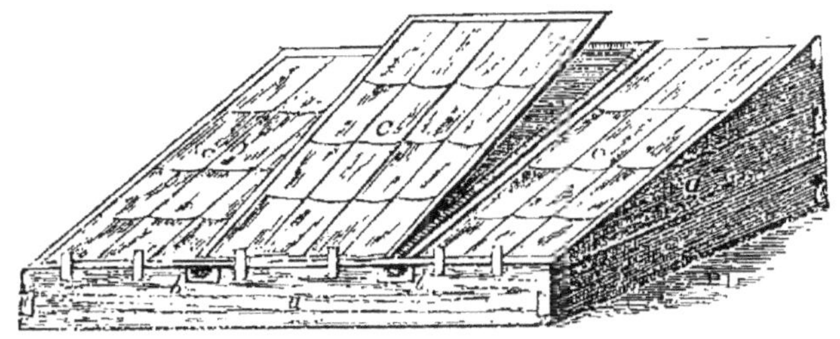

Fig. 4. — Châssis.

Les châssis se composent de deux parties : le coffre AA, et les panneaux CCC. Chaque coffre a 4 mètres de longueur et 1m,33 de largeur ; il est formé de quatre planches clouées sur quatre pieds en chêne placés intérieurement aux quatre coins. Les pieds de derrière ont ordinairement 32 centimètres de hauteur et ceux de devant 26 centimètres. La planche de derrière et celle de devant sont en sapin ; celles qui forment la tête, à chaque bout, sont ordinairement en chêne de bateau. Il est à regretter qu'on ne puisse graduer l'inclinaison des panneaux en raison des besoins des plantes; car, pour ne rien laisser perdre de la chaleur du soleil qui frappe sur les vitraux, il faudrait que ces panneaux fussent perpendiculaires à la direction de ses rayons. Ainsi, sous la latitude de Paris, il faudrait, pendant les mois d'hiver, donner les inclinaisons suivantes :

Novembre,	68° 39′
Décembre,	72° 18′
Janvier,	68° 52′
Février,	59° 35′
Mars,	48° 50′
Avril,	37° 11′

tandis que dans l'état actuel des choses l'inclinaison des panneaux n'est que de 4° 22′.

On maintient l'écartement de ces coffres au moyen de deux barres de chêne B B, d'environ 7 centimètres de largeur, assemblées à queue d'aronde par le haut et par le bas. Ces barres servent aussi de support aux panneaux. Seuls, ces coffres coûtent de 5 à 6 francs chacun.

Les panneaux se composent d'un cadre en bois de chêne de 47 millimètres d'épaisseur et de 1m,33 de largeur sur 1m,36 de longueur; ils sont divisés par trois petites barres à feuillures, de même épaisseur que le cadre, et assemblées à tenons et mortaises dans les traverses. Ces petites barres peuvent être remplacées par des montants en fer, qu'on fixe sur les traverses à l'aide de vis. Comme ces montants sont beaucoup moins larges que les barres en bois, il en résulte qu'on a beaucoup plus de lumière sous les panneaux, avantage précieux en hiver. Lorsque le cadre vient à manquer, on enlève les montants pour les adapter à un autre cadre. Ainsi, bien que ces panneaux reviennent primitivement plus cher, il y a économie réelle à les adopter.

Les panneaux ordinaires coûtent de 6 francs à 6 fr. 50 c. chacun ; peints et vitrés, ils reviennent à 12 francs. Les cent panneaux, avec leurs coffres, coûtent de 1,350 à 1,400 francs, et ceux à montants en fer, également avec leurs coffres, 1,800 francs.

Depuis quelques années, les jardiniers fleuristes de Paris emploient des châssis vitrés à double verre, ce qui leur permet d'enlever les paillassons de leurs serres pendant le jour, quel que soit l'état de la température. Malgré les avantages que présentent ces châssis, les maraîchers ne les ont pas encore adoptés, bien qu'ils aient tout intérêt à le faire, car les plantes qu'ils cultivent ont plus que beaucoup d'autres besoin de lumière pendant l'hiver.

Ces châssis ne diffèrent des châssis ordinaires que par une double feuillure, qui permet de conserver entre les deux verres un petit intervalle ; précaution indispensable, car ce n'est pas l'épaisseur du verre qui préserve le plus efficacement les plantes du froid, mais bien la couche d'air qui se trouve interposée entre les deux feuilles de verre.

Cloches. — Les cloches de verre sont les plus simples et les plus anciens de tous les abris, car leur usage remonte à l'an 1623 environ. On les emploie à élever les plants et à garantir du froid et de l'humidité les espèces qui ont besoin d'une température plus élevée que celle de l'atmosphère. Elles sont surmontées d'un bouton de verre qui sert à les saisir pour les transporter. On en fait de plusieurs grandeurs, mais celles le plus généralement en usage ont 40 centimètres de diamètre. Comme elles sont sujettes à se ternir, et qu'alors elles concentrent moins la chaleur, il faut avoir soin de choisir celles dont le verre est le plus blanc. Il est nécessaire de les laver de temps en temps. Lorsqu'elles ne servent plus, on les met l'une dans l'autre, en ayant soin de les séparer par un peu de paille, pour éviter qu'elles ne se cassent ; puis on les dépose dans un lieu sec, ou bien on les recouvre avec de la grande litière. Il y a quelques années, elles coûtaient 100 francs le cent, puis 90 francs ; maintenant elles ne coûtent plus que 80 francs. Quand il arrive à une cloche un accident trop léger pour qu'elle soit mise au rebut, on raccommode la cassure avec du blanc de céruse.

Cordeau. — Pièce de corde qui doit avoir au moins 30 mètres de longueur.

On attache chaque extrémité à un piquet sur lequel on enroule le cordeau lorsqu'on ne s'en sert pas. Un cordeau de cette longueur coûte à peu près 2 francs. Le prix varie suivant la grosseur de la corde.

Couteau a Asperges. — Cet instrument a environ 35 centimètres de longueur, y compris le manche. Son extrémité est recourbée et dentée en scie.

Crémaillère. — La crémaillère est une planchette

d'environ 25 centimètres de longueur sur 4 de largeur, entaillée d'un côté de crans profonds sur lesquels on appuie le bord de la cloche. Si l'on veut que cette dernière soit entièrement suspendue, on place trois crémaillères pour la supporter.

Crochet a donner de l'air. — Ces crochets ont environ 10 centimètres de longueur; leurs extrémités sont recourbées à angle droit. L'une de ces extrémités forme une patte; l'autre est pointue, de manière à pouvoir entrer facilement dans le coffre.

Comme il est arrivé plusieurs fois que des panneaux ont été enlevés par le vent, il faut, lorsqu'on veut donner de l'air, placer un de ces crochets à chaque panneau, ce qui doit avoir lieu de la manière suivante. Après avoir placé la cale de bois qu'on emploie pour soulever le panneau, on pose la patte du crochet sur ce panneau, puis, avec la paume de la main, on enfonce l'autre extrémité dans le bois du coffre. De cette manière, on maintient les panneaux à la hauteur voulue, sans avoir à redouter aucun accident. Ces crochets coûtent de 5 à 6 francs le cent.

Crochets ou mains de fer (pour soulever les coffres). — Ils ont environ 50 centimètres de longueur. L'une des extrémités forme un anneau, dans lequel on passe la main, l'autre un crochet. Ils sont très-utiles lorsque, par suite du tassement des couches, les coffres baissent plus d'un bout que de l'autre, ou bien s'il devient nécessaire de les relever complétement. La paire de crochets coûte de 4 fr. 50 c. à 5 francs.

Fourche ordinaire. — Elle sert à faire des couches,

à charger les fumiers et à herser les semis. Elle coûte ordinairement 4 francs.

HERSOIR. — Cet instrument est peu connu, quoique bien préférable à la fourche pour le hersage des semis. On l'emploie depuis fort longtemps au potager de Versailles. Il a la forme d'un râteau. Sa longueur est de 33 centimètres. Les dents sont à environ 3 centimètres de distance ; elles ont 10 centimètres de longueur ; la douille en a 25. Le tout est en fer. Le prix de ce hersoir est de 3 francs.

HOTTEREAU (les jardiniers prononcent *hottriau*). — Il sert au transport des fumiers et du terreau. Dans les jardins maraîchers, il remplace la brouette. Un bon hottereau coûte 6 francs.

HOTTES (*petites*). — Elles servent à disposer pour la vente certains légumes, tels que les Choux-fleurs ; mais elles sont moins employées maintenant qu'elles ne l'étaient autrefois, car dans bien des circonstances on les remplace par des mannettes. Elles coûtent 2 fr. 75 c. chacune.

MÉTIER A PAILLASSONS. — Il se compose d'un cadre en bois de 2 mètres de longueur sur 1^m,33 de largeur, portant à ses deux extrémités autant de chevilles sans tête qu'on y veut tendre de ficelles, ce qui dépend de la longueur que l'on donne au paillasson. On est dans l'habitude de ne mettre que trois rangs ; cependant, pour plus de solidité, il vaudrait mieux en mettre quatre. On attache les ficelles aux chevilles du bas par une boucle fixe et à celles du haut par un nœud coulant, ce qui permet de les tendre autant qu'il est nécessaire. Une fois chaque ficelle tendue, on lui laisse le double de la longueur du cadre ; cet excédant de longueur sert à coudre le paillasson. Après cela, on pose en travers, et aussi également que possible, deux couches de paille de seigle, que l'on étend tête-bêche, et, après avoir roulé la ficelle du rang du milieu sur une espèce de navette faite avec un morceau de bois de 8 centimètres de longueur et évidé sur les côtés, on prend une pincée de paille, et l'on passe la navette de droite à gauche par-dessus la paille et par-dessous la ficelle ; puis on revient en dessus l'engager dans l'anse formée par la ficelle, et l'on serre en tirant droit devant soi, en ayant soin de presser la paille entre le pouce et l'index de la main gauche, afin d'avoir une maille plate et non ronde. On continue ainsi avec la même navette dans toute la longueur du paillasson, et, lorsqu'on est arrivé au bout, on arrête la ficelle par un nœud. On passe ensuite aux autres rangs, que l'on coud de la même manière, en se guidant, pour les mailles du bord, sur celles du milieu. Une fois le paillasson terminé, on coupe les épis qui débordent de chaque côté.

Quoique ces paillassons soient destinés à couvrir des panneaux de 1^{m},33 de largeur, il faut leur donner 2 mètres de longueur, parce qu'à l'humidité ils se raccourcissent d'environ 30 centimètres, ce qui fait qu'il ne leur reste plus que la dimension voulue.

Ces paillassons reviennent de 55 à 60 centimes chacun ; car, avec un botteau de paille coulée, dont le prix varie selon les années, mais dont la valeur moyenne est de 1 fr. 25 c., on fait trois paillassons. Il faut, pour coudre chacun d'eux, environ 1 hectogramme de ficelle, qui coûte 2 francs le kilogramme.

Au concours agricole de 1856, M. le docteur J. Guyot avait exposé un métier à paillassons dont il est l'inventeur; ce métier permet de fabriquer des paillassons qui coûtent moins de 10 centimes le mètre. Bien qu'ils soient beaucoup trop étroits pour qu'on puisse les employer à couvrir les couches, ces paillassons peuvent servir, dans le jardinage, pour établir des abris destinés à protéger certaines cultures contre les gelées de printemps.

Pelle de bois. — Comme elle est à peu près partout la même, nous croyons inutile d'en indiquer les proportions. Elle coûte ordinairement 75 centimes.

Plantoir. — Pour faire un plantoir on choisit une branche d'arbre courbée à son extrémité, puis on effile la partie qui doit être enfoncée en terre, et, pour lui donner plus de durée et de pénétrabilité, on la fait garnir de fer ou de cuivre. Il coûte alors 1 fr. 75 c. environ.

Rateau (râteau simple à dents de fer). — Cet outil sert à nettoyer les allées, à unir la surface du terrain nouvellement labouré, puis à recouvrir les semis. Il faut en avoir au moins deux, l'un d'environ 30 centimètres de largeur, l'autre de 45. Il coûte 10 centimes la dent.

Ratissoire a tirer. — C'est la plus généralement employée dans les marais. La lame est faite d'un morceau de vieille faux montée sur une douille avec des rivets, ce qui permet de la changer au besoin. Le manche doit avoir $1^{m},15$ de longueur. Elle coûte 1 fr. 50 c.

Thermomètre. — Il est de toute nécessité d'avoir au moins un thermomètre pour pouvoir juger de l'intensité du froid et de la chaleur. Il doit être placé à une hauteur telle qu'il soit hors de l'atmosphère formée par les émanations du sol.

Thermomètres a couches. — Quoique beaucoup de jardiniers n'aient ordinairement pas besoin d'avoir recours au thermomètre pour juger du degré de chaleur d'une couche, il serait plus prudent, en bien des circonstances, de consulter cet instrument, car pour ces opérations l'expérience n'est pas un guide sur lequel on puisse toujours compter.

Thermosiphon. — Bien que l'invention du thermosiphon remonte à 1777 [1], ce fut seulement en 1828 que MM. Grison et Gontier, jardiniers en chef du potager du roi, firent l'application de ce nouveau système de chauffage à la culture des légumes forcés. A partir de cette époque le thermosiphon a subi différentes modifications avant d'atteindre le degré de perfection auquel il est arrivé.

Les thermosiphons dont on se sert pour le chauffage des serres et des bâches (ou coffres) sont appelés *à effet prompt*, parce qu'ils en doivent élever la température dans le plus court espace de temps possible. Les proportions de cet appareil diffèrent suivant la dimen-

[1] L'invention du thermosiphon est due à M. Bonnemain, ingénieur français (*Bulletin de la Société d'encouragement*, année 1824).

sion des bâches à chauffer et selon le degré de température qu'on veut obtenir, car c'est une erreur grave de croire que le même appareil puisse être employé avec un égal avantage en toute circonstance. Ainsi, avant de faire construire un appareil de chauffage, il est bon de calculer le volume d'air qu'on veut échauffer, afin de pouvoir donner ces renseignements au constructeur chargé de fournir l'appareil. Pour bien faire comprendre les dispositions de ce système de chauffage, nous ne pouvions mieux faire que de donner un dessin exact du modèle adopté par M. Gontier, primeuriste, pour le chauffage de ses serres à forcer.

La figure 5 représente une chaudière en cuivre, à doubles parois, remplie d'eau. Le tuyau de départ A

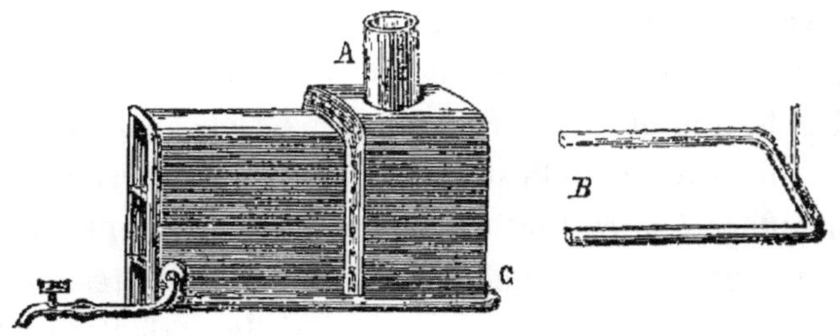

Fig. 5. — Thermosiphon.

sert également à introduire l'eau dans la chaudière ; il communique avec les tuyaux de circulation B au moyen d'un coude de même diamètre.

Aussitôt échauffée, l'eau contenue dans la chaudière se dilate, pousse celle qui se trouve dans les tuyaux jusqu'au point C, où elle rentre dans la chaudière pour se réchauffer et circuler de nouveau dans les tuyaux quand elle est suffisamment chaude.

Quant aux tuyaux, lorsque le parcours est d'une certaine étendue, on leur donne la forme méplate ; on obtient ainsi une plus grande surface de chauffe qu'avec les tuyaux cylindriques, et, une moins grande quantité d'eau étant nécessaire, elle parvient au point d'ébullition plus promptement que dans ces derniers. On donne généralement aux tuyaux méplats de 2 à 3 centimètres d'épaisseur sur une hauteur qui varie entre 10 à 15, suivant le cube d'air à échauffer et l'élévation de température qu'on veut obtenir. Les tuyaux de 21 centimètres sur 2 centimètres sont assez communément en usage. En effet, les tuyaux cylindriques dont la surface extérieure correspond à celle du tuyau de 21 centimètres de hauteur sur 2 centimètres contiennent 4^{lit},20 d'eau, et la même longueur en tuyaux d'une surface extérieure semblable, c'est-à-dire d'un diamètre de 15 centimètres, en contiendrait 15^{lit},17. Il est vrai que l'eau chaude contenue dans le tuyau cylindrique se refroidira moins vite que dans l'autre, mais aussi il aura fallu, pour la mettre en ébullition, brûler plus de combustible sans avoir obtenu plus de surface de chauffe, et par conséquent plus de chaleur.

Cependant, pour des longueurs de peu d'étendue, il est préférable d'employer des tuyaux cylindriques ou d'avoir des dépôts de chaleur au moyen de *poêles d'eau*. Dans ce cas, des tuyaux méplats auraient l'inconvénient de forcer à faire du feu plus souvent, par suite du refroidissement plus prompt d'un moins grand volume d'eau. Nous pensons qu'on se convaincra, par la réflexion seule, qu'il est plus avantageux d'employer pour de longs parcours les tuyaux méplats, et dans les cas ordinaires ceux de forme cylindrique. Comme pour les premiers, le diamètre de ces derniers doit toujours être en rapport avec le cube d'air à chauffer et avec l'élévation de température qu'on désire obtenir.

Bien que la chaleur produite par le thermosiphon soit beaucoup moins sèche que celle de l'air brûlé, il est cependant quelques circonstances où elle pourrait nuire à la végétation des plantes ; c'est pourquoi l'on a imaginé, afin de remédier à cet inconvénient, d'établir sur les tuyaux une petite gouttière où l'on entretient de l'eau qui, en chauffant, répand une vapeur humide très-favorable à la végétation.

CHAPITRE VIII.

Des diverses opérations de culture.

Les travaux maraîchers se composent annuellement d'un cercle d'opérations qui nécessitent soit de la force, soit de l'assiduité ; c'est pourquoi, dans ces établissements, chacun a des fonctions rigoureusement déterminées. Les hommes exécutent naturellement les travaux les plus rudes, tels que les labours, les arrosements, le transport des fumiers, le montage des couches, etc.; les femmes font les sarclages, les récoltes, préparent et vendent les produits.

Les jeunes filles partagent les travaux de leur mère, et les garçons sont de bonne heure exercés aux travaux de leur père ; mais, jusqu'à ce qu'ils puissent les partager, ils aident leur mère. Cette répartition du travail est tellement naturelle, qu'il paraît impossible d'y rien changer. Cependant il reste un certain nombre d'opérations, telles que les semis et les repiquages, auxquelles les femmes devraient être exercées, quoiqu'il soit presque impossible de leur imposer plus de travail qu'elles n'en ont. Le conseil que nous donnons ici tient à ce que ces opérations sont de la plus haute importance et ne peuvent être retardées sans occasionner un préjudice grave, à ce que la maladie ou la mort d'un chef d'établissement peut y causer beaucoup de désordre, quelquefois même amener la ruine d'une famille, s'il ne laisse après lui un fils en âge de le remplacer, ce qui résulte nécessairement du défaut de connaissances qui manquent à beaucoup de femmes de maraîchers, et qu'il leur serait facile d'acquérir.

Opérations qui se pratiquent dans la culture de pleine terre.

Défoncements. — Cette opération n'a lieu que lors de l'établissement d'un jardin; encore ne doit-on y avoir recours que lorsque la surface du sol se trouve dans de mauvaises conditions; car il se développe à la suite d'un défoncement une quantité considérable de mauvaises herbes dont on est fort longtemps à se débarrasser, ce qui, dans les premières années, est très-préjudiciable aux cultures maraîchères. C'est pourquoi on y a rarement recours. Cependant, lorsqu'elle est nécessaire, elle doit avoir lieu à l'automne et de la manière suivante. On divise le terrain en deux, trois ou quatre parties, selon son étendue et le nombre d'ouvriers dont on dispose; après quoi on ouvre à l'une des extrémités une tranchée de 1m,60 à 2 mètres de largeur et d'environ 65 centimètres de profondeur. On dépose la terre extraite de cette tranchée au bout opposé, c'est-à-dire à celui où l'on doit terminer, et elle sert à combler le vide de la dernière. On remplace successivement chaque tranchée par une autre de même longueur et de même largeur, en ayant soin de mettre au fond la terre de la superficie, ainsi que toutes les parties de mauvaise terre qu'on trouve pendant l'opération. Le défoncement terminé, on donne un coup de fourche pour briser les mottes de terre et unir la surface du terrain, puis on passe le râteau pour enlever les pierres.

Labours. — Dans les jardins maraîchers, où le terrain est rarement inoccupé, il n'y a pas, à proprement parler, d'époque déterminée pour exécuter les labours. On pourrait dire cependant que l'on commence les premiers dès le mois d'octobre. C'est aussi à partir de cette époque, et pendant tout l'hiver, qu'on enterre les fumiers ; aussi, dans cette saison, les labours doivent-ils être plus profonds que ceux qui ont lieu ultérieurement, et lorsqu'on veut faire succéder une culture out saison à une autre. Dans les jardins, les labours se fon à la bêche. Avant de commencer cette opération, on enlève de la terre de manière à former une jauge de la profondeur d'un bon fer de bêche (25 à 30 centimètres environ), de 30 à 35 centimètres de largeur, et de la longueur du travers d'une planche, pour un seul homme. Si l'on a à labourer deux planches à côté l'une de l'autre, on déposera la terre de la jauge sur celle d'à côté sans la transporter à l'autre extrémité ; mais, si l'on n'en a qu'une, on la déposera au bout par lequel on doit terminer, de manière à avoir de quoi remplir la dernière jauge. On laboure à reculons, en prenant par bêchées la terre, que l'on replace sur le bord opposé de la jauge, en la retournant chaque fois, pour que celle du fond se trouve en dessus. Il faut aussi avoir soin, en labourant, de mettre la terre des sentiers dans les planches, car elle se sera amendée par une année de repos. Pour les labours d'hiver, on met du fumier dans chaque jauge, en ayant soin de ne pas l'enterrer trop profondément, afin qu'il se trouve à la portée des racines. On brise soigneusement les mottes de terre avec la bêche, puis on jette de côté les pierres que l'on rencontre. Pour labourer une planche de 24 mètres de longueur sur $2^{m},33$ de largeur, un homme ne peut pas employer moins d'une heure à une heure et demie, selon la nature du terrain.

Hersage. — Cette opération se fait ordinairement à la fourche, mais mieux avec le hersoir, et dans les circonstances suivantes : après les labours, afin de bien briser les mottes de terre et de ramener les pierres à la surface du terrain, et sur les semis à la volée, de manière à répartir les graines également et à les mettre en contact avec la terre.

Dressage des planches. — Quel que soit le mode de semis ou de plantation, la préparation du sol est une opération préalable de la plus haute importance ; ainsi le terrain doit être labouré avec soin et les mottes de terre bien divisées. Après le labour, on divise le terrain par planches de $2^{m},33$ de largeur, entre chacune desquelles on laisse un sentier de 33 centimètres. Ensuite on herse chaque planche avec la fourche, et on enlève avec le râteau les pierres et les mottes qui sont restées à la surface ; puis, suivant sa destination, on la laisse dans cet état, ou bien l'on trace avec le pied des lignes dans le sens de la longueur des planches, ce qui a lieu en marchant régulièrement les pieds écartés, de manière à faire deux rayons à la fois.

Semis. — La plus grande partie des graines potagères peuvent être semées au printemps, puis successivement à des intervalles calculés sur la durée de végétation de chaque plante, mais sans qu'il soit nécessaire de consulter le cours de la lune ; car aujourd'hui personne ne croit plus aux influences lunaires sur la végétion, et, s'il arrive que beaucoup de jardiniers sèment de préférence le jour de la fête de tel ou tel saint, c'est que presque toujours cette époque coïncide avec une température favorable au succès de l'opération. A l'exception de quelques salades, il ne faut pas semer plus tard que dans le mois de juillet les légumes qui doivent être consommés dans la même année ; il est donc nécessaire, avant de semer, de connaître non-seulement le temps qu'exige la germination des graines, mais encore combien il faudra attendre pour que les plantes aient atteint leur complet développement. On doit aussi avancer ou reculer l'époque du semis en raison de la nature du terrain ; plus la terre est froide et humide, plus il faut semer tard et moins les graines doivent être couvertes ; plus les graines sont fines, moins il faut les enterrer ; il suffit même, pour quelques-unes, de répandre dessus un peu de terreau, après les avoir hersées et foulées ; d'autres, telle que la Raiponce, ne doivent pas être recouvertes, mais seulement ombragées avec un peu de litière [1].

Semis a champ ou a la volée. — La terre étant préparée comme il a été dit plus haut, on amène avec le râteau un peu de terre fine sur les bords de la planche, puis on prend une poignée de graines, et on la répand sur le sol, en la laissant passer entre les doigts par un mouvement d'arrière en avant. Afin de semer plus également et de ne pas répandre de graines dans les sentiers, on sème la largeur de la planche en deux fois, en commençant par les bords. Lorsque les graines sont bonnes, il ne faut pas semer trop épais, afin d'avoir des plants vigoureux ; si, malgré cette précaution, ils étaient trop drus, il faudrait les éclaircir à la main. Comme il est extrêmement difficile de ne pas semer trop épais les graines fines, on peut, pour éviter cet inconvénient, les mêler avec du sable ou de la terre bien sèche. Après le semis on herse légèrement le terrain, on le foule (voir l'article *Plombage*), et pour couvrir les graines on étend avec le dos du râteau la terre des bords de la planche, en ayant soin cependant

[1] Pour réparer la perte d'un semis détruit soit par les gelées printanières, soit par toute autre cause, on peut faire tremper la graine dans l'eau avant de semer. A ce sujet nous dirons que beaucoup de cultivateurs ont l'habitude de mettre les graines qu'ils veulent semer dans un petit sac de toile qu'ils font tremper dans l'eau et qu'ils suspendent ensuite dans la pièce la plus chaude de leur habitation, jusqu'à ce que les graines commencent à germer. Nous ajouterons que ce procédé est suivi par tous les jardiniers de Strasbourg, à la seule différence près qu'ils mélangent leurs graines avec une partie de bois pourri (particulièrement du bois de Saule), avant de les faire tremper.

d'en laisser un peu, de manière à retenir l'eau des arrosements, ou bien l'on étend sur le semis une légère couche de terreau (environ dix hottées pour chaque planche) ; puis, si le temps est sec, il faut avoir soin de favoriser la germination des graines par des bassinages donnés avec l'arrosoir à pomme.

SEMIS SUR COUCHE. — Comme il est souvent nécessaire de faire des semis à une époque où la température ne permet pas de livrer les graines à la pleine terre, il faut alors semer sur couche. Bien que la chaleur de la couche doive varier suivant les différentes espèces de graines, l'on peut dire que 12 à 15 degrés paraissent être la température la plus favorable (excepté pour les Melons, les Aubergines et la Chicorée, qui exigent plus de chaleur) ; toutes les graines potagères que nous avons soumises à cette température ont parfaitement réussi.

Quant à l'exécution des semis sur couche, elle ne diffère en rien de celle des semis de pleine terre, c'est-à-dire que les graines doivent toujours être recouvertes en raison directe de leur volume. Ces semis réussissent souvent beaucoup mieux que ceux de pleine terre, et cela parce qu'on est maître de modifier à son gré les conditions de température, de lumière et d'humidité nécessaires au parfait développement des graines.

SEMIS EN LIGNES OU EN RAYONS. — Pour semer en lignes on trace avec le pied des rayons d'environ 2 centimètres de profondeur, plus ou moins éloignés les uns des autres, suivant ce que l'on veut semer. Après avoir répandu les graines, on repasse entre les rayons, et avec les pieds on fait tomber à droite et à gauche la terre sur les graines ; après quoi on passe le râteau sur le tout, puis on étend une couche de terreau d'environ 2 centimètres d'épaisseur. Ce mode de semis est très-avantageux, surtout dans les terrains où les binages doivent être fréquents.

Plombage. — Cette opération, dont le but est de mettre les graines en contact avec la terre et de rendre celle-ci plus compacte, consiste à fouler le terrain avec les pieds, en marchant à petits pas, les pieds l'un à côté de l'autre ; ou bien l'on appuie légèrement avec une planche dans laquelle on enfonce les dents d'une fourche, de manière à se servir de cette planche comme d'une batte, ou bien encore, on fixe de petites planches sous la semelle d'une paire de sabots, que l'on chausse pour fouler le terrain. Le plombage, en toutes circonstances, ne doit être opéré que par un temps sec.

Repiquage. — Le repiquage est nécessaire pour toutes les plantes qui ne peuvent être semées en place. Pour être certain du succès de l'opération, il ne faut pas attendre que le plant soit trop fort, car non-seulement la reprise en est plus incertaine, mais les produits en sont moins beaux. Comme il est des plantes dont la reprise est difficile, il faut, avant de les mettre en place, les repiquer en pépinière, c'est-à-dire les mettre à bonne exposition et très-près les unes des autres. Ces repiquages successifs ont l'avantage de déterminer l'émission d'une grande quantité de chevelu qui assure la reprise lors de la plantation définitive.

Le repiquage ne doit se faire que dans une terre bien préparée, et sur laquelle on aura étendu un paillis de fumier court, afin que, d'une part, le plant profite plus longtemps des arrosements, et, d'un autre côté, que les arrosements ne collent pas le plant sur la terre, ce qui occasionne souvent la pourriture des feuilles.

Lorsque le terrain est prêt à recevoir les plants, on repique à une distance calculée sur l'étendue que chacun d'eux devra occuper. Voici la manière d'opérer : on prend une poignée de plants de la main gauche et le plantoir de la main droite ; on fait un trou (si la terre est sèche, il faut auparavant bassiner la planche), et, sans quitter les plants qu'on a dans la main, on introduit dans le trou les racines de celui qu'on veut repiquer, puis on le borne, ce qui consiste à appuyer la terre contre les racines avec le plantoir.

Pendant l'été, les repiquages doivent, autant que possible, être faits par un temps couvert ; s'il ne survient pas de temps favorable, on fait ce travail le matin ou le soir, et, dans un cas comme dans l'autre, aussitôt après on arrose chaque plant au pied, de manière à faire pénétrer la terre entre les racines et à faciliter la reprise.

Sarclage. — Le sarclage consiste à faire disparaître du sol les plantes et les mauvaises herbes étrangères à la culture. Dans les jardins maraîchers cette opération se fait à la main et exige une certaine pratique, afin de distinguer au premier coup d'œil les plantes qu'il faut enlever d'avec celles qu'il faut conserver. On conçoit que ce travail doit offrir beaucoup de difficultés lorsque la terre est sèche. C'est pourquoi, dans ce cas, il faut avoir soin de bassiner, une heure au moins avant de commencer cette opération, les planches qui ont besoin d'être sarclées.

Binage. — Le binage est une opération non moins nécessaire aux plantes potagères que le sarclage ; elle a lieu à l'aide de la binette, et, suivant le besoin, on emploie la lame ou les dents.

Le binage a pour but de diviser la surface du sol, afin de rendre la terre perméable aux influences atmosphériques ; l'expérience a prouvé que les plantes dont les racines ne pénètrent pas très-avant dans le sol souffrent moins de la sécheresse, lorsque la surface du sol est ameublie. Dans quelques circonstances (par exemple pour les plantes repiquées) le binage peut remplacer le sarclage, et quelquefois alors on peut, au lieu de la binette, employer la ratissoire.

Arrosements. — Il n'est pas possible de déterminer d'une manière rigoureuse les circonstances dans lesquelles doivent avoir lieu les arrosements ; mais l'on peut dire, en thèse générale, que, dès que les plantes potagères commencent à végéter, la terre doit être abondamment humectée, afin d'obtenir non-seulement une végétation vigoureuse, mais encore des légumes tendres et succulents.

Dans les marais de Paris, les arrosements ont généralement lieu au moyen d'arrosoirs à pomme percée de trous fins ; car, pendant la sécheresse, il ne suffit pas de mouiller les racines, il faut encore procurer aux feuilles l'humidité qu'elles ne trouvent plus dans l'atmosphère. Cependant il arrive aussi que pendant les grandes chaleurs on arrose certains légumes au pied ; alors on verse l'eau par la gueule de l'arrosoir, ce qui toutefois doit avoir lieu seulement pour les gros légumes qui demandent beaucoup d'eau. Enfin, les arrosements doivent être plus ou moins abondants suivant la température, la nature du sol et des cultures.

Opérations qui se pratiquent dans la culture des primeurs.

Accot. — En culture maraîchère, on nomme *accot* le fumier qu'on amoncèle autour des couches pour empêcher le froid d'y pénétrer. Ordinairement on donne aux accots une largeur de 40 à 50 centimètres, et on les élève de toute la hauteur de la couche. L'accot ne diffère du réchaud, dont nous parlerons plus loin, que par la nature du fumier qu'on y emploie ; c'est-à-dire que pour les accots on prend du vieux fumier, et pour les réchauds du fumier neuf ou recuit.

Ados. — Les ados conviennent dans les circonstances où, les semis sur couche n'étant pas d'absolue nécessité, on ne peut cependant pas obtenir de succès sur un terrain horizontal. Ils consistent à donner au sol une pente de $1^{m},33$ tournée du côté du soleil.

Pour établir un ados, on procède de la manière suivante. Après avoir fait choix d'un emplacement favorable, on donne un bon labour au sol, en ayant soin d'enlever par devant la terre nécessaire pour recharger le derrière d'environ 20 centimètres ; après quoi on unit le terrain ; puis on étend sur le tout environ 10 centimètres de terre mêlée de terreau.

Ces ados servent particulièrement à semer des Radis ; ensuite on y place trois rangs de cloches pour faire des semis de salade et repiquer les jeunes plants.

Border. — Cette opération consiste à élever un talus autour des couches à cloches, de manière à soutenir le terreau avec lequel on charge la couche. Pour cela on place de champ le bordoir sur le bord de la couche ; puis on foule le terreau contre le bordoir, de manière à former un bord solide. Arrivé à la hauteur voulue, on glisse le bordoir plus loin, et ainsi de suite jusqu'à ce que toute la couche soit bordée.

Couches. — Les couches sont utiles d'octobre en mars. La chaleur qu'elles sont susceptibles de produire dépend de l'épaisseur qu'on leur donne et des matériaux qu'on emploie pour leur confection. Il est donc très-important de connaître à peu près le degré de chaleur nécessaire aux plantes qu'on veut cultiver ; car, bien que toutes les plantes exigent un certain degré de chaleur souterraine, il faut, pour les cultiver avec succès, les placer dans les conditions les plus favorables à leur développement, c'est-à-dire leur donner une température qui corresponde autant que possible à celle de l'époque où elles réussissent le mieux en pleine terre.

Pénétré de l'utilité de ces rapprochements, nous indiquerons au calendrier le maximum et le minimum de la température de chaque mois.

Chez les maraîchers, on fait ordinairement trois

sortes de couches, l'une connue sous le nom de couche *en plancher*, l'autre sous celui de couche *en tranchée*, et la troisième sous celui de couche *sourde*.

Couches en plancher. — Ces couches forment ordinairement un carré long, dont les dimensions en longueur et en largeur doivent être calculées d'après le nombre de châssis ou de cloches dont on peut disposer. Relativement à l'épaisseur, nous dirons premièrement que, sur un sol humide, les couches doivent être plus épaisses que sur un sol sablonneux ; secondement que, plus elles sont étroites, plus on doit leur donner d'épaisseur ; troisièmement que, pendant l'hiver, elles doivent être plus épaisses qu'au printemps, de manière à produire une chaleur capable de résister au froid.

Pour faire des couches dont la chaleur soit durable, et aussi régulière que possible, on emploie du fumier de cheval à différents degrés de fermentation : 1° du fumier neuf, c'est-à-dire sortant de l'écurie, et qui est d'autant meilleur qu'il est plus imbibé d'urine ; mais, comme il donne une chaleur trop forte (65 à 70 degrés), on l'emploie rarement seul ; 2° ce même fumier mis en tas depuis quelque temps : c'est celui qu'on appelle *fumier recuit* ; 3° la partie la moins consommée du fumier provenant de vieilles couches. Dans quelques circonstances, lorsqu'on a besoin d'une chaleur forte et prolongée (pour la culture des Asperges vertes, par exemple), on ajoute au fumier de cheval une certaine portion de fumier de vache.

Avant de commencer à monter une couche, il faut,

pour mélanger les fumiers bien également, les déposer le plus près possible de la place qu'elle doit occuper. On monte la couche en allant toujours à reculons, et en ayant soin de bien mélanger avec la fourche les parties sèches avec celles qui sont le plus imprégnées d'urine et de répartir également le crottin. Les bords de la couche doivent être montés verticalement. Dès qu'on a monté un lit de fumier, on le mouille plus ou moins, selon le besoin, avec l'arrosoir à pomme, et de telle sorte que le tout soit assez humide pour produire une fermentation prolongée et éviter que le fumier ne se dessèche au centre, ce qui pourrait compromettre le résultat de l'opération. Pour donner à la couche une densité égale sur tous les points, on la foule avec les pieds et le dos de la fourche ; puis on rapporte du fumier dans les endroits creux, pour que l'épaisseur en soit régulière. On en fait autant à chaque lit, et cela jusqu'à ce que la couche soit arrivée à la hauteur voulue ; après quoi on divise le tout par parties de 1^m,33 de largeur, entre chacune desquelles on laisse un sentier de 33 centimètres.

Si les couches doivent être garnies de cloches, il faut auparavant les charger de terreau, que l'on étend bien également, et, après avoir bordé chaque couche, on y place trois rangs de cloches, que l'on dispose en échiquier.

Lorsque les couches sont destinées à recevoir des coffres, on pose ceux-ci immédiatement (par leur dimension, ces coffres ont l'avantage de se placer où l'on veut et de suivre l'affaissement de la couche), et, après les avoir alignés, on charge les couches de terreau; puis on pose les panneaux, qu'il faut tenir couverts de paillassons pendant quelques jours pour faciliter la fermentation du fumier. Ensuite, selon l'état de la température, on achève de remplir les sentiers, ou bien on les laisse en cet état pour ne les remplir que plus tard; mais, dans un cas comme dans l'autre, on élève un accot de fumier autour du carré de chaque couche. Enfin, avant de semer ou de planter sur une couche nouvelle, il est prudent d'attendre que la première chaleur se soit un peu modérée. Si, malgré cette précaution, il arrivait qu'il se développât une chaleur trop forte, il faudrait s'empresser d'écarter les réchauds du coffre, et, si cela ne suffisait pas, on verserait quelques arrosoirs d'eau autour de la couche pour la refroidir.

Dans quelques circonstances on peut remplacer les couches de fumier par le chauffage au thermosiphon (voir p. 107). Cet appareil, d'introduction récente en horticulture, n'est pas encore adopté par les maraîchers, qui même paraissent peu disposés à faire l'application de ce mode de chauffage à leurs cultures forcées, malgré les brillants résultats obtenus par ce moyen dans ce genre de culture, soit au potager de Versailles, soit chez M. Gontier, primeuriste.

Quoique beaucoup d'essais aient été faits, il en reste encore beaucoup à faire. Dans le principe, on établissait, soit dans les serres, soit dans les bâches, un plancher en bois, sous lequel on faisait circuler les tuyaux de l'appareil; mais les plantes cultivées sur ces planchers exigeaient de trop fréquents arrosements ; c'est pourquoi ce procédé n'est plus employé aujourd'hui que pour les Ananas cultivés en serre. Assez ordinairement l'on dispose une couche très-mince, afin de garantir les plantes de l'humidité du sol, puis on fait circuler les tuyaux au-dessus de la couche. Nous pensons que, pour les cultures où il est nécessaire de chauffer le sol, on pourrait faire circuler les tuyaux du thermosiphon dans les sentiers des bâches (c'est-à-dire tout autour, mais extérieurement) ; dans ce cas, on les recouvrirait avec des planches et de la paille, ou tout autre corps mauvais conducteur du calorique. Ce qui nous fait croire que ce moyen serait applicable à la culture des légumes forcés sous panneaux, c'est que, pour certaines cultures, on ne fait qu'une couche très-mince, qui doit donner peu de chaleur ou du moins n'en donner que pendant fort peu de temps. Dans quelques circonstances même, on n'en fait pas du tout (pour forcer les Asperges blanches, par exemple) ; ce n'est donc que par les réchauds qu'on obtient la chaleur nécessaire. Ainsi nous dirons qu'en plusieurs circonstances, il y aurait avantage à remplacer le fumier par le chauffage à l'eau. Nous ne prétendons pas dire qu'il y ait toujours économie réelle, mais nous croyons qu'il y a avantage sous le rapport des résultats ; car il est facile d'apprécier tout le mérite d'un chauffage qu'on peut régler selon l'exigence du genre de culture et les variations de la température. Ces motifs sont tellement puissants, que nous craindrions de rester en arrière des progrès de notre époque, si nous ne signalions pas les avantages qui résultent de l'emploi du thermosiphon dans les cultures de haute primeur ; ce que nous ferons au fur et à mesure, en traitant de la culture des plantes pour lesquelles cet appareil a été employé avec succès.

Couches en tranchées. — Ces couches sont particulièrement consacrées à la culture des Melons de seconde saison, et on les prépare de la manière suivante. Après avoir fait choix d'un emplacement favorable, on creuse une première tranchée de 1 mètre de largeur et de 33 centimètres de profondeur ; on dépose les terres sortant de la tranchée à l'extrémité du carré de couche, c'est-à-dire au delà de l'endroit où l'on doit faire la dernière tranchée ; puis on prépare une bonne couche d'environ 66 centimètres d'épaisseur, composée de moitié fumier neuf, moitie fumier provenant d'anciennes couches. Ensuite, on ouvre une seconde tranchée à 66 centimètres de la première, et avec la terre qui en provient, on charge la première couche ; on fait une couche dans la seconde tranchée, on la charge avec la terre de la troisième, et ainsi de suite jusqu'au bout du carré, où l'on trouve la terre nécessaire pour charger la dernière couche.

Après quoi on place les coffres, et, après avoir étendu la terre dans l'intérieur, on pose les panneaux ; on laboure les sentiers, puis on entoure les coffres d'un bon réchaud de fumier, et on en remplit également les sentiers.

Couches sourdes. — Ce n'est guère qu'en avril qu'on commence à faire usage de ces sortes de couches. Pour les établir, on ouvre une tranchée de 66 centimètres de largeur et d'environ 33 centimètres de profondeur.

On emploie pour les monter les mêmes matériaux que pour les précédentes ; on leur donne de 60 à 80 centimètres d'épaisseur ; elles doivent être légèrement bombées du milieu.

On les charge de terreau ou de bonne terre, suivant le genre de culture qu'on y doit pratiquer ; puis on les couvre d'un lit de fumier long, pour y concentrer la chaleur.

Réchauds. — Pendant toute la durée des froids, c'est-à-dire depuis la fin de novembre jusqu'à la mi-avril, il est nécessaire d'entretenir ou de ranimer la chaleur des couches, et cela sans les refaire. On arrive à ce résultat au moyen de réchauds, ce qui consiste, comme nous l'avons dit précédemment, à remplir les sentiers des couches de fumier neuf ou recuit, qu'on remanie tous les quinze jours ou toutes les semaines, et auquel, suivant le besoin, on ajoute chaque fois une partie du fumier nouveau. Ici, il faut avoir égard à l'état de l'atmosphère, c'est-à-dire que, s'il fait sec, il faut employer du fumier humide, et, si le temps est humide, du fumier sec ; puis il faut avoir soin de couvrir ces réchauds de paillassons pendant les mauvais temps, afin de concentrer la chaleur.

CHAPITRE IX.

Culture.

Nous allons maintenant indiquer le mode de culture des plantes potagères cultivées dans les marais de Paris et des environs. Nous donnerons les procédés les plus en usage, soit pour la culture de pleine terre, soit pour celle des primeurs, qui, on peut le dire, est aujourd'hui une des plus belles branches de l'horticulture parisienne. Enfin, nous tâcherons de ne point rester en arrière des connaissances de notre époque.

Fils d'un horticulteur, élevé au milieu des jardins, nourri des leçons des premiers horticulteurs de Paris, nous avouerons cependant avoir souvent eu recours aux conseils de nos confrères en jardinage pour tout ce qui ne nous était pas personnellement connu. Il était d'autant plus nécessaire, pour obtenir tous les renseignements dont nous avions besoin, de nous adresser à un grand nombre de maraîchers que généralement, soit par habitude, soit après avoir étudié les ressources que peut lui offrir son sol, chaque maraîcher adopte un ordre de culture dont il s'écarte rarement, ce qui fait que le plus grand nombre ne connaît que superficiellement celles des cultures qu'il ne pratique pas. Au reste, il en est de même dans toutes les parties de l'horticulture; car, bien que la connaissance des principes généraux mette à même de traiter diverses parties, il faut, pour faire une heureuse application de ces principes, avoir des connaissances spéciales qui ne s'acquièrent que par la pratique.

Comme, dans la culture maraîchère, il est rare qu'une même opération puisse se répéter deux années de suite à la même époque et de la même manière, à cause des variations de la température, nous avons divisé chaque mois en deux quinzaines, et nous dirons que les diverses opérations dont nous rendons compte pourront être modifiées selon les années, c'est-à-dire avoir lieu dans le courant de la quinzaine indiquée, mais tantôt au commencement, tantôt à la fin.

Comme nous mentionnerons la quantité de graine nécessaire pour semer chaque planche, il est indispensable que nous adoptions une mesure uniforme, à laquelle se rapporteront tous les renseignements que nous aurons occasion de donner; ainsi la quantité de graine, le nombre de rangs à tracer, toutes nos indications, enfin, auront pour objet des planches de 2m,33 de largeur sur 24 mètres de longueur. Cependant nous n'affirmerons pas que la quantité de graines indiquée doive suffire en toute circonstance, car cette quantité peut varier selon la nature du terrain et la confiance que l'on a dans la qualité des graines que l'on sème.

AIL COMMUN (Allium sativum).

Synonymie vulgaire, Thériaque des paysans ; *anglaise*, Garlic common ; *allemande*, Knoblauch [1].

Plante bulbeuse, originaire de la Sicile, cultivée depuis la plus haute antiquité. L'Ail n'est pas cultivé dans les marais de Paris, mais à Aubervilliers on en récolte une grande quantité. On le multiplie de caïeux qu'on plante, en février et mars, à 15 centimètres environ les uns des autres en tous sens.

Pendant l'été on donne quelques binages, et en juillet on récolte les plantes les plus avancées ; puis, lorsque les fanes sont sèches, on achève d'arracher celles qui restent. Mais avant de les mettre en bottes, on les laisse quelque temps sur le terrain, où elles achèvent de mûrir ; puis on les suspend dans un endroit sec, pour les conserver jusqu'au printemps de l'année suivante.

ANANAS (Ananassa sativa).

Synonymie anglaise, Pine apple ; *allemande*, Bromelie.

On ne connaît pas la patrie du type de ce genre, qui est aujourd'hui répandu dans les parties intertropicales des deux continents ; mais on croit généralement que l'Ananas est originaire d'Amérique.

[1] Les synonymies allemandes ont été prises dans un de mes ouvrages, traduit par la Société d'agriculture de Mulhouse, et les synonymies anglaises dans Thompson's *Practical garden*.

On le multiplie par œilletons et par graines; mais ce dernier moyen, extrêmement lent, n'est guère employé que pour obtenir de nouvelles variétés. C'est ainsi que MM. Lémon, Gabriel Pelvilain et Gontier ont enrichi le commerce d'un grand nombre de bonnes variétés.

Ce fut vers la fin du dix-septième siècle que l'Ananas fut introduit en Europe par un horticulteur de Leyde, en Hollande, nommé Lecourt, Français d'origine, qui fit venir des Antilles les premiers plants d'Ananas emballés dans de la mousse. Pendant fort longtemps il ne fut cultivé que chez les amateurs opulents ou dans les jardins royaux ; car alors sa culture, mal comprise, exigeait des dépenses énormes; mais, vers 1816 ou 1818, M. Edy, alors jardinier en chef du potager du roi, commença à la modifier. Ce fut aussi à cette époque que M. Lémon se mit à cultiver des Ananas avec la supériorité qui lui était ordinaire. Néanmoins cette culture devait subir bien des modifications avant d'atteindre le degré de perfection auquel elle est arrivée. Après bien des essais, MM. Grison et Gontier, qui succédèrent à M. Edy, adoptèrent, il y a environ dix ans, le mode de culture suivi depuis lors par tous les bons horticulteurs, et que nous allons essayer d'indiquer tel que nous avons été à même de l'observer. Mais, avant d'entrer dans aucun développement, nous dirons que, pour obtenir de bons résultats dans cette culture, il faut bien se pénétrer de l'idée que c'est seulement à l'aide de la chaleur et de l'humidité qu'on obtient une végétation rapide et vigoureuse, et que les plantes doivent avoir atteint leur complet développement avant de porter fruit.

Pour élever les Ananas et les préparer à la fructification, il faut avoir des châssis et des coffres, et, pour les faire fructifier, une serre bien exposée, à une ou deux pentes, mais peu élevées, de manière que les plantes ne se trouvent pas trop éloignées du verre.

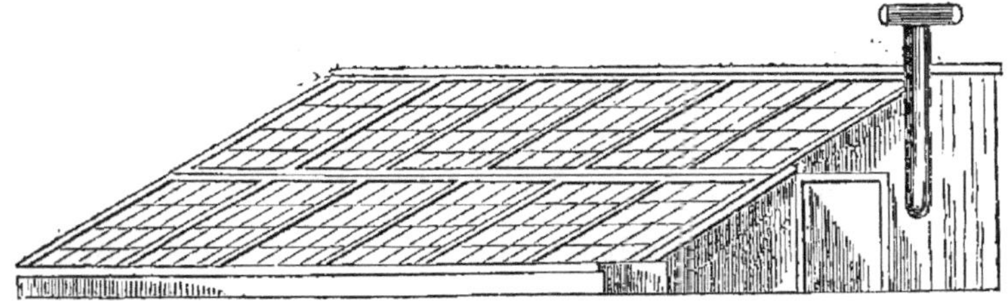

Fig. 6. — Serre à Ananas.

La première quinzaine d'octobre est l'époque la plus favorable pour la plantation des couronnes et des œilletons, et cela parce que les jeunes plantes ne demanderont pas plus de soin pour passer l'hiver en terre qu'il n'en faudrait pour conserver les vieux pieds, et au printemps on aura des plantes déjà fortes et tout enracinées. Vers la fin de septembre on prépare une bonne couche d'environ 60 centimètres d'épaisseur, composée de moitié fumier neuf, moitié feuilles mêlées, ou, à défaut, d'une partie de fumier provenant d'anciennes couches. La hauteur de la couche aura dû être calculée de telle sorte qu'après avoir été rechargée de 20 ou 30 centimètres de tannée, ou, à défaut, de mousse, les plantes se trouvent être aussi près que possible du verre. Les œilletons destinés à la plantation doivent être pris de préférence dans l'aisselle des feuilles, où ils sont toujours plus forts. Après avoir enlevé les œilletons, on ne conserve les vieux pieds que si l'on est à court de plant, et seulement jusqu'à ce qu'ils aient produit le nombre d'œilletons dont on a besoin. Avant de planter les œilletons, on dégarnit de feuilles la partie qui doit être en terre (environ 5 à 6 centimètres), puis on rafraîchit proprement la plaie, et on les plante immédiatement dans des pots de 10 à 12 centimètres de diamètre, suivant leur force. Ce que nous conseillons pour les œilletons est, en toutes circonstances, applicable aux couronnes. Nous dirons à ce sujet que l'on peut, si le besoin l'exige, conserver les couronnes pendant un mois au moins, en les plaçant à l'ombre dans un lieu sec.

Pour la plantation, on emploiera de la terre de bruyère pure, ou, à défaut, une terre composée d'un tiers de terre franche, un tiers de terre de bruyère et un tiers de terreau, le tout préparé depuis six mois au moins, remué plusieurs fois et passé à la claie. Il faut que cette terre, au moment de l'empotage, ne soit pas humide, sans cependant être desséchée, bien qu'il vaille mieux toutefois l'employer sèche qu'humide. Aussitôt après la plantation, on enfonce les pots dans la couche, en commençant par le rang du haut, et en choisissant toujours les plants les plus élevés, ce qu'il faut observer chaque fois qu'on les replace, en raison de la pente que l'on doit toujours donner aux châssis. Il faut avoir soin de les espacer suivant leur force. Pendant la nuit on couvre les châssis avec des paillassons ; pendant le jour on atténue l'intensité des rayons solaires avec une toile ou du paillis, qu'on étend sur les châssis ; enfin, pendant un mois, espace de temps nécessaire pour qu'ils prennent racine, on les soigne comme des boutures. Quand ils commencent à végéter, on leur donne un peu d'air en soulevant les châssis au moment du soleil ; puis on les arrose au pied, mais seulement au fur et à mesure du besoin. Vers le commencement de novembre, c'est-à-dire à l'époque des froids et des temps humides, on entoure le coffre d'un bon réchaud de fumier qui doit descendre à la même profondeur que la couche, et à partir de cette époque jusqu'au printemps, il doit être remué au moins tous les mois, en y ajoutant chaque fois une partie de fumier neuf. Quand les froids sont rigoureux, il faut doubler les paillassons pendant la nuit, étendre sur le tout une bonne couche de litière, et avoir soin d'entretenir les réchauds à hauteur des châssis ; puis on découvre les panneaux tous les jours, à moins que le thermomètre ne descende au-dessous de 4 ou 5 degrés de froid.

Au printemps, les arrosements doivent être plus fréquents et plus abondants, et l'on donne de plus en plus d'eau à mesure que le soleil prend de la force. Dans les premiers jours de mai, on fait une couche qui doit être beaucoup plus longue que celle d'automne, en raison du développement qu'ont pris les plantes ; mais, la température étant plus douce, il n'est pas nécessaire qu'elle soit aussi chaude qu'à l'automne. Il en est de même des réchauds, que l'on fait moins profonds, et qui sont remaniés seulement de loin en loin. Cette fois on remplace la tannée par une couche de terre de 25 centimètres d'épaisseur, semblable à celle qu'on emploie pour l'empotage des œilletons ; puis on dépote les Ananas, on visite les racines, et s'il s'en trouve quelques-unes qui soient pourries, on les supprime ; dans le cas contraire on les ménage toutes ; seulement on retranche à chaque pied quelques feuilles du bas, après quoi on les plante sur la couche, en ayant soin de les enfoncer de manière que l'ancienne motte se trouve recouverte de quelques centimètres de terre, afin de favoriser l'émission de nouvelles racines qui partent du collet. Quelque temps après la plantation on commence à donner un peu d'air ; puis on augmente progressivement, suivant la température ; car, arrivé à ce point, il est préférable de ne pas habituer les Ananas à être ombragés ; par ce moyen on aura des plantes beaucoup plus rustiques, mais on comprend qu'il faut alors leur donner plus d'air. Pendant les chaleurs, on peut, sans inconvénient, les arroser avec l'arrosoir à pomme, surtout si l'on a planté sur une bonne couche, car l'humidité ne leur est réellement préjudiciable qu'en hiver. Ainsi traités, les Ananas auront pris à l'automne un développement qu'on trouverait à peine chez ceux qui sont cultivés constamment en pots depuis deux ans.

Vers la fin de septembre ou dans le commencement d'octobre, on relève les Ananas de pleine terre ; on supprime alors tous les œilletons, puis quelques feuilles du bas ; et, comme l'Ananas est au nombre des plantes dont les racines périssent chaque année et sont remplacées par de nouvelles, on supprime toutes les anciennes en les coupant au ras de la plante ; après quoi on lie les Ananas avec un lien de paille, de manière à les rempoter plus facilement, ce qui doit avoir lieu dans des pots de 24 centimètres de diamètre seulement. Cette opération s'appelle planter à *cul nu*. Après l'empotage on les place sur une nouvelle couche, et, jusqu'à ce qu'ils aient de nouvelles racines, on leur donne les mêmes soins qu'aux œilletons du premier âge. Vers le mois de janvier on les place dans une serre où l'on a préparé une couche d'environ 65 centimètres d'épaisseur et de toute la largeur de l'encaissement, qui ne doit pas avoir moins de 2 mètres. Cette couche doit être chargée d'un bon lit de tannée ou de mousse, de manière à pouvoir facilement y enterrer les pots, que l'on place à environ 50 centimètres les uns des autres en tous sens; enfin, suivant la force des plants, on les laisse ainsi jusqu'à ce qu'ils marquent fruit, c'est-à-dire depuis avril jusqu'en juillet, et alors on les plante en pleine terre sur la même couche, après l'avoir remaniée et avoir remplacé la tannée par un lit de terre.

Pendant tout le temps que les Ananas restent dans la serre, on peut avec avantage remplacer la couche dont nous avons parlé par un chauffage au thermosiphon ; dans ce cas on place la tannée, et, par suite, la terre, sur un plancher sous lequel circulent les tuyaux de l'appareil. On règle le chauffage de manière à entretenir à peu près 25 à 30 degrés dans la couche, chaleur bien suffisante pour le besoin de ces plantes.

Au printemps on commence à moins chauffer, pour cesser complétement en mai, car, à partir de cette époque jusqu'en septembre, la chaleur du soleil suffit. La serre dans laquelle on place les Ananas est ordinairement divisée en deux par une cloison vitrée, de manière à faire deux saisons. Les plus fortes plantes doivent être placées dans le premier compartiment, et l'on commence ordinairement à les chauffer vers la fin de janvier. A partir de cette époque la température de la serre doit être entretenue à une chaleur constante de 25 à 30 degrés ; pendant la nuit, jusque vers la fin d'avril, on couvre la serre avec des paillassons qu'il faut enlever tous les jours. Pour les arrosements qui ont lieu au pied des plantes, on emploie avec avantage de l'eau dans laquelle on aura fait décomposer des substances animales ou végétales. Pendant l'hiver il faut subordonner les arrosements à la chaleur de la couche, et avoir soin que l'eau soit à la température de la serre; mais en été ils doivent être abondants, et même de temps à autre on donne des bassinages. Comme nous l'avons précédemment indiqué, il est nécessaire de donner beaucoup d'air, afin de ne point ombrer. Les fruits de la première saison mûrissent ordinairement de juillet en septembre.

On a soin de ne pas élever à plus de 12 degrés la température du côté de la serre où se trouvent placées les plantes destinées à faire la seconde saison ; mais, dès le mois de mars, époque où l'on commence habituellement à les chauffer, on observera tout ce qui a été indiqué pour la première.

Les fruits de la seconde saison mûrissent ordinairement de septembre en décembre.

On voit qu'en traitant les Ananas comme nous venons de l'indiquer on obtient des fruits bons à récolter vingt ou vingt-six mois après la plantation des œilletons, ce qui démontre d'une manière concluante la supériorité de ce mode de culture sur celui que l'on pratiquait autrefois [1].

Variétés : A. de Cayenne, de la Martinique, de la Providence, de Mont-Serrat, Enville, comte de Paris.

ARROCHE DES JARDINS (Atriplex hortensis).

Synonymies vulgaires, Armol, Arrode, Arrouse, Belle-dame, Bonne-dame, Erode, Follette, Prude-femme ; *anglaises*, Orach, Mountain spinage ; *allemande*, Gartenmelde.

Plante annuelle, originaire de la Tartarie. On la sème vers la fin de mars ou dans les premiers jours d'avril, et successivement jusqu'en septembre. Après les semis, l'Arroche ne demande aucun soin particulier de culture ; il faut seulement éclaircir le plant et donner quelques arrosements pendant la sécheresse.

On cultive deux variétés d'Arroche, l'une à feuilles blondes, l'autre à feuilles rouges.

[1] Depuis quelques années, on trouve sur les marchés de Paris des Ananas récoltés aux Antilles; leur prix est relativement peu élevé; mais comme ces fruits doivent nécessairement être coupés avant maturité, en raison de la longueur du voyage, ils n'ont jamais la saveur de ceux qui sont récoltés dans nos serres.

Toutes deux ont la propriété d'adoucir l'acidité de l'oseille ; on peut aussi les manger seules, préparées comme des épinards.

ARTICHAUT (Cynara Scolymus)

Synonymie anglaise, Artichoke ; *allemande*, Artischoke.

Plante vivace, originaire de l'Europe méridionale. On cultive plusieurs variétés d'Artichaut, mais le gros vert de Laon est le seul qu'on emploie dans les environs de Paris. On le multiplie par œilletons, opération qui a lieu de la manière suivante. En avril on éclate les rejetons qui naissent au collet des vieux pieds, en ayant soin de les enlever avec le talon ou portion de collet de la racine ; puis on choisit les plus forts, et on raccourcit l'extrémité des feuilles [1]. A Aubervilliers, après avoir bien préparé le terrain, on trace des rayons à 80 centimètres les uns des autres et l'on fait avec le hoyau des trous à 80 centimètres de distance sur la ligne. Si le temps est sec avant la plantation, on verse de l'eau dans le fond des trous, après quoi on plante à la main en serrant légèrement la terre autour des œilletons.

Dans les terrains argileux, où les Artichauts reprennent toujours difficilement, on peut, après avoir fait choix des œilletons dont on a besoin, les empoter dans

[1] Au lieu d'enlever les œilletons au printemps, les jardiniers d'Amiens les enlèvent en automne. Ils obtiennent par ce moyen des produits très-beaux et plus précoces.

de petits pots que l'on enterre sur une couche tiède, recouverte de châssis.

Dans la première quinzaine d'avril, lorsque les œilletons sont suffisamment pourvus de racines, on les plante en motte à la place qu'ils doivent occuper.

Non-seulement les Artichauts ainsi traités ne peuvent manquer de reprendre promptement, mais ils fructifient beaucoup plus tôt que ceux qu'on a plantés immédiatement à demeure.

Pour utiliser le terrain, on peut, la première année, planter un rang de Choux de Milan entre chaque ligne d'Artichauts, repiquer des Oignons blancs, ou bien semer des Radis.

Dans une plantation d'Artichauts faite en avril, le plus grand nombre des œilletons donne des fruits en automne de la même année.

Chaque année, à l'automne, on a soin de couper les vieilles tiges et l'extrémité des feuilles les plus longues; puis, vers la fin de novembre ou au commencement de décembre, en un mot avant les gelées, on passe la charrue entre les rangs, de manière à tracer un sillon un peu profond et à couvrir de terre chaque rang d'Artichauts ; puis, indépendamment de ce buttage, on couvre le terrain, pendant les gelées, avec du long fumier. Dans le courant de mars, quand les gelées ne sont plus à craindre, on détruit les buttes des Artichauts et on donne un bon labour ; puis en avril on œilletonne les plantes, comme nous l'avons indiqué précédemment, de manière à ne laisser qu'un seul œilleton sur chaque pied.

Bien qu'une plantation d'Artichauts soit susceptible de produire pendant trois ou quatre ans, les cultivateurs des environs de Paris plantent des œilletons chaque année, afin d'avoir des fruits qui succèdent à ceux que fournissent les vieux pieds, qui ordinairement fructifient en mai et juin.

On peut facilement avancer la récolte des Artichauts en les forçant sur place comme les Asperges, ou bien en les relevant en motte dans le courant de novembre pour les planter dans un coffre que l'on entoure d'un réchaud de fumier; mais on a généralement renoncé à ce travail depuis qu'il arrive à Paris des Artichauts nouveaux de l'Algérie et de la Bretagne en janvier et février.

ASPERGE (Asparagus officinalis).

Synonymie anglaise, Asparagus ; *allemande*, Spargel.

Plante vivace, originaire des environs d'Abbeville, d'après Boucher.

On en cultive deux variétés : la commune, ou Asperge verte, et celle qui est connue sous le nom de grosse Asperge violette ou de Hollande. Celles de Marchiennes, d'Ulm, de Besançon et de Vendôme ne sont que des sous-variétés de cette dernière et doivent leur origine à des influences locales.

Les Asperges se multiplient de graines qui sont semées en mars, soit en place, soit en pépinière, en pleine terre ou sur couche, pour être plantées ensuite.

Dans les marais de Paris, les Asperges ne sont, à proprement parler, cultivées que pour être forcées.

Cette culture remonte à 1738 et a de nos jours acquis beaucoup d'importance. On force les Asperges de deux manières : la première consiste à les forcer sur place, et alors on les appelle Asperges blanches ; la seconde, à placer sur couche les griffes toutes venues, et les Asperges qui en proviennent s'appellent Asperges vertes.

Asperges blanches. — Avant de donner aucun détail sur la manière de forcer ces Asperges, nous croyons nécessaire d'indiquer comment on procède à la plantation. Dans le courant de mars on fait choix d'un emplacement favorable, puis on le divise par planches de 1m,33 de largeur ; entre chacune d'elles on laisse un sentier d'environ 80 centimètres. Ces planches doivent être disposées de manière à présenter le flanc au sud, afin qu'à l'époque où l'on forcera les Asperges elles jouissent de tous les avantages d'une bonne exposition. Après avoir tracé ces planches, on enlève dans chacune d'elles 40 centimètres de terre, que l'on remplace par une couche de 20 centimètres de bon fumier de cheval. Dans les terres humides on ajoute au fumier de cheval une partie de gadoue (boue de Paris), et dans les terres sèches on remplace la gadoue par du fumier de vache.

Ces fumiers doivent être bien mélangés et fortement foulés ; après quoi on rapporte 15 à 18 centimètres de terre de bonne qualité. Quant cette terre est étendue bien également, on trace par planche quatre rangs qui doivent être distancés également entre eux, et de manière que les deux rangs extérieurs soient à 15 centimètres des bords de la planche.

L'expérience ayant démontré que le jeune plant d'Asperges est préférable sous tous les rapports au plant de deux ans, l'on prend maintenant des plants d'un an que l'on plante à 40 centimètres les uns des autres.

La plantation terminée, on achève de remplir les planches avec de la terre que l'on foule bien également. Une fois le terrain aplani, on y étend un bon paillis de fumier consommé ; puis on plante des Salades entre les lignes d'Asperges, ou bien l'on sème des Carottes hâtives, des Epinards, ou toute autre plante dont les racines pénètrent peu profondément dans le sol. De plus, on plante un rang de Choux pommés ou de Choux-fleurs sur le bord de chaque planche. A Meaux, les jardiniers sèment, la première année, des Oignons dans les planches d'Asperges.

Loin de nuire aux Asperges, les binages et les arrosements que ces plantes exigent leur sont tellement favorables, qu'elles font souvent en un an autant de progrès qu'elles en feraient en deux ans par les procédés ordinaires.

Après la floraison des Asperges on supprime les graines, qui fatiguent toujours un peu la plante ; puis, en octobre ou novembre, on coupe toutes les tiges au niveau du sol ; on donne un léger binage, et, comme les planches auront subi nécessairement un tassement, on les recharge de bonne terre, sur laquelle on étend, comme après la plantation, un bon paillis, opération qu'il est bon de renouveler chaque année. Dès la deuxième pousse on pourrait commencer la récolte des Asperges ; mais il vaut mieux cependant attendre la troisième : les produits en seront plus beaux.

On commence ordinairement à forcer les Asperges dans les premiers jours de novembre, puis on continue successivement jusqu'en février ; ce qui a lieu de la manière suivante. Après avoir placé les coffres sur les planches que l'on veut forcer, on étend un lit de terreau sur les Asperges ; ensuite on enlève des sentiers, jusqu'à 50 centimètres environ de profondeur, la terre qu'on dépose sur les planches, de manière à les recharger de 33 centimètres, et cela afin d'avoir des Asperges beaucoup plus longues. Puis on remplace la terre des sentiers par un réchaud de fumier neuf, qui doit être élevé jusqu'à la hauteur des panneaux avec lesquels on couvre les coffres ; mais, avant de placer les panneaux, on étend un lit de fumier sur les planches, afin d'activer la végétation, en ayant soin toutefois d'enlever ce fumier aussitôt que les Asperges commencent à sortir de terre. Quel que soit l'état de la température, on ne donne point d'air à ces Asperges. Pendant la nuit et par le mauvais temps on couvre les panneaux avec de bons paillassons, afin de concentrer la chaleur. On remanie les réchauds tous les dix ou quinze jours environ, en ajoutant chaque fois plus ou moins de fumier neuf, suivant l'état de la température, mais de manière à obtenir sous les panneaux une chaleur qui ne doit pas être moindre de 15 degrés, et qu'il est difficile d'élever à plus de 25. Ces Asperges sont ordinairement bonnes à couper vingt ou vingt-cinq jours (suivant l'état de la température) après qu'on aura commencé à les forcer. On coupe tous les deux ou trois jours, jusqu'à ce qu'elles soient épuisées.

Afin de ne pas faire subir aux Asperges un passage trop subit du chaud au froid après la récolte, on laisse les panneaux pendant quelque temps; enfin, après avoir enlevé le fumier des sentiers, on enlève les panneaux et les coffres ; puis on remplit les sentiers avec la terre qui avait été déposée sur les planches. Ordinairement on ne force chaque année que la moitié des planches d'Asperges que l'on possède, afin que les mêmes plantes ne soient pas forcées deux années de suite.

Asperges vertes. — La culture des griffes d'Asperges est un objet de spéculation pour les cultivateurs de la commune de Saint-Ouen. Depuis fort longtemps ils sèment et plantent des Asperges chaque année, afin de livrer annuellement du plant aux maraîchers, bien qu'un très-petit nombre seulement d'entre eux se livrent à ce genre de culture. Le nombre des griffes d'Asperges employées chaque année n'en est pas moins très-considérable [1].

On commence ordinairement à arracher ces griffes dans la première quinzaine d'octobre, puis on continue

[1] En 1844, nous avons constaté que MM. Flantin père et fils, Chevalier et Ferdinand Vassou avaient acheté 25 hectares de griffes d'Asperges dans le courant de l'année, ce qui porte, comme on le voit, la moyenne à plus de 6 hectares.

suivant le besoin ; mais à l'approche des gelées il faut avoir soin d'en faire provision, afin de n'en point manquer. A l'époque où l'on veut commencer ce travail, on prépare une bonne couche de 60 à 80 centimètres d'épaisseur, dont la chaleur soit de 20 à 25 degrés ; pour cela il faut prendre une partie de fumier neuf, une partie de fumier recuit et une partie de fumier de vache, le tout également mélangé et mouillé suivant le besoin. Une fois la couche élevée à la hauteur indiquée, on pose les coffres, puis on remplit les sentiers, mais à moitié seulement, et l'on charge la couche de quelques centimètres de terreau, afin d'y placer les griffes plus facilement que sur le fumier. Lorsque la couche a jeté son premier feu, on prend les griffes d'Asperges, et, sans rien retrancher de la longueur des racines, on les place sur la couche, les unes à côté des autres, en commençant par le haut du coffre et en continuant ainsi jusqu'à ce qu'il soit complétement rempli ; après quoi on laisse les Asperges en cet état pendant quelques jours. Quand on pense qu'elles vont entrer en végétation, on coule du terreau entre les griffes, de manière à les recouvrir légèrement ; puis on achève de remplir les sentiers, que l'on élève alors jusqu'à la hauteur des panneaux, en ayant soin toutefois de surveiller la fermentation de la couche ; car, s'il arrivait qu'elle développât une chaleur trop considérable, il faudrait diminuer la hauteur des réchauds. Dans le cas contraire, il faut, afin d'entretenir ou de ranimer la chaleur de la couche, remanier les réchauds toutes les fois qu'il sera nécessaire. Pendant la nuit on couvre les panneaux avec de bons paillassons, afin de concentrer la chaleur. Dès que les Asperges commencent à pousser, il faut leur donner de l'air pendant le jour, à moins que la température ne soit trop défavorable. Au bout de douze ou quinze jours les Asperges commencent à produire; on les coupe pendant tout le temps qu'elles donnent, c'est-à-dire trois mois environ. Lorsqu'elles cessent de produire, il n'est plus possible d'en rien tirer ; mais, après avoir remanié la couche ainsi que les réchauds, on peut planter d'autres Asperges si l'on est encore en saison de le faire.

Chez M. Cauconnier, maraîcher à Clichy, les bâches à forcer les Asperges sont établies dans des serres exactement semblables à celles que les jardiniers fleuristes consacrent à leurs multiplications ; il résulte de cette disposition que les griffes d'Asperges sont couvertes de doubles châssis comme les boutures. De puissants thermosiphons remplacent les couches de fumier, de manière que M. Cauconnier peut régler maintenant la chaleur à son gré.

L'exemple donné par cet habile maraîcher ne peut manquer d'exercer, nous l'espérons du moins, une heureuse influence sur l'avenir des cultures forcées en général, et sur celle des Asperges en particulier.

Culture des environs de Paris.

Dans les environs de Paris on divise le terrain par planches de 1 mètre de largeur ; puis on enlève en automne une couche de terre de l'épaisseur d'un bon fer de bêche sur toute la superficie de la première planche, de manière à former une fosse d'environ 20 centimètres de profondeur. On dépose la terre de la fouille sur la seconde planche ; alors on creuse la troisième, puis la cinquième, et ainsi de suite, en laissant toujours entre chaque fosse une planche pour déposer la terre, dont une partie sert plus tard à recharger les Asperges.

En février ou mars, après avoir largement fumé le fond des fosses, on trace dans chacune trois rangs, les deux premiers à 20 centimètres du bord et le troisième au milieu des deux autres ; après quoi on plante les Asperges à 40 centimètres les unes des autres sur les lignes, et on achève de remplir la fosse avec de la bonne terre.

Pendant l'été on donne quelques binages aux Asperges, afin de détruire les mauvaises herbes, et chaque année, en octobre ou novembre, quand les tiges commencent à sécher, on les coupe toutes au niveau du sol.

Après la suppression des tiges, on enlève avec la houe, sur toute la superficie des fosses, quelques centimètres de terre, que l'on remplace par une bonne fumure de gadoue. Enfin, chaque année, dans la première quinzaine de mars, on donne un binage aux Asperges, puis on les recharge de quelques centimètres de bonne terre.

A la troisième pousse on commence à couper les plus grosses Asperges, et, les années suivantes, après avoir observé tout ce qui est indiqué, on les coupe toutes dès qu'elles commencent à paraître, et l'on continue cette récolte jusqu'en juin, époque à laquelle on cesse de couper pour ne pas épuiser le plant.

Afin d'utiliser l'espace laissé entre chaque fosse d'Asperges, au printemps, après un bon labour, on plante ordinairement deux rangs de Pommes de terre hâtives, et, après la récolte, on sème des Betteraves ou des Haricots.

On peut aussi planter les Asperges sur un seul rang, comme le font les cultivateurs d'Argenteuil. Pour planter ces Asperges, ils tracent des rayons de 10 centimètres de profondeur à 1 mètre de distance les uns des autres ; puis ils relèvent la terre de chaque côté, de manière à former des billons entre lesquels ils plantent une griffe d'Asperge par mètre courant.

Ces Asperges reçoivent tous les deux ans, à l'automne, une bonne fumure de gadoue ; puis elles sont buttées chaque année au printemps.

Quel que soit le mode de culture qu'on ait adopté, une plantation d'Asperges bien établie et bien entretenue peut durer dix ans.

AUBERGINE (Solanum melongena).

Synonymies vulgaires, Albergine, Ambergine, Beringine, Bringèle, Buhème, Marignan, Mayenne, Mélanzane, Melongène, Merangène, Morelle comestible, OEuf végétal, Véringeane, Viédase ; *anglaise*, Egg plant ; *allemande*, Eierpflanze.

Plante annuelle, originaire des parties chaudes de l'Asie, de l'Afrique et de l'Amérique.

Les fruits de l'Aubergine cultivée dans les marais de Paris sont ronds ou allongés, suivant la variété, et d'une couleur pourpre violet plus ou moins intense. Sous le climat de Paris il faut semer l'Aubergine dans la seconde quinzaine de janvier ou dans la première quinzaine de février. Pour cela on prépare une couche dont la chaleur s'élève de 20 à 25 degrés; on l'entoure d'un bon réchaud de fumier, puis on la charge d'environ 12 centimètres de terreau, et, lorsque la chaleur est favorable, on sème les Aubergines.

Quinze jours ou trois semaines après le semis, on prépare une seconde couche un peu moins chaude que la première, on la charge de terreau, et, quand le jeune plant est bon à repiquer, c'est-à-dire lorsque les cotylédons sont bien développés, on le repique en pépinière pour le relever au bout de quelque temps et le replanter sur la même couche, mais en laissant cette fois une plus grande distance entre les plants.

Depuis les premiers jours de l'opération, on couvre les panneaux pendant la nuit avec des paillassons, et, dès que les jeunes plants commencent à végéter et que l'état de la température le permet, on donne un peu d'air.

Dans le courant de mars on prépare une dernière couche, dont la longueur doit être proportionnée à la quantité des plants qu'on veut cultiver. On place les coffres, on charge la couche de terreau, et, lorsque la chaleur de la couche est convenable (15 à 20 degrés), on plante quatre Aubergines sous chaque panneau de 1^m,33; on les prive d'air pendant quelques jours, afin de faciliter la reprise des plants; après quoi on commence à donner un peu d'air, soit par le haut, soit par le bas des panneaux ; puis on augmente progressivement à mesure qu'on avance en saison, de manière à enlever les panneaux dans le courant de mai. Les autres soins consistent à arroser au besoin, à nettoyer les feuilles, qui, souvent, sont attaquées par le kermès. Il faut aussi avoir l'attention d'enlever toutes les pousses qui partent du collet de la plante, afin de ne laisser subsister qu'une seule tige que l'on pince lorsqu'elle a acquis une certaine force, de manière à obtenir deux branches principales qu'on pince à leur tour aussi plus tard, pour favoriser le développement d'un certain nombre de bourgeons sur les branches mères; lors de la fructification on supprime tous les nouveaux bourgeons, afin de protéger le développement des fruits. On peut, par ce moyen, avoir, vers la fin de juin ou au commencement de juillet, des fruits bons à récolter, qui se succèdent jusqu'en octobre.

A partir de l'époque ci-dessus, on peut planter des Aubergines jusqu'en juin, mais toujours sur couche; ce n'est véritablement que dans le midi de la France que l'on peut cultiver avec succès cette plante en pleine terre.

BASILIC GRAND (Ocymum basilicum).

Synonymies vulgaires, Basilic aux sauces, Basilic des cuisiniers, Herbe royale ; *anglaise*, Sweet Basil ; *allemande*, Gemeines Basilienkraut.

Sous le climat de Paris, on sème le Basilic en mars

ou en avril, sur couche, mais après d'autres cultures. Lorsque le plant a atteint 5 ou 6 feuilles, on le repique en pépinière sur couche; puis, dans le courant de mai, lorsque les gelées ne sont plus à craindre, on le relève en motte pour le planter en pleine terre. Pour prospérer, le Basilic exige, pendant les chaleurs, de fréquents arrosements.

BETTERAVE (Beta vulgaris)

Synonymie vulgaire, Bette commune; *anglaise*, Beet rooted; *allemande*, Rothe Runkelrübe.

Plante bisannuelle, originaire de l'Europe méridionale. La Betterave n'est pas cultivée dans les marais; mais, aux environs de Paris, on en sème une grande quantité que l'on mange en salade. Les variétés cultivées pour cet usage sont la rouge longue, la jaune longue, la rouge et la jaune de Castelnaudary.

On sème les Betteraves vers la fin d'avril ou au commencement de mai, en lignes ou à la volée, à raison de 50 grammes de graine par are, en terre profondément labourée et fumée de l'année précédente; puis, lorsque le plant a cinq ou six feuilles, on éclaircit, de manière qu'elles se trouvent à environ 35 centimètres les unes des autres. Dans le courant de l'été on leur donne plusieurs binages, et, vers la fin d'octobre ou au commencement de novembre, on fait la récolte des racines, après avoir coupé les feuilles; on les met dans la serre à légumes ou dans une cave bien saine, où l'on peut en conserver jusqu'en mai.

BOURRACHE OFFICINALE (Borrago officinalis).

Synonymies vulgaires, Langue-de-bœuf, Langue-d'oie ; *anglaise*, Borage ; *allemande*, Borasch.

Plante annuelle indigène.

Quelques maraîchers cultivent la Bourrache afin de la vendre pendant l'hiver et au printemps.

On la sème alors dans les premiers jours de septembre, et vers le 15 octobre on repique le plant. Pour cela on trace huit rangs sur un ados de 1m,33 de largeur, après quoi on le repique à environ 10 centimètres sur la ligne. A l'approche des gelées on couvre le plant avec des panneaux, ou, à défaut, avec des paillassons. Par ce moyen, on peut avoir de la Bourrache nouvelle en janvier ou février.

On peut aussi en semer en janvier; mais alors on sème en pleine terre, à bonne exposition, et, lorsque le plant est assez fort, on le repique sur une vieille couche après une autre culture, ou bien on prépare une couche de 35 à 40 centimètres d'épaisseur, dont la chaleur s'élève à environ 10 degrés, et on repique le plant comme nous l'avons précédemment indiqué. Au printemps on sème en pleine terre immédiatement et en place. De cette manière on peut avoir de la Bourrache toute l'année.

CAPUCINE GRANDE (Tropœolum majus).

Synonymies vulgaires, Cresson du Mexique, Cresson d'Inde, Cresson du Pérou, Fleur-de-sang, Fleur sanguine ; *anglaise*, Nasturtium, Tall ; *allemande*, Kresse indianische.

On sème la Capucine en avril, au pied d'un mur à bonne exposition. On peut aussi la semer isolée, mais alors il faut la ramer. On emploie les fleurs de la Capucine pour parer les salades, et les graines cueillies encore vertes se confisent au vinaigre et remplacent les câpres.

CARDON (Cynara cardunculus).

Synonymies vulgaires, Artichaut silvestre, Cardonnette, Chardonnette, Chardonnerette ; *anglaise*, Cardoon ; *allemande*, Die Carde.

Plante bisannuelle ou vivace, originaire de l'île de Candie. On mange cuites les côtes de ses feuilles et ses racines.

On la multiplie de graines semées en avril sur couche, ou mieux en mai immédiatement en place. On trace deux rangs par planche, et l'on fait à 1 mètre de distance, sur la ligne, des trous qu'on remplit de terreau ; puis on sème deux ou trois graines dans chacun d'eux, et, lorsqu'elles sont bien levées, on choisit le pied le plus vigoureux et on supprime les autres. Dans le cas où l'on aurait à craindre les ravages des vers blancs ou des courtilières, il faudrait, à la même époque, en semer en pot, afin de pouvoir regarnir les places vides.

Comme les Cardons font peu de progrès pendant les premiers mois de leur végétation, on peut, pour utiliser le terrain, contre-planter dans les planches quelques rangs de Romaines ou de Chicorées qui seront récoltées à l'époque où les Cardons occuperont tout l'espace.

Dans les terres légères, les Cardons exigent de fréquents arrosements; dans les marais de Paris, l'on ne peut avoir de beaux Cardons qu'à la condition de leur donner beaucoup d'eau.

Vers le mois de septembre, lorsqu'ils sont assez forts pour être *blanchis*, on les empaille. A cet effet, on réunit les feuilles au moyen de liens de paille, sans trop les comprimer; on enveloppe ensuite toute la plante, de manière à ne laisser voir que l'extrémité des plus longues feuilles, avec de la grande litière, qu'on maintient au moyen de trois liens de paille; puis on butte la terre autour du pied, afin qu'elle ne soit pas déplacée par le vent. Au bout de quinze jours ou trois semaines les côtes sont blanches et doivent être consommées sur-le-champ, sans quoi elles pourriraient; il ne faut donc empailler que successivement. Avant les fortes gelées on arrache les Cardons en mottes pour les replanter l'un près de l'autre dans la serre à légumes, où ils blanchissent sans couverture; mais il faut les visiter souvent et enlever toutes les feuilles pourries. On peut, par ce moyen, les conserver jusqu'en mars.

A Tours, les jardiniers maraîchers sèment alternativement une planche de Cardons et une planche de Salade ou autre légume ne devant pas occuper le terrain au delà du mois de septembre ; puis, au moment de faire blanchir les Cardons, ils les buttent, comme le Céleri, avec de la terre qu'ils prennent dans les planches intermédiaires.

CAROTTE (Daucus Carota).

Synonymies vulgaires, Pastenade, Pastonade, Chirouis, Faux Chervi, Girouille ; *anglaise*, Carrot ; *allemande*, Möhre, Gelberübe.

Plante bisannuelle indigène.

La Carotte commune a fourni plusieurs variétés ; mais la rouge hâtive ou de Hollande, introduite dans nos cultures vers 1800, et sa sous-variété, connue sous le nom de Carotte demi-longue, sont les seules cultivées dans les marais de Paris.

La première est particulièrement employée pour les semis sur couche ; la seconde, pour les semis de pleine terre.

Semis sur couche. — Dans les premiers jours de décembre on prépare une couche de 35 à 40 centimètres d'épaisseur, dont la chaleur soit de 15 à 20 degrés ; on place les coffres, puis on les charge d'environ 15 centimètres de terreau mêlé de terre (de cette manière on obtient des Carottes plus rouges que dans le terreau pur). Si la température n'est pas trop rigoureuse, on a soin de ne remplir les sentiers qu'à moitié, afin d'éviter un trop grand développement de chaleur, ce qui causerait infailliblement la perte du semis. Lorsque la chaleur de la couche est favorable, on sème sa graine ; puis, aussitôt après, on repique habituellement sept rangs de Laitue petite noire par coffre. Mais, bien que de cette manière l'on fasse deux récoltes sur la même couche, nous pensons qu'il n'y a pas avantage à procéder ainsi, car il n'est pas certain que le produit des Laitues compense le tort qu'elles font aux Carottes. Ces Laitues pomment en janvier. Après leur récolte on étend un peu de terreau sur la place qu'elles occupaient, et cela afin de rechausser les Carottes ; et, si le temps est sec, on donne un léger bassinage. Dans le courant de janvier, quand le semis se développe bien, on remanie les réchauds, que l'on élève alors de toute la hauteur des coffres, afin d'entretenir et de ranimer la chaleur de la couche.

Dans les premiers jours de janvier on fait ordinairement une seconde saison de Carottes ; mais alors la couche doit être un peu moins forte, et cette fois on remplace la Laitue par deux rangs de Choux-fleurs ou par un semis de Radis.

Lorsque les soins ont été donnés à propos, on commence à récolter les premières Carottes dans la première quinzaine d'avril. Si, dans la seconde quinzaine de mars, le temps est doux et qu'on ait besoin des panneaux qui couvrent les Carottes pour les mettre sur les premiers Melons, on peut les enlever, ainsi que les coffres ; mais alors on récolte quelques jours plus tard.

En février et mars on sème encore des Carottes sur couche, mais à l'air libre. A cette époque, des paillassons suffisent pour garantir le semis de la gelée.

Pour soutenir les paillassons que l'on étend sur les Carottes, les maraîchers de Paris établissent deux rangs de gaulettes, qu'ils fixent sur des petits piquets enfoncés dans la couche.

Ces Carottes succèdent à celles qui avaient été semées en décembre et janvier, et elles font attendre les produits de la pleine terre. Après la récolte des Carottes semées en février et mars, on sème des Radis; puis on plante, après la récolte des Radis, du Céleri rave ou du Céleri turc, que l'on fait blanchir sur place.

Semis en pleine terre. — Les premiers semis en pleine terre peuvent avoir lieu en septembre. Dans les marais de l'est on en sème beaucoup à cette époque. Dès les premières gelées on a soin de couvrir le semis avec de la litière, qu'on enlève toutes les fois que la température le permet; lorsque le résultat de ce semis est heureux, les Carottes sont bonnes à récolter vers le mois de mai. Ensuite on sème en février ou mars; puis, à partir de cette époque, les semis peuvent être continués successivement jusqu'en juillet. Mais, quelle que soit l'époque du semis, le terrain doit être bien préparé; après quoi on sème à la volée, à raison de 100 grammes de graines par are. Aussitôt après le semis on herse légèrement à la fourche, on foule le terrain avec les pieds, puis on étend une couche de terreau sur la planche. On passe légèrement le râteau sur le tout, et l'on arrose toutes les fois qu'il en est besoin. Lorsque les Carottes sont levées, on éclaircit le plant, qui est presque toujours trop dru si le semis a réussi. Trois mois environ après le semis on commence à récolter les premières Carottes; le produit des derniers semis doit pouvoir être arraché en novembre. Au moment de la récolte on coupe le collet de chaque Carotte, on met les racines en jauge, puis on les couvre de fumier long pendant les gelées, ou bien on les dépose dans la serre à légumes, afin d'en avoir à vendre pendant l'hiver. Dans les terres légères et saines on peut se dispenser de les arracher; il suffit de couvrir les planches de Carottes pendant les gelées, afin de pouvoir toujours en disposer au besoin.

Enfin nous dirons que les maraîchers de Meaux conservent leurs Carottes hâtives de la manière suivante : à l'automne ils creusent des fossés d'environ 1 mètre de largeur sur 80 centimètres de profondeur, ils y déposent leurs Carottes, et, pendant les gelées, ils les couvrent avec de la paille. De cette manière ils les conservent jusqu'à la fin de février ou au commencement de mars, époque à laquelle ils commencent à les vendre.

Indépendamment de la Carotte rouge demi-longue, on cultive, à Aubervilliers, les Carottes rouge longue et jaune longue. On les sème en mai, à raison de 4 kilogrammes par hectare. Après le semis, tous les soins consistent à éclaircir et à faire quelques sarclages. A l'automne on commence par récolter les Carottes jaunes longues, qui sont plus tendres que les rouges, de manière à ne pas les laisser atteindre par la gelée; puis, à l'approche des froids, on arrache toutes les Carottes, on les dépose dans les caves ou dans les celliers, après leur avoir retranché la tête, et pendant l'hiver on a soin d'enlever tout ce qui pourrait engendrer de l'humidité.

CÉLERI CULTIVÉ (Apium graveolens).

Synonymies vulgaires, Ache des marais, Ache douce, Bonne herbe; *anglaise*, Celery; *allemande*, Zahmer Sellerie.

Plante bisannuelle, dont le type est indigène des falaises de Boulogne.

Les variétés cultivées dans les marais sont : le Céleri plein blanc, le Céleri turc, sous-variété du précédent, le Céleri creux ou à couper, et le Céleri-Rave blanc. Le Céleri plein blanc et le Céleri turc peuvent être traites de la même manière.

On sème la première saison sur couche, mais à l'air libre, dès le mois de février; la graine doit être très-légèrement recouverte. Dans le courant d'avril on repique le plant, en pleine terre, à environ 33 centimètres de distance sur la ligne. On trace ordinairement dix rangs par planche.

Pour le faire blanchir, on l'enveloppe entièrement de grande litière. Planté en avril, il est bon à récolter en juillet et août. En mai on sème une seconde saison de Céleri; mais il faut, à cette époque, semer en pleine terre, à une exposition ombragée, pour repiquer immédiatement en place. On favorise la germination des graines par de fréquents bassinages; s'il arrivait que le plant fût trop dru, il faudrait l'éclaircir pour éviter qu'il ne s'étiolât. En juillet on repique le plant en place, à la distance ci-dessus indiquée. Aussitôt après la plantation on arrose pour faciliter la reprise, et l'on continue jusqu'à ce que le Céleri soit assez fort pour être blanchi. Pour faire blanchir le Céleri, on ouvre une tranchée de 1^{m},33 de largeur, dont on jette la terre à droite et à gauche ; après quoi on relève le Céleri en motte pour le planter dans la tranchée. On en met huit par rang. Après la plantation on arrose, si le temps est sec, et, lorsque le Céleri commence à pousser de nouvelles feuilles, on enlève celles qui ont jauni ; puis on coule environ 15 centimètres de terre ou de terreau entre chaque rang. Douze ou quinze jours après on achève de remplir la tranchée, de manière que le Céleri se trouve complétement enterré, sauf l'extrémité des feuilles. Pendant les gelées on le couvre de litière, qu'on enlève toutes les fois que la température le permet. Avec des soins on peut en conserver jusqu'à la fin de février.

Dans les marais de Meaux et de Viroflay, on fait blanchir le Céleri sur place ; à cet effet, on plante le Céleri de deux en deux planches, et l'on sème de la Laitue ou de la Chicorée dans les planches intermédiaires.

Au moment de faire blanchir le Céleri on attache chaque pied avec un lien de paille, après quoi l'on prend entre les planches de la terre qu'on introduit entre chaque rang de Céleri, de sorte qu'il soit complétement enterré. Le Céleri cultivé de cette manière est plus ferme et plus savoureux que celui qui a blanchi dans le terreau.

Dans les marais de Nantes, on prépare, pour la culture du Céleri, des fosses d'environ 1 mètre de largeur et de 20 centimètres de profondeur ; puis, en mai ou juin, on plante deux rangs de Céleri dans chaque fosse, et au moment de le faire blanchir on le butte avec la terre qu'on avait enlevée. Enfin, un moyen beaucoup plus simple pour faire blanchir le Céleri, quand on a assez d'espace, consiste à le planter en lignes et à le butter comme les Cardons et les Artichauts.

Céleri a couper ou Céleri creux. — On le sème en février sur couche, mais après une autre culture, et sans remanier les couches ; on sème en pleine terre d'avril en juin.

Il faut environ 200 grammes de graines par are. Au besoin on bassine le semis ; puis on éclaircit le plant, qui est toujours trop dru si le semis réussit bien. Cette variété est peu cultivée, car on ne l'emploie que comme assaisonnement ou fourniture de salade.

Céleri-Rave. — *Synonymie vulgaire,* Céleri-Navet ; *anglaise*, Turnip rooted or Celeriac ; *allemande*, Knollen Sellerie. — Les semis de Céleri-Rave ont lieu en février, sur couche. Dans la seconde quinzaine d'avril, ou dans la première quinzaine de mai, on repique le plant en pépinière, et dans la seconde quinzaine de juin on le contre-plante dans les planches de Chouxfleurs de printemps, ou bien on le plante seul. On fait ordinairement huit rangs par planche. Pour avoir de beau Céleri-Rave, il faut qu'il soit arrosé abondamment pendant l'été. Il faut aussi retrancher les plus grandes feuilles et toutes les racines latérales, afin de favoriser le développement du tubercule.

En Alsace on le butte à plusieurs reprises, ce qui contribue également à le faire grossir.

En septembre on commence la récolte du Céleri-Rave, et on la continue successivement pendant tout l'automne. En le préservant de la gelée on peut facilement en conserver jusqu'au printemps.

CERFEUIL (Scandix Cerefolium).

Synonymie anglaise, Chervil; *allemande*, Kerbel.

Plante annuelle indigène, cultivée pour fourniture de salade. On sème le Cerfeuil presque toute l'année, soit à la volée, quand on le sème parmi d'autres plantes, soit en rayons, lorsqu'on le sème seul; dans ce dernier cas on fait de onze à douze rayons par planche, et il faut à peu près 500 grammes de graines par are.

En octobre on fait un premier semis que l'on récolte au printemps; puis, à partir du mois de mars, on sème successivement jusqu'en octobre. Seulement, comme la chaleur fait monter très-vite le Cerfeuil pendant l'été, il faut le semer à l'ombre.

On le récolte ordinairement environ six semaines après le semis; puis on retourne la planche aussitôt après la première coupe.

CERFEUIL BULBEUX (Chærophyllum bulbosum).

Synonymie anglaise, Turnip rooted Chervil; *allemande*, Kerbel rüben.

Cultivé, depuis une longue suite d'années en Allemagne, pour l'approvisionnement des marchés, le

Cerfeuil bulbeux est un légume dont la saveur a beaucoup d'analogie avec celle de la Châtaigne. Plus féculent que la pomme de terre, il sert aux mêmes usages et peut se préparer exactement de la même manière.

On le sème en août, septembre et octobre, mais pas plus tard, autrement il ne lève que la seconde année. Cependant comme dans les terrains frais les semis fondent souvent pendant l'hiver, on peut, au lieu de semer le Cerfeuil bulbeux en automne, faire stratifier les graines aussitôt après la récolte, opération qui consiste à mettre dans des pots à fleurs une couche de sable fin et une couche de graines, puis à enterrer les pots, lorsqu'ils sont pleins, dans un coin du jardin, ce qui permet d'attendre jusqu'en février ou mars pour faire le semis, époque à laquelle on a ordinairement plus de mauvais temps à craindre.

Quelle que soit l'époque, on sème le Cerfeuil bulbeux à la volée, à raison de 500 grammes de graines par are. On le recouvre de quelques centimètres de bon terreau, après quoi il ne demande plus aucuns soins particuliers de culture autres que les sarclages et les arrosements que réclament tous les produits du potager.

On récolte le Cerfeuil bulbeux en juillet, quand les feuilles sont sèches ; puis on rentre les racines, que l'on peut conserver comme les pommes de terre.

CHAMPIGNON COMESTIBLE (Agaricus edulis)[1].

Synonymies vulgaires, Champignon cultivé, Champignon de couche, Champignon champêtre, Champignon de bruyère, Champignon des prés ; *anglaise*, Mushroom ; *allemande*, Schwämme.

La culture des Champignons est pratiquée depuis plus d'un siècle dans les marais de Paris. Le succès de cette culture dépend de l'époque à laquelle on commence le travail, du choix et de la préparation du fumier destiné à former les meules, de l'établissement et des soins donnés à celles-ci.

Sur toute l'étendue de la rive gauche de la Seine, à Paris, on cultive les Champignons dans presque toutes les carrières dont l'exploitation est arrêtée. Là cette culture réussit bien en toutes saisons ; mais il n'en est pas de même des cultures à l'air libre, car pendant l'été les orages font souvent avorter le blanc (*myce-*

[1] Bien que le champignon comestible ne puisse pas être confondu facilement avec les espèces considérées comme vénéneuses, nous indiquerons, pour les personnes que cette question intéresse, le procédé employé par M. F. Gérard, pour enlever le principe toxique aux champignons suspects.

« Pour chaque 500 grammes de champignons coupés de médiocre grandeur, il faut un litre d'eau acidulée par deux ou trois cuillerées de vinaigre, ou deux cuillerées de sel gris, si l'on n'a pas autre chose. Dans le cas où l'on n'aurait que de l'eau à sa disposition, il faut la renouveler deux ou trois fois. On laisse les champignons *macérer pendant deux heures entières*, puis on les lave à grande eau. Ils sont mis dans l'eau froide, qu'on porte à l'ébullition, et après une demi-heure, on les retire, on les lave encore, on les essuie et on les apprête comme mets spécial. Inutile de dire que toutes les eaux qui ont servi à laver les champignons doivent être jetées. »

lium). C'est pourquoi on ne commence pas ordinairement avant le mois de septembre ce travail, qu'on continue successivement jusqu'en décembre, de manière que la récolte soit terminée en mai.

Choix et préparation du fumier. — Le fumier provenant des chevaux qui font un travail pénible est celui qu'on doit employer de préférence, car, étant renouvelé moins souvent que celui des chevaux de luxe, il se trouve plus imprégné d'urine et contient plus de crottin; enfin il est plus moelleux, condition essentielle pour le succès de l'opération. Ce fumier doit être déposé en tas, afin qu'il puisse entrer en fermentation, ce qui a lieu plus ou moins promptement, suivant l'état primitif du fumier. Enfin, au bout d'un mois environ, on reprend le fumier à la fourche pour en former une couche (nommée planchée) d'environ $1^m,33$ de largeur sur 65 centimètres d'épaisseur. On étend un premier lit de fumier, en ayant soin de retirer les plus longues pailles, les liens et le foin, puis de secouer le fumier de manière à bien mélanger les parties sèches avec celles qui sont le plus imprégnées d'urine; pour former les bords de la couche on retourne avec la fourche le fumier sur les côtés, de manière que les bouts se trouvent en dedans. Dès qu'on a formé un lit de fumier, on le mouille convenablement avec l'arrosoir à pomme, afin de déterminer une nouvelle fermentation; puis on le foule avec les pieds, et cela aussi également que possible. On refait un second lit, que l'on traite de la même manière, et ainsi de suite jusqu'à ce qu'on soit arrivé à la hauteur indiquée, en ayant toujours soin de mouiller le fumier également, afin qu'il ne puisse se dessécher sur aucun point, ce qui est important, car cela seul pourrait compromettre le résultat de l'opération. On laisse le fumier dans cet état pendant huit ou dix jours, après quoi on remanie la couche en commençant par un bout; puis on la remonte de la même manière que la première fois, mais en ayant soin de remettre au centre ce qui se trouvait sur les bords et en dessus. Après avoir laissé le fumier reposer ainsi pendant huit ou dix jours, il doit être bon à mettre en meule, c'est-à-dire être gras sans être trop humide, et n'avoir plus que le degré de chaleur qui convient à l'opération. On commence alors à dresser les meules; elles doivent avoir 60 centimètres de largeur à la base et autant de hauteur. A mesure qu'on élève la meule, on a soin de fouler le fumier pour qu'il n'éprouve que le moindre tassement possible; on la monte en dos d'âne, de telle sorte qu'elle n'ait que 10 centimètres de largeur au sommet. Pendant la durée de l'opération, on a soin de bien affermir les côtés de la meule en les battant légèrement avec le dos de la pelle; puis, avec le râteau, on enlève les longues pailles qui dépassent de chaque côté. Si, après avoir monté les meules, il survenait des pluies abondantes, il faudrait les envelopper d'une chemise (couverture) de grande litière, ce qui, par un temps favorable, ne doit avoir lieu qu'après avoir *gobeté* les meules, opération dont nous parlerons plus loin. Au bout de huit à dix jours on s'assure du degré de chaleur de la meule au moyen d'un thermomètre à couche, et, s'il ne marque pas plus de 15 à 18 degrés, on peut la larder, c'est-à-dire qu'on pratique des deux côtés de la meule, et à 10 ou 15 centimètres du sol, selon qu'il est sec ou humide, une rangée (quelques maraîchers en font deux) de petites ouvertures qui doivent être faites à la main et à 33 centimètres les unes des autres. Elles doivent avoir 4 ou 5 centimètres de largeur, c'est-à-dire être proportionnées au morceau de blanc qu'on veut y placer, et que l'on nomme *mise*.

On appelle *blanc* de Champignon de petits filaments blancs, assez semblables à de la moisissure, qui se forment dans le fumier ; on le trouve soit dans le fumier en tas depuis longtemps, où il s'en forme souvent de très-bon, soit dans les vieilles couches à Melons ; c'est celui qu'on appelle *blanc vierge*. A défaut de ce blanc, on peut en prendre dans une meule déjà en rapport, mais où l'on n'aurait encore cueilli qu'une fois [1]. Placé dans un lieu sec, le blanc de Champignon

[1] On peut encore se procurer du blanc de Champignon de la manière suivante : En juillet on prépare un peu de fumier, comme nous l'avons indiqué en parlant de la préparation des meules à Champignons, et, lorsqu'il est bon à employer, on prépare une tranchée d'environ 66 centimètres de largeur sur 66 centimètres de profondeur, à l'exposition du nord ; ensuite on prend un peu de blanc de Champignon, et on le divise par petites parties, que l'on met sur deux rangs au fond de la tranchée, à environ 33 centimètres les unes des autres. Après cela on remplit la tranchée avec le fumier préparé d'avance, on le foule avec les pieds ; puis on recouvre le tout avec la terre provenant de la tranchée. Ordinairement, vingt ou vingt-cinq jours après, en retirant la terre, on trouve que le blanc s'est étendu partout ; alors le fumier peut être coupé par morceaux et déposé dans un grenier pour servir au besoin.

peut se conserver pendant deux ans ; ainsi il est facile de n'en jamais manquer. Ce blanc doit être placé dans chaque ouverture à fleur du flanc de la meule ; puis on appuie légèrement avec la main, afin de le mettre en contact parfait avec le fumier. Dans le cas où l'on craindrait qu'il y eût encore trop de chaleur, on ne rapprocherait le fumier qu'au bout de quelques jours.

Huit ou dix jours après avoir lardé la meule, si l'on aperçoit quelques petits filaments blanchâtres qui commencent à s'étendre sur toute la surface, c'est une preuve que le blanc a pris. Si rien ne paraissait, il faudrait recommencer l'opération, en remettant de nouveau blanc dans des ouvertures pratiquées à côté des anciennes ; si, au contraire, on a remarqué les traces que nous indiquons, on prendra de la terre légère et maigre, salpêtrée autant que possible, on la passera à la claie, et l'on en étendra partout une épaisseur d'environ 3 centimètres, que l'on appuiera légèrement avec le dos de la pelle. C'est ce qu'on appelle *gobeter*.

Si le temps est doux et sec, on rafraîchit la meule par de légers bassinages ; mais il faut bien se garder de lui donner trop d'eau à la fois, car l'excès d'humidité détruirait les Champignons naissants. Après avoir gobeté, on couvre la meule d'une chemise de grande litière de 5 à 6 centimètres d'épaisseur (une couverture plus épaisse pourrait faire de nouveau fermenter le fumier, ce qui détruirait tout espoir de récolte), qu'on augmentera pendant les gelées, suivant la rigueur du froid. Environ six semaines après on peut commencer à cueillir les Champignons. Pour les chercher on relèvera la litière avec soin, et, après les avoir cueillis, on remplira les trous qu'ils occupaient avec un peu de terre de même nature que celle qui a servi à gobeter la meule. Si l'on trouvait quelques places où les jeunes Champignons eussent fondu, il faudrait enlever toute la partie détruite et remettre de la terre nouvelle. Il faut en même temps, même après avoir épuisé un côté de la meule, le recouvrir soigneusement avec de la litière. Une meule peut produire pendant trois à cinq mois. Comme, dans les carrières, les Champignons sont cultivés exactement ainsi que nous venons de l'indiquer, nous nous bornerons à dire que, vu l'égalité de température qui règne dans ces localités, il devient inutile de couvrir les meules de litière.

CHICORÉE SAUVAGE (Cichorium intybus).

Synonymies vulgaires, Chicorée amère, Cheveux-de-paysan, Barbe-de-capucin, Ecoubette; *anglaise*, Chicory; *allemande*, wilde Cichorie.

Elle se mange en salade lorsqu'elle est très-jeune ou qu'on l'a fait blanchir.

On sème la Chicorée sauvage en pleine terre, à partir du mois d'avril jusqu'en automne; mais dans les marais de Paris, comme on ne cultive la Chicorée que sur couche, on la sème en février et mars. Pour cela on prépare une couche de 35 à 40 centimètres d'épaisseur, on la charge de 15 centimètres de terreau, puis on sème la Chicorée par rayons. On donne de l'air toutes les fois que la température le permet, et l'on bassine au besoin, ce qui, à cette époque, ne doit se faire que dans la matinée. On peut couper de la Chicorée ainsi traitée dix ou douze jours après le semis. Aussitôt après la seconde coupe, on emploie les panneaux à un autre usage, ou bien on charge la couche de nouveau terreau, puis on fait un nouveau semis sur la même couche.

On peut aussi semer de la Chicorée sur ados, ce qui se fait de la manière suivante : On sème à l'époque ci-dessus indiquée, puis on couvre le semis avec de la litière qu'on enlève aussitôt que les graines ont germé ; après quoi l'on place immédiatement les panneaux. On peut, à la rigueur, se passer de coffres ; on pose alors les panneaux sur quatre pots à fleurs, puis on entoure le tout d'un réchaud de fumier. Quant au reste, les soins sont exactement les mêmes que ceux précédemment indiqués.

Les cultivateurs de la commune de Montreuil sèment chaque année une grande quantité de Chicorée sauvage pour faire de la salade appelée Barbe-de-capucin. Les semis destinés à cet usage se font en avril. On sème clair et en rayons, que l'on trace à 20 centimètres les uns des autres ; il faut environ 210 grammes de graines par are. Dans le courant de l'été on donne quelques binages ; puis, à l'approche des gelées, on arrache les racines en les soulevant à la fourche, afin de ne pas les rompre. On les met en jauge de manière à les avoir à sa disposition, et dans le courant d'octobre, époque à laquelle commence ordinairement ce travail, on prépare une couche d'environ 40 centimètres d'épaisseur, dont la chaleur soit de 15 à 20 degrés. L'endroit le plus favorable pour l'établissement de cette couche est une cave basse, sans air ni lumière.

Lorsque la couche a jeté son premier feu, on réunit les racines par bottes, mais après en avoir enlevé avec soin les vieilles feuilles et toutes les parties qui seraient susceptibles de produire de la moisissure ; après quoi on les place debout sur la couche, puis on bassine fréquemment avec l'arrosoir à pomme ; mais, comme toujours, les arrosements doivent être proportionnés à la chaleur de la couche, et, dès que la Chicorée commence à pousser, ils doivent être donnés avec beaucoup de ménagement, pour éviter d'engendrer la pourriture dans l'intérieur des bottes. Ordinairement, au bout de quinze ou dix-huit jours, la Chicorée est assez longue pour être récoltée.

A partir de l'époque ci-dessus indiquée, on peut successivement, sur la même couche, faire blanchir de la Chicorée jusqu'en mars et avril ; seulement, après chaque récolte, on enlève le fumier le plus consommé, que l'on remplace par une égale quantité de fumier neuf, afin d'entretenir dans la couche le même degré de chaleur.

Dans les marais de Viroflay, on cultive une grande quantité de Chicorée sauvage. On la sème à la volée vers la fin du mois de mai ou le commencement de juin ; on la coupe en automne ; puis en février on la couvre d'environ 3 centimètres de terreau de feuilles, ou, à défaut, avec de la terre prise dans les sentiers, et, dix ou douze jours après, on la coupe entre deux terres. On fait ordinairement deux ou trois cueillettes, après quoi on la laisse reposer pour recommencer l'année suivante.

CHICORÉE SAUVAGE A GROSSE RACINE. — *Synonymie anglaise*, large rooted Chicory; *allemande*, Cichorie wurzel. — Dans le nord de la France, on cultive la Chicorée sauvage à grosses racines, qui sert à faire le café.

Le terrain qu'on destine à cette culture est défoncé en automne, puis labouré et hersé, mais on ne le fume pas, parce que l'engrais agirait trop fortement sur le développement des feuilles, au détriment des racines.

Le semis se fait dans le courant d'avril, à la volée, à raison de 50 grammes de graines par are. Au second binage on éclaircit le plant, de manière qu'il se trouve à environ 10 centimètres en tous sens. Dans le courant de la végétation on donne souvent un troisième binage, et on arrache les racines dans la première quinzaine d'octobre.

Dans un bon sol on récolte environ 5,000 kilogrammes de racines par hectare.

CHICORÉE FRISÉE (Cichorium endivia).

Synonymie vulgaire, Endive ; *anglaise*, Endive ; *allemande*, Krause Cichorie.

La patrie de cette plante, qui est annuelle, est inconnue; on pense qu'elle est originaire des Indes orientales.

Dans les marais de Paris on cultive la Chicorée

d'Italie, la Chicorée de Rouen ou Corne-de-cerf, la Chicorée de Meaux et la Chicorée-Escarole.

Culture sur couche. — La Chicorée d'Italie est particulièrement employée pour la culture sur couche. Les premiers semis ont ordinairement lieu dans la première quinzaine de septembre, sous cloches, mais à froid, et dans les premiers jours d'octobre. On repique le plant également sous cloche (dix ou douze plants sous chacune), et vers la fin d'octobre ou le commencement de novembre on repique les Chicorées sous panneaux, mais sur terre ; après la plantation on donne autant d'air que possible, afin d'éviter la pourriture.

Cette culture permet d'utiliser les planches d'Asperges que l'on doit forcer, car les Chicorées, ainsi traitées, peuvent être récoltées en janvier ou février, époque à laquelle on peut encore forcer les Asperges.

Les autres semis ont lieu en janvier, février et mars, mais alors sur couches et sous panneaux. Pour faire ces semis on prépare une couche d'environ 50 centimètres d'épaisseur, dont la chaleur soit de 25 à 30 degrés ; car, pour obtenir du plant qui ne monte pas, il faut que les graines germent en vingt-quatre heures, quelle que soit l'époque ; mieux vaut d'ailleurs recommencer un semis que de repiquer du plant qui aurait langui. On charge la couche d'environ 15 centimètres de terreau. Après le semis on foule la graine ; on couvre le châssis avec plusieurs paillassons, afin de concentrer la chaleur ; et, lorsque la graine est germée, on la recouvre avec un peu de terreau fin ; après quoi on bassine au besoin, et, douze ou quinze jours après le semis, lorsque le plant a quatre petites feuilles, on le repique en pépinière, pour le planter enfin à demeure quinze jours ou trois semaines après, toujours sous panneaux, mais sur une couche moins chaude.

On couvre les panneaux pendant la nuit avec des paillassons, et on donne de l'air toutes les fois que la température le permet; puis, lorsque les Chicorées sont assez fortes, on les lie, afin d'en faire blanchir le cœur. Les premières Chicorées, c'est-à-dire celles qu'on a semées en janvier, sont bonnes à récolter dès la fin d'avril, puis successivement et dans l'ordre des semis.

Dans la seconde quinzaine de mars, on peut commencer à repiquer des Chicorées en pleine terre, mais sous cloches et sous panneaux, qu'on enlève aussitôt que le temps est favorable.

Pleine terre. — Pour la culture en pleine terre, on préfère la Chicorée d'Italie et la Chicorée de Rouen. La Chicorée de Meaux est généralement réservée pour les dernières plantations.

En avril et mai on sème encore la Chicorée sur couche, mais à l'air libre. A cette époque le plant peut sans inconvénient être repiqué immédiatement en pleine terre, ce qui a lieu ordinairement vingt-cinq jours après le semis.

En juin et juillet on sème en pleine terre, à une exposition ombragée (toutefois, dans les terres fortes, il vaudrait encore mieux continuer de semer sur couche); d'ailleurs, quelle que soit l'époque du semis, on éclaircit et l'on bassine au besoin, de manière que le plant soit vigoureux, et, lorsqu'il est de force à être planté, on étend un bon paillis sur chaque planche. On trace huit ou dix rangs dans chacune, puis on plante à environ 40 centimètres de distance sur la ligne. On arrose assidûment, afin de faciliter la reprise, et l'on continue de donner de l'eau toutes les fois qu'il en est besoin. Lorsque les Chicorées sont suffisamment développées, on profite d'un temps sec pour relever les feuilles; on place un premier lien de paille à chacune, puis un second quelques jours après, afin de faire blanchir l'intérieur. Vers la fin d'octobre ou au commencement de novembre on achève de lier toutes les Chicorées pour les garantir plus facilement du froid, et dès les premières gelées on les couvre avec des paillassons ou de la litière, que l'on enlève toutes les fois que le temps le permet. Lorsque les gelées augmentent, on arrache les plantes et on les rentre dans la serre à légumes, ou on les enterre à moitié dans du sable; on peut ainsi en conserver jusqu'en janvier.

A Bonneuil on cultive la Chicorée de Meaux; on la sème en juin et juillet. Indépendamment de celle qu'on destine à être repiquée, on en sème en plein champ, à la volée, après la récolte des Oignons jaunes, des Choux ou des Pommes de terre hâtives; toute la culture consiste à en éclaircir le plant, à donner quelques binages, puis à lier les Chicorées lorsqu'elles sont suffisamment garnies.

Chicorée-Escarole. — Il existe plusieurs variétés de Chicorée-Escarole, mais la seule cultivée dans les marais est la variété à feuilles rondes. La culture des Chicorées-Escaroles étant tout à fait analogue à celle des Chicorées frisées cultivées en pleine terre, nous croyons inutile de traiter ce sujet plus longuement.

CHOU (Brassica oleracea).

Synonymie anglaise, Cabbage ; *allemande,* Kohl.

L'espèce type, à tige assez élevée et rameuse, à feuilles glauques, lobées et un peu charnues, croît spontanément sur les bords de la mer, en Angleterre, en France et dans l'Europe septentrionale.

Chou cabu ou pommé. — Les variétés cultivées dans les marais de Paris ou des environs sont : les Choux d'York, cœur-de-bœuf, rouge de Vaugirard, de Saint-Denis ou Chou blanc de Bonneuil, enfin le Chou quintal ou gros Chou d'Allemagne.

Les Choux d'York, cœur-de-bœuf, se sèment depuis la Saint-Louis jusqu'à la Notre-Dame de septembre, c'est-à-dire du 25 août au 8 septembre [1]. En octobre on prépare une ou plusieurs planches, sur chacune desquelles on trace dix-huit rangs; après quoi on repique le plant en pépinière, à 15 centimètres de distance sur la ligne; mais avant la plantation il faut avoir soin de réformer tous les Choux borgnes, c'est-

[1] A défaut de graines, on peut multiplier les Choux par boutures que l'on détache sur la tige des plants dont on a coupé la tête. Traitées comme le plant de semis, ces boutures produisent des individus semblables à la variété sur laquelle on les a coupées, ce qui permet de multiplier et de conserver franches les variétés qui dégénèrent promptement.

à-dire ceux qui n'ont pas de bourgeon terminal, car ces Choux ne pomment pas.

On les laisse en cet état jusqu'à la fin de novembre ou au commencement de décembre, et, après avoir fumé et labouré le terrain, on trace neuf rangs dans chaque planche, et l'on plante les Choux à environ 48 centimètres de distance sur la ligne. Dans les marais dont la terre est froide ou humide, on ne plante qu'en février ou mars, et alors on sème à la volée, à travers les Choux, des Epinards, des Radis ou de la Laitue à couper. Quelques maraîchers sèment aussi des Epinards ou de la Laitue à couper dans le sentier de leurs planches de Choux. Si l'hiver est rigoureux, il faut couvrir les Choux avec de la litière, afin de les garantir des gelées. Si, au printemps, il arrivait qu'on manquât de plant, il faudrait semer sur couche en février, repiquer le plant en pépinière sur une couche très-mince, et, au bout d'une quinzaine de jours, le relever en motte pour le mettre en place. Les produits de ces diverses variétés se succèdent dans l'ordre suivant :

Les Choux d'York commencent à donner vers la fin d'avril ou au commencement de mai ; puis viennent successivement les Choux cœur-de-bœuf, qui continuent jusqu'en juin.

Chou rouge. — On en cultive deux variétés, le gros et le petit, mais plus particulièrement ce dernier, parce qu'il est plus hâtif, et surtout d'une couleur sanguine beaucoup plus foncée. On le sème ordinairement en février sur couche, ou en mars à bonne exposition.

Lorsque le plant est de force suffisante, on le repique immédiatement en place, mais à une distance plus grande que celle indiquée pour les Choux d'York. Les premiers Choux rouges sont bons à récolter en août, et l'on peut en conserver jusqu'en février.

Chou vert de Vaugirard. — On le sème en juin, mais pas plus tard, car il faut qu'il ait le temps de pommer avant l'hiver ; on le repique en juillet immédiatement en place. Assez ordinairement on en forme un rang sur chaque bord de la planche, quelquefois même on le repique au milieu des sentiers, mais cette dernière disposition est fort incommode pour le service des planches. Ce Chou peut facilement se conserver jusqu'en mars et avril, et, comme les autres Choux sont souvent épuisés à cette époque, on le vend très-avantageusement.

Chou pommé de Saint-Denis ou Chou blanc de Bonneuil. — A Aubervilliers on le sème en avril; en mai on le plante immédiatement en place. On trace les rangs à 50 centimètres les uns des autres, et on plante à 75 centimètres de distance sur la ligne.

A Bonneuil on le sème dans la seconde quinzaine d'août ; vers la fin de septembre ou au commencement d'octobre, on repique le plant en pépinière ; puis on en plante une partie en novembre, et le reste en février ou en mars, afin que tous ne donnent pas à la fois.

Les premiers plants sont bons à récolter en juillet, et les autres en août et septembre.

Chou quintal. — On sème le Chou quintal dans la première quinzaine de mars, et on le plante en avril et mai immédiatement en place, mais beaucoup plus espacé que tous les autres, car c'est le plus gros des Choux pommés. Pendant l'été on donne quelques binages ; en Alsace, on le butte à plusieurs reprises, opération qui détermine une végétation des plus vigoureuses.

Le Chou quintal est généralement estimé, surtout pour faire la choucroute.

Choux de milan. — *Synonymie vulgaire,* Choux à pomme frisée ; *anglaise*, Savoy ; *allemande,* Mailänder kohl. — On ne cultive pas de Choux de Milan dans les marais de Paris ; mais à Aubervilliers et sur plusieurs autres points on en récolte une très-grande quantité. Les variétés cultivées sont : le Milan court hâtif, ordinaire, celui des Vertus ou gros Chou frisé d'Allemagne, et le Chou de Bruxelles ou Chou rosette.

Chou de milan court hatif (extrêmement trapu, de moyenne grosseur et d'un vert très-foncé). — On le cultive particulièrement dans les communes de Belleville, Romainville et Bagnolet. On le sème en mai et juin, puis on le plante immédiatement en place en juin et juillet. Il pomme au commencement de l'hiver et se conserve jusqu'en mars.

Chou de milan ordinaire (plus gros que le précédent et d'un vert plus tendre). — On le sème en février ou mars, puis on le plante en avril immédiatement en place, et on le récolte en juin et juillet.

Chou de milan des vertus. C'est le plus gros de tous les Milans. (Feuilles peu frisées, souvent d'un vert très-glauque.) — C'est le seul cultivé à Aubervilliers.

On sème les premiers en avril, puis successivement jusqu'en juin. Un mois environ après le semis, on les plante immédiatement en place. On trace les rangs à 50 centimètres les uns des autres, et l'on plante à 75 centimètres de distance sur la ligne. On fait les trous avec le hoyau, et, si le temps est sec, on a soin de mettre de l'eau dans les trous avant de planter ; après quoi on plante à la main en serrant légèrement la terre autour des racines.

Comme les fortes gelées détruisent les Choux bons à récolter, aussi bien les Milans que les Cabus, les cultivateurs d'Aubervilliers, vers la fin de novembre ou au commencement de décembre, arrachent tous leurs Choux, puis ils les laissent sur le terrain, la tête en bas et la racine en l'air ; lorsque le temps est à la gelée, ils ouvrent de profonds sillons avec la charrue, placent un rang de Choux dans chaque sillon, garnissent les racines avec de la terre, et, lorsqu'il gèle, les couvrent de fumier. De cette manière les Choux se trouvent garantis, et l'on peut en vendre pendant tout l'hiver [1].

[1] Conservation des choux. — Le Chou est un légume de première importance; il contient un principe alimentaire très-abondant, qui le fait rechercher dans les ménages, et particulièrement dans les grandes exploitations où l'on a une grande quantité d'individus à nourrir. Malheureusement ce légume, si précieux sous le rapport de l'économie alimentaire, se trouve ordinairement assez rare en hiver, surtout les bonnes variétés de Choux pommés. Les Choux de Milan, le gros et le petit, variétés fort appréciables pour leur qualité et pour leur volume, sont ceux sur lesquels on peut compter dans l'arrière-saison ; encore sont-ils exposés à pourrir facilement par l'humidité de l'hiver, et par cela même à faire défaut au moment où l'on

Chou de Bruxelles. — *Synonymies vulgaires*, Chou rosette, Chou à jets; *anglaise*, Brussels Sprouts; *allemande*, Brüsseler Kohl. — Le Chou de Bruxelles est

en aurait le plus grand besoin. C'est ce qui fait que l'on est souvent obligé d'avoir recours aux Choux non pommés, tels que les Choux verts normands, les Choux branchus du Poitou, les Choux frisés du Nord, le Chou de Vaugirard, etc., qui ne fournissent toujours que des feuilles vertes et assez dures, et qui, quoique rendant de véritables services, ne valent pas nos bons Choux pommés dont le cœur tendre et blanc est aussi délicat que savoureux.

On a déjà trouvé plusieurs moyens de conservation pour ce légume, mais on n'est pas encore arrivé à en conserver jusqu'au moment où les Choux printaniers donnent. Nous avons fait depuis longtemps des expériences sur ce sujet; plusieurs procédés, mis en pratique partout, nous réussissent toujours assez bien, tels que ceux d'arracher les pieds et de les rentrer dans la cave; d'arracher les pieds pour les mettre en jauge le long d'un mur au nord; de les laisser sur place en les abritant par une couverture de feuilles, de litière ou d'une toile pour les préserver des neiges et des rayons solaires; en donnant un coup de bêche à chaque pied pour le renverser la tête tournée vers le nord, puis en les couvrant de feuilles, par lesquelles on arrive à garantir assez bien les Choux, surtout dans certaines années, de l'intensité du froid, de l'humidité, de la neige et du soleil. Tous ces moyens sont bons, mais ils laissent trop souvent à désirer.

Nous avons pensé, ce légume étant très-accessible aux influences atmosphériques, qu'il serait peut-être prudent de le retirer de l'humidité, et, à cet effet, nous avons arraché des Choux avant les gelées et par un temps sec; puis, après les avoir dépouillés du plus gros des feuilles et les avoir laissés sécher un peu, nous en avons pendu la racine en l'air, dans différents endroits aérés, dans un cellier, dans une grange, sous un hangar, qui se sont parfaitement conservés dans cet état jusqu'en avril, et qui pouvaient encore se garder quelques semaines au delà. Les feuilles de dessus se dessèchent, mais la pomme se conserve parfaitement saine et prend une belle teinte jaune. Les Choux ainsi conservés sont d'une très-bonne qualité et deviennent une excellente nourriture, bien appréciable dans la saison où les légumes frais sont rares. Les Choux pommés, une variété du Chou de Milan, qui produit de petites pommes frisées à l'aisselle des feuilles.

Depuis quelques années, la culture du Chou de

surtout, qui se conservent difficilement autrement, se gardent fort bien en ayant recours à ce moyen. Nous avons procédé sur le Chou conique ou de Poméranie, sur le Chou pommé blanc, sur le gros Chou d'Alsace et sur le gros Chou de Milan; tous nous ont également bien réussi. Lorsqu'on veut faire cuire ces Choux, ils paraissent mous et coriaces, mais en les faisant tremper dans l'eau pour les faire revenir, ils ne tardent pas à reprendre leur caractère ordinaire.

Nous croyons que ce moyen, d'autant plus avantageux à employer que l'hiver sera rigoureux, est susceptible de rendre des services dans les grandes exploitations où il y a un nombreux personnel à alimenter, et qu'il peut même rendre des services aux cultivateurs qui vendent leurs produits. Il est aussi très-bon pour conserver des porte-graines qui sont souvent exposés à la pourriture ou qui se développent outre mesure, avant le temps, au préjudice d'une bonne conservation pour l'avenir que l'on en attend.

De nos expériences sur la conservation des Choux, toujours en vue d'augmenter les ressources alimentaires des exploitations rurales, dans les maisons où l'on a beaucoup de personnes à nourrir, nous avons à en signaler une qui, après avoir été répétée, nous paraît décisive, et qui nous semble utile à faire connaître à une société qui s'enquiert d'améliorations et qui veut publier tous les procédés et toutes les pratiques susceptibles de rendre service à la population. Voici comment nous avons opéré et comment nous conseillons de le faire :

Aux approches de l'hiver, lors de la récolte des légumes, nous avons dépouillé des Choux de toutes leurs feuilles vertes, de manière à réduire la pomme à sa véritable expression. Les pommes ainsi préparées, nous les avons laissées sécher pendant quelques jours dans un lieu aéré; puis ensuite, avec le rabot fixe ou couteau à choucroute, nous avons divisé chacune des pommes en lanières étroites et fines, recueillies dans un baquet destiné à les recevoir. La substance ainsi façonnée a été déposée sur des claies, en couches assez minces, et suspendue dans un lieu aéré, pour faciliter l'absorption de l'humidité, et nous avons eu le soin de la remuer chaque jour, afin de fa-

Bruxelles a pris une extension considérable aux environs de Paris, surtout dans les communes de Noizy-le-Sec et de Rosny, près Montreuil; on fait les premiers semis en février et mars, puis on continue successivement jusqu'en juin. On repique le plant immédiatement en place après la récolte des Pommes de de terre hâtives. On récolte les premiers Choux de Bruxelles en octobre, puis successivement jusqu'en

ciliter sa prompte dessiccation. Nous avons ensuite exposé nos claies, garnies, dans un four tiède, après le défournement du pain, en ayant le soin de les sortir de temps en temps pour remuer la matière. Pour opérer la parfaite dessiccation, nous avons placé nos claies, à plusieurs reprises différentes dans le four, jusqu'à ce que nous ayons reconnu que la dessiccation était suffisante. Nous noterons ici que nous avons manqué plusieurs fournées avant de réussir, parce que le four trop chaud avait saisi la matière, l'avait noircie sans la sécher complétement, ce qui nous est toujours arrivé, presque jusqu'à la carbonisation, quand nous avons placé notre matière dans un four chaud comme pour recevoir une fournée de pain. La réussite était d'autant plus satisfaisante que nous procédions par répétitions successives dans un four déjà moins chaud, après l'enlèvement du pain. Les Choux ainsi séchés ne changent pas de couleur et imitent assez bien le vermicelle. Alors la matière se réduit considérablement, et nous pouvons dire d'au moins deux tiers. Nous avons conservé cette matière en la plaçant dans un sac que nous avons suspendu dans un lieu très-sec et aéré. Nous observerons qu'il importe d'examiner de temps en temps cette matière, qui absorbe facilement l'humidité de l'atmosphère, qui devient molle et qui pourrait facilement pourrir si on n'avait pas le soin, dès qu'on en sent la nécessité, de la repasser au four de temps en temps pour la sécher.

Nous fîmes cuire de ces Choux qui nous parurent parfaits chaque fois que nous en prîmes, c'est-à-dire aussi bons que s'ils étaient frais. Nous en fîmes goûter à plusieurs personnes et nous vîmes notre opinion généralement partagée.

Il suffit d'une petite quantité pour faire un grand plat. On pré-

février. Pour n'en pas manquer en hiver, on les relève en mottes avant les fortes gelées, puis on les plante dans une cave ou dans la serre à légumes, où ils se conservent parfaitement bien.

CHOUX VERTS NON POMMÉS. — Les variétés cultivées sont les Choux dits à grosses côtes blond et à grosses côtes frangé.

CHOU A GROSSES COTES BLOND. Peu élevé ; feuilles grandes, lisses, d'un vert blond, arrondies, à côtes larges, pleines et charnues. — Il est peu cultivé autour de Paris, mais, dans les marais de Meaux, on en récolte une si grande quantité, que, sur tous les marchés, on le connaît généralement sous le nom de Chou de Meaux. On le sème dans la seconde quinzaine de juin, puis on le plante en juillet et août. On récolte les premiers en novembre et décembre, et successivement pendant tout l'hiver.

CHOU A GROSSES COTES FRANGÉ. Il diffère du précédent par ses feuilles frangées sur le bord. — On le cultive particulièrement dans les marais de Saint-Germain, où il est connu sous le nom de Chou fraise-de-veau.

pare la cuisson de la même manière que cela se fait pour le Chou dans son état ordinaire ; seulement, on peut faire tremper la substance dans l'eau avant de la faire cuire, pour la laver et la faire revenir.

Le Chou façonné en choucroute est sans doute un excellent moyen de conservation ; mais cet aliment, à cause de sa saveur âcre, ne convient pas à tout le monde, tandis que le Chou commun, ainsi que nous l'indiquons, est un mets qui ne diffère en rien du Chou tel qu'il se consomme ordinairement : nous ne lui avons pas trouvé la moindre différence. (*Mémoires de la Société d'horticulture de Seine-et-Oise*, t. II. 1842.)

On le sème et on le plante à la même époque que le Chou à grosses côtes blond ; on récolte les premiers au printemps, et les autres successivement jusqu'en mai.

Chou-Rave. — *Synonymie vulgaire*, Chou de Siam ; *anglaise*, Kohl rabi cabbage ; *allemande*, Kohlrabi. — Le Chou-Rave a la tige renflée immédiatement au-dessus de terre, en forme de boule charnue, de laquelle sortent les feuilles. On sème le Chou-Rave en mai et juin. Lorsque le plant est assez fort pour être repiqué, on trace huit rangs par planche, puis on plante à environ 40 centimètres de distance sur la ligne. Pendant les chaleurs, on arrose abondamment, afin d'avoir des Choux bien tendres et de bonne qualité.

Ces Choux résistent parfaitement à des gelées assez fortes ; aussi, à moins que l'hiver ne soit rigoureux, on peut les laisser en pleine terre, où ils se conservent facilement jusqu'au printemps.

En Alsace, on butte les Choux-Raves à plusieurs reprises, pour qu'ils soient tendres et de bonne qualité.

Chou-Navet. — *Synonymie vulgaire*, Chou turnep ; *anglaise*, Turnip rooted cabbage ; *allemande*, Kohlrübe oder Steckrübe. — Le Chou-Navet produit en terre une racine charnue qui a la saveur du Chou-Rave. On le sème en juin et juillet, soit en pépinière, soit en ligne immédiatement en place.

Bien que les Choux-Navets résistent aux plus grands froids, les cultivateurs de Montreuil et de Bagnolet les rentrent en automne dans leur cellier.

CHOUX-FLEURS (Brassica oleracea botrytis).

Synonymie anglaise, Cauliflower ; *allemande*, Blumenkohl.

Dans les marais de Paris on cultive trois races principales de Choux-fleurs : le tendre ou petit Salomon, le demi-dur ou gros Salomon, et le dur.

Culture sous chassis. — Le Chou-fleur tendre est particulièrement employé pour la culture sous châssis. On le sème en pleine terre dans la première quinzaine de septembre. Avant de semer, on laboure et l'on herse le terrain à la fourche ; puis, après le semis, on herse de nouveau et l'on recouvre les graines d'une légère couche de terreau. Aussitôt après on arrose, si le temps est sec, et l'on entretient la terre humide jusqu'à ce que les graines soient levées. Lorsque le plant est bon à repiquer, c'est-à-dire lorsque les cotylédons et les premières feuilles sont bien développés, on laboure un certain espace de terrain, puis on le herse ; après quoi on place des coffres et l'on étend un bon lit de terreau ; on le foule légèrement, et, lorsqu'il est préparé, on bassine le plant une heure ou deux avant de planter. Ensuite on le soulève à la bêche, afin de ne pas rompre les racines, puis on le tire à la main avec précaution, et, lorsqu'on en a levé une certaine quantité, on le repique avec le doigt comme on le ferait avec le plantoir, en ayant soin de l'enfoncer jusqu'aux cotylédons. On plante ordinairement seize rangs de Choux-fleurs, à quarante-cinq par rang, dans chaque coffre. Au potager de Versailles, on repique chaque année une certaine quantité de plants de Choux-fleurs dans de grands godets. De cette manière, si, à l'époque de la plantation, on n'a pas de couche disponible, on peut sans inconvénient conserver ces Choux-fleurs en pot jusqu'à une époque très-avancée ; mais, dans un cas comme dans l'autre, après la plantation on arrose pour faciliter la reprise, et l'on continue au besoin.

Lorsqu'il gèle, on pose les panneaux, et l'on donne de l'air tous les jours, aussi longtemps que la température le permet. Si, malgré cette précaution, il arrivait que le plant avançât trop, il faudrait préparer le terrain, comme nous l'avons précédemment indiqué, placer les coffres et relever les Choux-fleurs pour les replanter aussitôt, mais un peu plus éloignés que la première fois, afin de retarder la végétation et d'endurcir le plant.

Quand les froids deviennent rigoureux, pendant la nuit et par les mauvais temps, on couvre les panneaux avec des paillassons ; mais on découvre et l'on donne de l'air toutes les fois que la température le permet. Comme il arrive quelquefois, dans les hivers rigoureux, qu'on est forcé de priver les Choux-fleurs d'air et de lumière pendant un certain temps, il faut, aussitôt que la température est favorable, enlever les paillassons, mais donner peu d'air pendant les premiers jours et ombrer au moment du soleil. Dans les terres légères et saines, on plante des Choux-fleurs sous panneaux. Dès le mois de novembre, ordinairement on contre-plante ces Choux-fleurs dans de la Chicorée fine, plantée sur terre vers la fin d'octobre ou au commencement de novembre. Les personnes qui ne cultivent pas de Chicorée fine plantent ordinairement, entre les Choux-fleurs, de la Romaine, de la Laitue gotte ou de la Laitue rousse. Pour cette plantation comme pour toutes celles qui ont lieu à partir de cette époque, on soulève les plants afin de ne pas rompre les racines, puis on les tire à la main avec précaution, et l'on réforme avec soin tous ceux qui n'ont pas de bourgeon terminal, ceux qui ont des protubérances au collet, enfin tous ceux qui ne paraissent pas d'une belle venue. Après avoir arraché le plant dont on a besoin, on plante avec le plantoir six Choux-fleurs tendres par panneau.

Le Chou-fleur demi-dur peut être traité exactement comme le Chou-fleur tendre ; seulement, comme il est plus vigoureux, il n'en faut mettre qne quatre par panneau. Après la plantation, on arrose pour faciliter la reprise, ce que l'on continue de faire au besoin. Pendant la nuit et par le mauvais temps on couvre les panneaux avec des paillassons.

On donne de l'air toutes les fois que la température le permet, et, lorsque les Choux-fleurs atteignent les vitraux, on exhausse les coffres en plaçant de gros tampons de paille sous chaque pied. Si, dans la seconde quinzaine de mars, le temps est favorable, on enlève les panneaux ; mais, comme à cette époque les nuits sont très-souvent froides et qu'il peut survenir quelques journées de mauvais temps, il faut placer deux rangs d'échalas (l'un vers le haut du coffre et l'autre vers le bas), sur lesquels on fixe des lattes de treillage, de manière à supporter les paillassons que l'on place pendant la nuit et par le mauvais temps.

Arrivé à cette époque, il faut avoir soin de visiter souvent les Choux-fleurs. Dès qu'ils commencent à marquer, on couvre la pomme avec quelques feuilles intérieures, de manière à la priver d'air et de lumière ; on a soin de les tenir ainsi couverts jusqu'au moment de la récolte, afin d'avoir des Choux-fleurs bien blancs. Ainsi traités, ces Choux-fleurs sont ordinairement bons à récolter dans la seconde quinzaine d'avril.

Vers la fin de décembre ou janvier, ou même dans les premiers jours de février, on plante une seconde saison de Choux-fleurs sous panneaux. On prépare une couche d'environ 40 centimètres d'épaisseur, dont la chaleur soit de 15 à 18 degrés. On la charge de 15 centimètres de terreau, et, lorsque la chaleur de la couche est favorable, on plante deux rangs de Choux-fleurs par coffre, puis trois rangs de Laitue gotte entre les Choux-fleurs ; souvent aussi on contre-plante, à la même époque, des Choux-fleurs dans les semis de Carottes. Aussitôt après la plantation on arrose, et, pendant la nuit et par le mauvais temps, on couvre les panneaux avec des paillassons ; on donne de l'air toutes les fois que la température le permet ; enfin, on couvre les pommes comme nous l'avons précédemment indiqué.

Les Laitues sont bonnes à récolter en janvier, et les Choux-fleurs dans la seconde quinzaine d'avril.

Enfin, dans les premiers jours de février, on plante les derniers Choux-fleurs sous panneaux. Ordinairement on les plante après une saison de Laitue. On retourne le terreau qui couvre la couche, puis on plante deux rangs de Choux-fleurs par coffre.

On met trois ou quatre Choux-fleurs par rang sous chaque panneau, et trois rangs de Laitue gotte entre les Choux-fleurs ; puis, comme nous l'avons précédemment indiqué, on arrose après la plantation. Pendant la nuit et par le mauvais temps on couvre les panneaux avec des paillassons. On donne de l'air toutes les fois que la température le permet. On a soin de couvrir les Choux-fleurs dès qu'ils commencent à marquer ; enfin on enlève les panneaux dans la seconde quinzaine de mars, si le temps est favorable. Ces Choux-fleurs sont ordinairement bons à récolter dans la seconde quinzaine d'avril ou dans la première quinzaine de mai.

Culture en pleine terre. — On divise cette culture en Choux-fleurs de printemps, d'été et d'automne.

Choux-fleurs de printemps. — Pour planter au printemps, on sème des Choux-fleurs demi-durs à la même époque que les Choux-fleurs tendres, et on les traite exactement de même. On plante les premiers dans la première quinzaine de mars, dans les costières consacrées aux Romaines ; on les dispose sur deux ou trois rangs, suivant la largeur de la costière, et à 66 centimètres de distance sur la ligne. On les plante avec le plantoir, en ayant soin de les enfoncer jusqu'aux premières feuilles, afin de favoriser le développement de nouvelles racines qui sortent de la portion de tige qui se trouve en terre.

Indépendamment des Choux-fleurs cultivés dans les costières, on en plante en plein marais, dans la seconde quinzaine de mars, ce qui, à toutes les époques de l'année, doit avoir lieu de la manière suivante. On donne un bon labour aux planches dans lesquelles on se propose de planter, puis on herse le terrain à la fourche ; on passe le râteau pour enlever les mottes et les pierres ; on étend un bon paillis de fumier à moitié consommé, et l'on trace avec les pieds deux ou trois rangs par planche ; après quoi on plante les Choux-fleurs à 66 centimètres de distance sur la ligne, en ayant soin de les enfoncer jusqu'aux premières feuilles ; puis on contre-plante un rang de Laitues ou de Romaines entre chaque rang de Choux-fleurs. On les arrose au besoin comme ceux qui sont cultivés en costières ; les premiers sont ordinairement bons à récolter dans la première quinzaine de juin.

A ces renseignements sur la culture du Chou-fleur, nous ajouterons que l'on peut semer dans le courant de janvier une seconde saison de Choux-fleurs de printemps, pour planter en avril et mai immédiatement en place.

Choux-fleurs d'été. — Dans les terrains où la culture des Choux-fleurs présente de l'avantage pendant l'été, ce qui n'a pas lieu en toute circonstance, car généralement la terre des marais de Paris est trop légère pour obtenir de beaux produits pendant les grandes chaleurs, on sème les Choux-fleurs d'été, vers la fin d'avril ou dans les premiers jours de mai, sur une vieille couche. Le Chou-fleur demi-dur convient mieux ici que tous les autres; c'est même le seul cultivé à cette époque dans les marais de Paris. On bassine le plant au besoin, et dans les premiers jours de juin on prépare un terrain comme nous l'avons précédemment indiqué, et l'on y plante ces Choux-fleurs immédiatement en place, en ayant soin de les enfoncer jusqu'aux premières feuilles; puis entre les Choux-fleurs on contre-plante des Laitues, de la Romaine ou de la Chicorée.

A Chambourcy, près Saint-Germain, on plante chaque année une quantité considérable de Choux-fleurs d'été, souvent plus de 250,000, pour succéder aux Pommes de terre Marjolin.

Grâce à la nature du terrain, ces Choux-fleurs donnent ordinairement en août et septembre de très-beaux produits, sans exiger plus de soin qu'on en prend, à Aubervilliers, pour les Choux de Milan, que l'on plante à la même époque.

Choux-fleurs d'automne. — Le Chou-fleur dur, l'un des plus estimés pour les cultures d'automne, étant un peu plus tardif que le Chou-fleur demi-dur, quelques maraîchers cultivent les deux races, afin d'avoir des produits qui se succèdent. On sème les Choux-fleurs d'automne, dans la première quinzaine de juin, en pleine terre, à une exposition ombragée, et l'on bassine souvent, pour éviter que le plan ne durcisse.

Il arrive quelquefois que parmi ces Choux-fleurs il s'en trouve qui ne font que commencer à marquer leur pomme quand les gelées arrivent; on supprime dans ce cas les plus grandes feuilles, on les lève en mottes, puis on les plante dans un coffre. On place ensuite des panneaux qu'on couvre de paillassons pendant la nuit et par le mauvais temps, et on donne de l'air toutes les fois que la température le permet. Ainsi traités, ces Choux-fleurs sont bons à récolter pendant l'hiver[1].

CHOU BROCOLI (Brassica oleracea cymosa).

Synonymie anglaise, Brocoli ; *allemande,* Spargelkohl.

Le Chou brocoli est une espèce de Chou-fleur originaire d'Italie; les variétés connues sous le nom de blanc hâtif, violet hâtif, blanc d'hiver et blanc de printemps, sont généralement estimées.

On sème les premiers Brocolis vers la fin de mars, puis on continue les semis successivement jusque dans

[1] CONSERVATION DES CHOUX-FLEURS.—Après avoir enlevé toutes les feuilles des Choux-fleurs, on les dépose sur les tablettes de la serre à légumes, ou bien, ce qui est préférable, on les suspend la tête en bas; mais comme, en séchant, leur volume diminue beaucoup, il faut, la veille du jour où l'on veut les vendre, couper le bout du trognon et les mettre tremper dans de l'eau fraîche pendant quelques heures, en ayant soin d'éviter de mouiller la tête. Ils ne tardent pas à reprendre leur grosseur primitive sans avoir rien perdu de leur qualité.

Ce procédé n'a plus qu'une importance secondaire depuis qu'on peut avoir, à Paris, dès le mois de février, des Choux-fleurs nouveaux venant de la Bretagne. Nous ne dissimulons cependant pas que ces derniers ont un goût de terroir particulier qui ne plaît pas à tous les consommateurs.

les premiers jours de mai, en commençant par les variétés les plus hâtives. Lorsque le plant est suffisamment fort, on le repique en pépinière, et, un mois après, on le met en place, à 60 centimètres de distance en tous sens.

Les Brocolis hâtifs semés en mars commencent à donner leurs produits en septembre ; ceux semés en avril et mai suivent dans l'ordre du semis, de manière que l'on peut facilement en récolter pendant tout l'automne, l'hiver et le printemps.

Beaucoup plus rustiques que les Choux-fleurs, les Brocolis peuvent supporter sans souffrir quelques degrés de froid ; cependant il est plus prudent de les relever en motte à l'approche des gelées , pour les replanter tous, à côté les uns des autres, dans une tranchée de 1^{m},33 de largeur, sur laquelle on place des panneaux ou des paillassons qu'on enlève toutes les fois que la température le permet.

CRAMBÉ MARITIME (Crambe maritima).

Synonymie vulgaire, Chou marin ; *anglaise*, Sea-kale ; *allemande*, Seekohl.

Plante vivace indigène, dont on mange les feuilles naissantes, qu'on fait blanchir en buttant le pied ; elle est rustique et d'une culture facile. Dans des conditions favorables (c'est-à-dire dans un terrain sablonneux et bien fumé), elle produit pendant fort longtemps ; nous avons vu une plantation de Crambé en plein rapport, qui, depuis quinze ans, donne chaque année plusieurs récoltes. On le multiplie de graines semées en mars en pleine terre, en place ou en pépinière ; mais ce moyen est lent, et le mieux, si l'on possède déjà cette plante, est de la multiplier par boutures de racines.

En février on coupe des racines par tronçons de 6 à 8 centimètres de longueur ; on les plante dans de petits pots qu'on enfonce sur une couche tiède ; après quoi on les couvre de cloches ou de panneaux, et, lorsqu'elles commencent à végéter, on leur donne d'abord un peu d'air et on augmente successivement. Ces boutures ainsi traitées acquièrent un tel développement, qu'elles peuvent être plantées quelques mois après. On trace alors deux rangs dans une planche de 1^m,33 de largeur, et l'on plante à 50 centimètres de distance sur la ligne. Chaque année, à l'automne, on enlève les feuilles mortes, on donne un binage, puis on étend sur les planches un bon lit de fumier à moitié consommé. On pourrait commencer dès la seconde pousse à couper les feuilles des Crambés ; mais il est préférable d'attendre la troisième, car alors ils seront dans toute leur végétation et on les conservera beaucoup plus longtemps. On commence ordinairement à butter les Crambés vers la fin de janvier ou au commencement de février ; mais, afin que tous ne donnent pas ensemble, on en butte d'abord une partie, et le reste quinze jours après, ce qu'on opère de la manière suivante : On dépose sur chaque pied un tas de terreau (ou de terre légère) d'environ 16 centimètres, et l'on recouvre le tout d'un bon lit de fumier ou de feuilles, afin d'activer la végétation. Un mois après environ, c'est-à-dire lorsque l'extrémité des feuilles commence à paraître, on les coupe au niveau du sol, mais en ayant soin de ménager les yeux qui se trouvent au collet de la plante, car sans cette précaution elles ne repousseraient plus. Après la récolte on butte de nouveau, et les Crambés donnent une seconde récolte, souvent aussi abondante que la première. Après la seconde coupe on détruit les buttes, ou étend une partie du terreau sur les planches et l'on enlève le reste.

On peut aussi forcer le Crambé sous panneaux comme les Asperges. En décembre ou janvier, on place des coffres de manière à encadrer les planches qui les contiennent, et, après avoir butté les plantes, on les couvre de panneaux qui, au lieu de vitraux, sont à cadres pleins, afin d'intercepter la lumière ; puis on entoure les coffres d'un réchaud de fumier qu'on remanie de temps à autre. On couvre la nuit avec des paillassons ou de la litière. Pour les autres soins on observe tout ce qui a été précédemment indiqué.

CIBOULE COMMUNE (Allium fistulosum).

Synonymie anglaise, Welsh onion; *allemande*, Winterzwiebel.

Plante herbacée, vivace, originaire de Sibérie ; on l'emploie comme assaisonnement en fourniture de salade. D'après Donn, cette plante a été introduite dans la culture en 1629. Les premiers semis ont lieu dans le courant de février, en place ou à la volée ; il faut environ 600 grammes de graines par are. Après le semis on passe le râteau, puis on recouvre les graines d'une légère couche de terreau.

A partir de cette époque on peut continuer de semer successivement jusqu'en juillet.

Quelques maraîchers plantent de la Romaine dans leur planche de Ciboule ; d'autres sèment un peu de Radis, et, comme ces derniers sont récoltés peu de temps après le semis, ils ne peuvent nuire en rien au développement de la Ciboule.

Vers la fin de novembre ou au commencement de décembre, il faut arracher tout ce qui reste de Ciboule dans la planche ; on la met en jauge, puis on la couvre de litière pendant les gelées, afin de ne pas en manquer pendant l'hiver.

CIVETTE (Allium Schœnoprasum).

Synonymies vulgaires, Appétit, Ciboulette, Cives, fausse Echalotte ; *anglaise*, Chives ; *allemande*, Schnittlauch.

Plante vivace, originaire de la partie méridionale de la France, et qu'on emploie pour les fournitures de salade.

On la multiplie de caïeux que l'on sépare en février et mars pour les planter en bordure. Elle est d'autant plus tendre et pousse d'autant mieux qu'on la coupe plus souvent.

Pour lui faire passer l'hiver on la coupe au niveau du sol, puis on la couvre de terreau.

CONCOMBRE (Cucumis sativus).

Synonymie anglaise, Cucumber ; *allemande*, Gurke.

Plante annuelle, originaire de l'Orient. Dans les marais de Paris on cultive le Concombre blanc hâtif, le blanc gros, le vert long et le vert petit à Cornichons. Le blanc hâtif et le vert long conviennent tout particulièrement pour la culture forcée ; les autres peuvent être cultivés en pleine terre.

Concombres sous panneaux. — On sème les premiers Concombres dans la première quinzaine de février sur couche et sous panneaux. Pendant la nuit on couvre le semis avec des paillassons.

Lorsque les graines sont levées, que les cotylédons et les premières feuilles sont bien développés, on repique le plant en pépinière sur une autre couche ; on ombre au moment du soleil, et pendant la nuit on couvre les panneaux avec des paillassons. Une quinzaine de jours après le repiquage, on prépare une couche de 60 centimètres d'épaisseur, que l'on charge d'environ 20 centimètres de terreau ; lorsque la chaleur est convenable, on lève les Concombres en mottes, et l'on en plante quatre par panneau, en ayant soin de les enfoncer jusqu'aux cotylédons. On leur donne un peu d'eau, et l'on replace les panneaux. On ombre pendant deux ou trois jours au moment du soleil, afin de faciliter la reprise, et pendant la nuit on couvre les panneaux avec des paillassons. Lorsque la tige primitive a quatre ou cinq feuilles, on la pince au-dessus de la seconde, de manière à obtenir deux branches latérales sur chaque pied ; mais avant leur développement on étend un bon paillis sur toute la couche. Quand les branches latérales ont environ 33 centimètres de longueur, on les taille au-dessus de la deuxième ou troisième feuille, et, lorsque les nouvelles branches ont atteint la même dimension, on les rabat de la même manière.

Dès que l'on a de jeunes fruits noués on choisit le mieux fait, on pince la branche qui le porte à deux yeux au-dessus du fruit, et on supprime tous les autres. Quand ce premier fruit a atteint les deux tiers de sa grosseur, on en choisit un second, puis un troisième, et ainsi successivement, de manière à en laisser dix ou douze sur chaque pied. Enfin on pince toutes les branches qui s'allongent trop ; mais, pour cette opération comme pour toutes celles qui obligent d'enlever les panneaux, on choisit le moment de la journée où la température est la plus douce, afin que le froid ne saisisse pas les Concombres, qui sont extrêmement tendres. Lorsque les arrosements deviennent nécessaires on bassine avec l'arrosoir à pomme ; mais à cette époque il faut que l'eau que l'on emploie soit au même degré de température que l'atmosphère dans laquelle on la répand, afin de ne point retarder la végétation. Enfin on donne de l'air toutes les fois que la température le permet. Plantés à l'époque ci-dessus indiquée, on récolte les premiers Concombres dans la seconde quinzaine d'avril, et successivement jusqu'en juin.

En Angleterre, on cultive le Concombre en espalier dans les serres à forcer.

Concombres sous cloches. — On les sème dans la première quinzaine d'avril sur couches et sous panneaux ; on repique le plant en pépinière également sur couche et sous panneaux. Après le repiquage, on ombre au moment du soleil ; pendant la nuit, on couvre les panneaux avec des paillassons, et, lorsque le plant est repris, on donne de l'air toutes les fois que la température le permet. Dans la seconde quinzaine d'avril, on fait une tranchée de 65 centimètres de largeur et de 33 centimètres de profondeur, puis on prépare une couche de 50 centimètres d'épaisseur. On la bombe légèrement au milieu, et, avec la terre de la tranchée, on la charge d'environ 20 centimètres de terre. Après avoir étendu cette terre bien également, on place sur le milieu de la couche un rang de cloches à 1 mètre l'une de l'autre. Lorsque la chaleur de la couche est favorable, on lève les Concombres en mottes ; puis on en plante un sous chaque cloche, en ayant soin de l'enfoncer jusqu'aux cotylédons. Aussitôt après la plantation, on arrose, puis on enveloppe les cloches de litière pendant deux ou trois jours, afin de faciliter la reprise, et, pendant la nuit, on les couvre avec des paillassons. Dès que les Concombres commencent à végéter, on donne un peu d'air, pendant le jour, en soulevant avec une crémaillère les cloches du côté opposé au vent, après quoi on étête les Concombres et on les taille comme nous l'avons indiqué pour ceux qui sont plantés sous panneaux ; seulement, comme ils poussent beaucoup plus vigoureusement, on taille plus long. On arrose au besoin, et l'on enlève les cloches lorsque la température le permet. On récolte les premiers Concombres dans la seconde quinzaine de juin, et successivement jusqu'à la fin d'août.

CONCOMBRES EN PLEINE TERRE. — On les sème en mai, immédiatement en place ou sur couche.

Dans la seconde quinzaine de mai, on lève le plant en mottes et on le plante sur une costière, et sur un rang, à 1^m,33 de distance sur la ligne. Après la plantation, on arrose et on couvre chaque Concombre d'une cloche qu'on enveloppe de litière pendant deux ou trois jours. Lorsqu'ils sont repris, on enlève les cloches, et l'on observe d'ailleurs tout ce qui a été précédemment indiqué. Ces Concombres sont bons à récolter en août et en septembre.

Dans les terrains où les Concombres ne réussissent pas en pleine terre, on fait des trous un peu larges, on les remplit de fumier qu'on charge de terre, et l'on plante un Concombre dans chaque trou.

A Bonneuil, où l'on cultive le Concombre blanc gros ordinaire, on le traite comme nous venons de l'indiquer ; cependant quelques cultivateurs le sèment immédiatement en place, ce qui a lieu de la manière suivante. Dans le courant de mai, en d'autres termes lorsque le sol est suffisamment réchauffé par le soleil, on enlève la terre à la profondeur d'un bon fer de bêche à la place où l'on veut semer, on la remplace par du terreau, et l'on sème trois ou quatre graines. Lorsqu'elles sont bien levées, on fait choix des deux plants les plus vigoureux et l'on supprime les autres. A partir de ce moment, la taille et les autres soins sont en tout conformes à ceux que nous avons indiqués pour les Concombres semés sur couche.

Dans les terrains naturellement humides, il est utile de donner pour soutien aux Concombres des rames, comme on en donne habituellement aux Pois et aux Haricots, afin que les fruits ne posent pas sur le sol.

CONCOMBRE VERT PETIT A CORNICHONS. — On le sème, au commencement de mai, sur couche et sous panneaux. Peu de temps après, on repique le plant en pépinière, également sur couche et sous panneaux. Dès qu'il est repris, on commence à donner un peu d'air, afin de fortifier le plant, et vers la fin de mai ou le commencement de juin, on le relève en motte pour le mettre en pleine terre, soit seul, soit entre d'autres plantes. Après la plantation, on arrose, et lorsqu'il commence à végéter, on pince la tige primitive au-dessus de la troisième feuille. Avant le développement des branches latérales, on étend un bon paillis, après quoi tous les soins consistent à bien étaler les branches et à bassiner au besoin.

On commence à récolter les premiers fruits vers la fin de juillet ou au commencement d'août ; puis, arrivé à cette époque, on cueille les Cornichons tous les deux jours, car, ordinairement, ils sont bons à récolter une huitaine de jours après qu'ils sont noués.

COURGE (Cucurbita).

Synonymie vulgaire, Citrouille ; *anglaise*, Gourds; *allemande*, Kürbis.

Le genre Courge, si nombreux en variétés, n'est représenté dans la culture maraîchère de Paris que par le Potiron jaune gros, plante annuelle, originaire des Indes orientales, introduite dans la culture au seizième siècle, et par le Potiron d'Espagne.

On sème les Potirons jaune gros en mars, sur couche chaude et sous panneaux ; en avril, on les repique en pépinière, également sur couche et sous panneaux. Quelques jours après le repiquage, on commence à donner un peu d'air, afin de fortifier le plant, et en mai, on prépare des trous que l'on dispose de manière que les Potirons soient à 2 mètres au moins les uns des autres. On remplit les trous de fumier, que l'on charge d'environ 20 centimètres de terreau, puis on plante dans chaque trou un Potiron qu'on enfonce jusqu'aux cotylédons ; on fait ensuite un bassin autour de chaque plant et on arrose. Au moment du soleil, on les couvre avec de la litière pour favoriser la reprise, et, s'il survient de petites gelées blanches pendant la nuit, on les couvre avec des cloches.

Pendant leur végétation, on les arrose abondamment, puis on les dirige sur une seule branche, et, lorsqu'ils ont environ 1m,50 de longueur, on les *marcotte*, ce qui consiste à coucher les branches en terre, afin qu'elles produisent des racines; de cette manière, on obtient une végétation beaucoup plus vigoureuse. Dès qu'un fruit jugé digne d'être conservé est noué, on pince la branche qui le porte à deux ou trois yeux au-dessus du fruit ; si l'on veut en obtenir de volumineux, on doit n'en laisser qu'un sur chaque pied. Il n'est pas rare, dans les marais de Paris, où l'eau et le fumier ne manquent jamais aux Potirons, de voir des fruits du poids de 100 kilogrammes. On commence à récolter les premiers Potirons en août, et successivement jusqu'aux gelées.

Le Potiron d'Espagne se cultive exactement de la même manière ; seulement, comme ses fruits sont beaucoup moins gros que ceux du Potiron jaune, on peut en laisser deux ou trois sur chaque pied. Récoltés avant les gelées et déposés dans un lieu sec, ils se conservent souvent jusqu'en avril.

Les Courges connues sous le nom de Giraumon Turban, de Patisson, Artichaut d'Espagne, Bonnet d'électeur, de Courge à la moelle, peuvent être traitées exactement comme les Potirons.

CRESSON ALÉNOIS (Lepidium sativum).

Synonymies vulgaires, Cresson des jardins, Passerage, Passerage cultivé, Nasitor; *anglaise*, Plain leaved cress ; *allemande*, Gartenkresse.

Plante annuelle, originaire de la Perse, introduite dans la culture en 1562. Ses pousses, jeunes et tendres, se mangent en salade et en fourniture.

On en cultive deux variétés : le Cresson ordinaire

et celui à feuilles frisées. On le sème sur couche depuis janvier jusqu'en mars, mais seulement après d'autres cultures et sans qu'il soit nécessaire de remanier les couches. En été, on le sème en pleine terre, soit dans les sentiers, soit en planche, mais toujours en rayons. Il faut environ 500 grammes de graines par are.

CRESSON DE FONTAINE (Nasturtium officinale).

Synonymies vulgaires, Cailli, Cresson d'eau, Cresson de ruisseau, la Santé-du-corps; *anglaise*, Water cress; *allemande*, Brunnenkresse.

Plante vivace, indigène, employée en médecine comme antiscorbutique, et en cuisine pour salades et fournitures. Les premières cressonnières qui aient été établies aux environs de Paris sont celles de Saint-Léonard, dans la vallée de la Nonette, entre Senlis et Chantilly. En 1811, M. Cardon, ayant jugé cette position favorable, en raison de la proximité des sources abondantes et limpides qu'on rencontre dans cette localité, entreprit de cultiver le Cresson de fontaine comme on le fait en Allemagne. Le succès qu'il obtint dans ce genre de culture lui fit trouver de nombreux imitateurs. Ainsi, indépendamment des cressonnières de Saint-Léonard, on cultive maintenant le Cresson de fontaine à Saint-Denis, Saint-Gratien, Enghien, Bellefontaine, Luzarches, Sacy-le-Grand ; Neufmoulin, près Pontarmé ; Fontaine, par Mortefontaine ; Borest, Villevert, Senlis, Villemetry, Buron, Villemetry-Senlis, Saint-Firmin et Orléans.

Ces cressonnières sont toutes alimentées par des sources naturelles ou artificielles, et disposées de manière à pouvoir être submergées à volonté. Le terrain est divisé par fosses parallèles, larges chacune d'environ 3 mètres sur 40 centimètres à peu près de profondeur, séparées par des plates-bandes élevées, destinées à divers genres de culture maraîchère, tels que Artichauts, Choux, etc.

On multiplie le Cresson de graines semées au printemps, ou mieux de boutures faites en août. Avant la plantation, il faut bien unir le fond des fosses pour que l'eau ait un écoulement régulier ; s'il arrivait qu'elles ne fussent pas assez humides, on y laisserait couler un peu d'eau. Une fois le terrain bien préparé, on prend du Cresson et on le place au fond des fosses par petites pincées, à environ 12 à 15 centimètres l'une de l'autre. Au bout de peu de temps, il est enraciné et couvre complétement le sol; alors on laisse arriver 10 à 12 centimètres d'eau, quantité bien suffisante pour cette culture.

Si la plantation a été faite avec soin, si le plant a été bien choisi et bien épuré de toutes plantes étrangères, notamment des *Lentilles d'eau,* de la *Berle-Ache d'eau* et de la *Véronique Beccabunga,* la cressonnière, une fois établie, ne demande plus d'autres précautions que celles qui sont nécessaires pour prévenir les effets de la gelée pendant les grands hivers, ou pour éviter les eaux surabondantes et bourbeuses dans les dégels et les orages. Comme les grandes chaleurs ne sont pas moins à craindre pour les cressonnières que les grands froids, on a cherché à les en garantir par des haies et des plantations ; mais l'époque de la chute des feuilles est encore plus nuisible, car celles qui tombent dans les fossés empêchent le Cresson de pousser.

La récolte du Cresson se fait au moyen d'une grande planche mise en travers sur le fossé : on le coupe avec une serpette ; mais le mieux est d'opérer avec l'ongle, et pied par pied, afin de ne pas déchausser le plant.

Lorsque la saison est favorable, on peut, en été, exploiter un fossé toutes les trois semaines ; mais si la saison est froide, la reproduction est lente, et il faut alors quelquefois plus de deux mois avant de pouvoir recouper le Cresson.

Après la coupe, on met la fosse à sec, et on étend sur toute la surface une légère couche de fumier de vache bien consommé, puis on refoule le Cresson dans toute l'étendue de la fosse. On se sert pour cette opération d'un instrument appelé *schuel,* composé d'une planche de $1^m,33$ à $1^m,65$ de longueur, et portant un long manche. Armés de cet instrument, deux ouvriers marchent sur chaque bord de la plate-bande, refoulent ensemble chaque pied de Cresson, et font rentrer en terre les racines qui avaient été soulevées pendant la coupe.

Une bonne cressonnière peut durer longtemps, mais il faut la renouveler aussitôt qu'elle commence à dépérir. On arrache alors le Cresson avec toutes ses racines, on le dépose sur la plate-bande qui sépare les fosses, puis on laboure le fond ; si le terrain est trop maigre, on le fume avec du fumier de vache bien consommé, après quoi on replante comme on l'avait fait dans l'origine.

Dans les hivers rigoureux, il est essentiel de prévenir le refroidissement de la cressonnière. A cet effet, on fait monter l'eau au-dessus du Cresson; mais, comme cette submersion fatigue beaucoup, on doit se hâter de laisser échapper les eaux aussitôt que le temps se radoucit.

ÉCHALOTTE (Allium Ascalonicum).

Synonymie vulgaire, Chalotte; *anglaise*, Shallot; *allemande*, Schalotte.

Plante vivace, originaire de la Palestine.

On ne cultive pas d'Echalotte dans les marais de Paris; mais à Aubervilliers on en plante une assez grande quantité que l'on récolte en vert.

Elle se multiplie par caïeux plantés, en février et mars, à 8 ou 10 centimètres de distance et presque à fleur de terre, afin d'éviter l'humidité, qui est très-préjudiciable. On choisit, pour replanter, les plus minces et les plus allongés, car ce sont ceux qui produisent les plus beaux bulbes.

Pendant l'été, on leur donne quelques binages, puis on les récolte en juillet; mais la récolte des pieds qu'on veut conserver pour planter ne se fait que lorsque les feuilles sont sèches; alors on les arrache et on les laisse deux ou trois jours exposés au soleil, puis on les rentre dans un lieu sec.

ÉPINARD (Spinacia oleracea).

Synonymie vulgaire, Espinoche; *anglaise*, Spinage; *allemande*, Spinat.

Plante annuelle, originaire de l'Asie, introduite dans la culture, en 1568, par les Arabes d'Espagne.

On en cultive deux variétés : l'une, à graines épineuses, connue sous le nom d'Epinard commun; l'autre, à graines lisses, connue sous le nom d'Epinard de Hollande. Chacune de ces variétés a une sous-variété à feuilles plus larges ; mais elles ne sont pas cultivées dans les marais, bien que se trouvant depuis fort longtemps dans le commerce.

L'Epinard commun est peu cultivé maintenant : on donne la préférence à celui de Hollande, qui a les feuilles beaucoup plus larges; cependant quelques maraîchers prétendent que l'Epinard commun résiste beaucoup mieux aux chaleurs de l'été, qui font souvent blanchir les feuilles de l'Epinard de Hollande.

On sème les premiers Epinards en octobre, et on les récolte au printemps. Quelques maraîchers sèment des Epinards en décembre, à travers les Carottes cultivées sur couche, et, lorsqu'ils sont bons à récolter, on les arrache avec précaution. En février ou mars on commence à semer, et l'on continue successivement jusqu'en octobre. Dans la seconde quinzaine d'août on sème pour récolter en automne, et dans la première quinzaine de septembre pour récolter en janvier. Les semis se font à la volée. Il faut à peu près 200 grammes de graines par are pour les semis d'hiver, et 400 au printemps et pendant l'été. Après le semis on bassine au besoin, et, lorsque les Epinards sont bons à récolter, on les coupe à quelques centimètres au-dessus de terre ; puis aussitôt après on les arrose, si le temps est sec, afin de favoriser le développement des nouvelles feuilles. Lorsque celles-ci sont assez grandes on les cueille, mais cette fois une à une, en ayant soin de ménager les petites feuilles intérieures, de manière à se réserver les récoltes à venir. Pendant l'été, les Epinards sont ordinairement bons à couper un mois après le semis ; mais, comme pendant les chaleurs ils montent en graines presque aussitôt après la première cueille, on les arrache, et l'on prépare le terrain de manière à y mettre d'autres légumes.

ESTRAGON (Artemisia Dracunculus).

Synonymies vulgaires, Dragon, Herbe-dragon, Fargon, Serpentine ; *anglaise*, Tarragon ; *allemande*, Beifusz.

Plante herbacée, originaire de l'Asie septentrionale (de Tartarie suivant quelques auteurs, et de Sibérie suivant d'autres), et introduite dans la culture en 1596.

On multiplie l'Estragon par éclats de pieds, qu'on replante, dans la seconde quinzaine de juillet ou dans la première quinzaine d'août, à 30 centimètres de distance l'un de l'autre. Pour le conserver, on coupe les tiges à l'entrée de l'hiver, et l'on couvre les touffes de quelques centimètres de terreau.

Pour ne pas manquer d'Estragon pendant l'hiver, on en plante en décembre, sous panneaux, des touffes en mottes ; puis on place des coffres à une bonne exposition, et on enlève des sentiers qui entourent les coffres de la terre qui sert à charger le terrain. On remplace cette terre par un réchaud de fumier, qu'on remanie au besoin. Cela fait, on repique les touffes d'Estragon aussi près que possible les unes des autres ; après la plantation, on étend un lit de terreau sur le tout, puis on pose les panneaux. On couvre pendant la nuit avec des paillassons, et l'on donne de l'air toutes les fois que la température le permet.

On peut aussi, ce qui est beaucoup plus simple, placer des coffres et des panneaux sur des planches d'Estragon disposées à cet effet, et, comme il est dit plus haut, on force l'Estragon au moyen d'un réchaud qu'on établit autour de ces coffres.

FÈVE (Faba vulgaris).

Synonymies vulgaires, Fave, Favelote, Gourgane : *anglaise*, Bean ; *allemande*, Gartenbohne oder Puffbohne.

Plante annuelle, originaire de la Perse.

On sème les premières Fèves en janvier, sous panneaux ; en février on les repique, sur une costière exposée au midi, en rayons un peu profonds, qu'on trace à 35 centimètres les uns des autres. On les couvre de litière pendant les mauvais temps, et, lorsqu'elles ont quelques centimètres de hauteur, on donne un binage ; puis on achève de remplir les rayons, ce qui augmente la vigueur des plantes et leurs produits. Lorsqu'elles sont défleuries, on pince toutes les extrémités, afin de forcer la séve à se porter vers le fruit. Pour les semis de janvier, on prend de préférence la Fève naine hâtive, qui, traitée comme nous venons de l'indiquer, peut être récoltée (pour être mangée en vert) dès le mois de mai, car alors on cueille les gousses lorsqu'elles ont atteint à peu près le quart de leur grosseur. On peut aussi cultiver les Fèves sous panneaux, mais elles produisent peu et sont presque toujours attaquées par un puceron dont il est difficile de les débarrasser.

Dans les environs de Paris, et particulièrement à Fontenay-aux-Roses, on cultive les Fèves juliennes, les Fèves de marais, les Fèves de Windsor, les Fèves vertes. On les sème, en février et mars, par touffes ou en rayons, et à partir de cette époque les semis peuvent être continués successivement jusqu'à la fin de mai. Il faut environ trois litres de semences par are. D'ailleurs, quelle que soit l'époque des semis, les soins consistent à donner quelques binages et à pincer l'extrémité des tiges, comme nous l'avons précédemment indiqué.

FRAISIER (Fragaria vesca).

Synonymie anglaise, Strawberry ; *allemande*, Erdbeere.

Plante herbacée, vivace, indigène. Les variétés cultivées soit à Paris, soit dans les communes environnantes, telles que Belleville, Romainville, Bagnolet, Montreuil et Fontenay-aux-Roses, sont les Fraisiers des Quatre-Saisons, Princesse royale, Marguerite, sir Harry, Elisa Myatt, Victoria Trolopp, Elton, ces derniers désignés le plus souvent, d'une manière générale, sous le nom de Fraisiers anglais.

On multiplie les Fraisiers de graines, ou de filets qui ne doivent être pris que sur du plant d'un an, car ceux qui proviennent de vieilles touffes produisent beaucoup moins et donnent des fruits moins beaux et de moins bonne qualité. On sème en mars à une exposition ombragée; on couvre les graines d'une légère couche de terre fine mêlée de terreau, et l'on entretient la fraîcheur de la terre par des bassinages.

Dès que les plants ont quatre ou cinq feuilles, on les repique en pépinière, deux par deux, sur une vieille couche. Aussitôt après le repiquage on bassine avec l'arrosoir à pomme, ce que l'on continue de faire suivant les besoins, et pendant quelques jours on garantit le jeune plant contre l'action du soleil avec un peu de litière, qu'on étend bien légèrement.

Dans le commencement de juillet, on relève les plants en motte pour les planter en pleine terre à environ 15 centimètres l'un de l'autre, et, comme après le premier repiquage, on en facilite la reprise par de fréquents arrosements. Le but de ces repiquages est de favoriser le développement d'une grande quantité de jeunes racines; plus les Fraisiers en sont pourvus, plus ils deviennent productifs. A partir de cette époque, et jusqu'au moment de les mettre en place, on a soin de supprimer toutes les fleurs et tous les filets qui se développent sur le jeune plant, ainsi que d'arracher les pieds qui paraissent dégénérer et qu'il est facile de reconnaître à leur vigueur et à l'absence de fleurs.

Vers la fin de septembre on donne un bon labour aux planches dans lesquelles on doit planter définitivement les Fraisiers.

Bien que tous les terrains paraissent convenir à la culture du Fraisier, il en est qui exercent sur les produits de cette plante une influence toute particulière. Ainsi le Fraisier du Chili, cultivé à Ploumgastel, près de Brest, donne, dans cette localité, des fruits souvent gros comme de petits œufs de poule ; tandis que partout ailleurs, la même variété ne produit que des fruits ordinaires.

Malgré l'impossibilité de rien changer à ces dispositions, on doit toujours faire pour le mieux, et dans le cas où le terrain destiné au Fraisier ne se trouverait pas être de bonne qualité, il faudrait, pour l'améliorer, n'employer que des engrais bien consommés, car le fumier non consommé, quel qu'il soit, fait périr les Fraisiers.

Après avoir bien préparé le terrain, on trace cinq rangs par planche de 1^{m},33 de largeur ; puis on plante les Fraisiers à 35 centimètres de distance sur la ligne. Ceci toutefois ne doit avoir lieu que pour les fraisiers des Quatre-Saisons ; pour les Fraisiers anglais on ne trace que quatre rangs, et l'on plante à 50 centimètres de distance sur la ligne. Après la plantation on continue de retrancher les fleurs et les filets de chaque touffe, jusqu'à ce qu'elles soient enracinées, afin de concentrer sur chaque pied la force de production dont il est doué.

Au printemps on donne un binage à chaque planche de Fraisiers, et, dès que les fleurs commencent à paraître, on couvre la terre d'un paillis un peu long, ce qui, d'une part, a l'avantage de conserver l'humidité du sol, et, de l'autre, empêche les fruits de porter sur la terre. Les arrosements doivent être faits, avec l'arrosoir à pomme, au printemps le matin, et le soir en été. L'année suivante on continue les mêmes soins; mais, comme au bout de peu de temps les produits dégénèrent, il ne faut pas conserver une planche de Fraisiers plus de deux ans ; car, bien qu'ils produisent beaucoup plus longtemps, on remarque, passé cette époque, une diminution très-sensible dans les récoltes.

Les Fraisiers qu'on multiplie de filets doivent être plantés en juillet. Du reste, comme ce que nous venons d'indiquer pour les Fraisiers provenant de graines est en tout applicable à ces derniers, nous croyons inutile de traiter ce sujet plus longuement. Nous ajouterons seulement que, pour simplifier l'opération, on peut, au lieu de relever les filets de Fraisiers, fixer successivement en terre ceux que l'on veut conserver, afin de favoriser sur place le développement des racines.

De cette manière, les filets de Fraisiers sont, au moment de la plantation en pot, beaucoup plus forts que ceux que l'on repique en juillet et août.

Des Fraisiers forcés.

Les Fraisiers que l'on cultive ordinairement dans le but de les forcer sont : le Fraisier des quatre saisons, le Fraisier anglais et ses variétés.

Dans le courant de janvier ou dans les premiers jours de février on pose des coffres, puis des panneaux, sur les planches de Fraisiers qu'on veut forcer ; on enlève la terre des sentiers qui entourent les coffres jusqu'à environ 45 centimètres de profondeur ; après quoi on remplit ces sentiers de fumier, mais jusqu'au niveau du sol seulement ; ce n'est que dans la première quinzaine de février qu'on achève de les remplir. A partir de cette époque il faut avoir soin de maintenir les réchauds à la hauteur des panneaux ; pour cela on rapporte du fumier au fur et à mesure qu'il en est besoin. On couvre les panneaux, pendant la nuit, avec des paillassons ; on donne de l'air au moment où paraît le soleil. Vers la fin d'avril on commence à donner quelques bassinages si la température l'exige, ce que l'on continue de faire au besoin. Les Fraisiers étant ainsi traités, les fruits commenceront à mûrir dans le courant d'avril.

Après la récolte on enlève les panneaux (qui peuvent encore servir pour les Melons), ce qui n'empêchera pas les Fraisiers de fructifier jusqu'aux gelées, ceux des quatre saisons surtout. Néanmoins on peut également obtenir une seconde récolte des Fraisiers anglais ;

pour cela il faut les priver d'eau pendant quelque temps, afin d'arrêter la végétation; lorsqu'ils sont presque fanés, on supprime une bonne partie des feuilles, on les bine légèrement, puis on favorise leur végétation par de copieux arrosements. Dans les premiers jours d'août on aura par ce moyen une seconde fructification tout aussi abondante que la première.

Depuis l'adoption du chauffage au thermosiphon, on a modifié la culture forcée des Fraisiers. Dans beaucoup d'établissements elle a lieu de la manière suivante :

Après avoir traité les Fraisiers comme nous l'avons indiqué, on les relève en motte, vers la fin de septembre ou au commencement d'octobre, pour les planter dans des pots de 15 centimètres de diamètre. On emploie pour l'empotage une bonne terre douce passée à la claie, et aussitôt après la plantation on place les pots à côté les uns des autres dans un coffre, de manière à pouvoir les garantir des grandes pluies et des gelées en posant dessus des châssis ou des paillassons; puis on les arrose pour en faciliter la reprise, et, comme pour ceux cultivés en pleine terre, on supprime les filets et les fleurs au fur et à mesure qu'ils paraissent. Dans le courant de janvier on prépare des coffres pour recevoir les Fraisiers, c'est-à-dire qu'on dispose, pour un coffre de 1m.33 de largeur, un gradin composé de quatre tablettes, sous lequel on fait circuler les tuyaux du thermosiphon.

Après avoir tout préparé on bine la terre des pots, on enlève les feuilles mortes, on pose les pots sur les tablettes les uns à côté des autres, puis on place des panneaux que l'on couvre de paillassons pendant la nuit. Arrivé à ce point on commence à les chauffer, ce qu'il ne faut faire que modérément et de manière à entretenir sous les panneaux une température de 12 à 15 degrés; de plus, comme nous l'avons indiqué pour les Fraisiers forcés en pleine terre, on bassine et l'on donne de l'air toutes les fois que la température est favorable. On peut, par ce moyen, avoir des fruits bons à récolter dès les premiers jours de mars.

On peut aussi forcer les Fraisiers en pot sur des tablettes, dans la serre aux Ananas et dans les serres à Vigne.

Comme ceux qu'on a forcés en pleine terre, les Fraisiers forcés en pot sont susceptibles de produire une seconde récolte ; il suffit de les dépoter, de les mettre en pleine terre et de leur donner les soins précédemment indiqués.

HARICOT (Phaseolus vulgaris).

Synonymies vulgaires, Pois long, Pois de mai, Pois de mer ; *anglaise*, French Bean, Kidney Bean ; *allemande*, Bohnen.

Plante herbacée, annuelle, originaire de l'Inde, et introduite dans la culture en 1579.

Dans les marais de Paris, les Haricots ne sont cultivés qu'à l'état de primeurs ; car, à l'époque où ils donnent en pleine terre, les cultivateurs des environs de Paris en apportent une quantité si considérable, que cette culture ne présenterait aucun avantage aux maraîchers.

La seule variété cultivée comme primeur est le Haricot nain de Hollande. Vers le 15 janvier, on le sème sur couche et sous panneaux, et, aussitôt après le développement des cotylédons, on le repique en pépinière, toujours sur couche et sous panneaux.

Bien que ce repiquage ne soit pas pratiqué par tous les maraîchers, nous conseillons néanmoins de ne pas le négliger, car les Haricots qui ont été repiqués viennent moins haut et produisent davantage. Dans la seconde quinzaine de janvier, on prépare une couche d'environ 50 centimètres d'épaisseur, dont la chaleur soit de 20 à 25 degrés; on pose les coffres dessus, puis on la charge de 12 à 15 centimètres de terre légère; après quoi on relève le plant pour le planter sur la couche de la manière suivante :

On trace quatre rangs par coffre, le premier à 40 centimètres du haut du coffre et les autres à une distance égale entre eux, et l'on plante les Haricots à 15 centimètres de distance sur la ligne, de manière qu'il s'en trouve deux par rang de vitres. Pendant la nuit, on couvre les panneaux avec des paillassons; on donne de l'air toutes les fois que la température le permet, surtout à l'époque de la floraison. Il faut aussi, à cette époque, si la température est sèche, bassiner légèrement, afin d'empêcher les fleurs de couler; puis on remanie les réchauds de temps à autre, afin d'entretenir dans la couche la chaleur nécessaire. On visite souvent les Haricots, on supprime toutes les grandes feuilles, et l'on a soin d'enlever tout ce qui pourrait donner de l'humidité, chose la plus redoutable à ce genre de culture.

Lorsque les plantes ont environ 25 centimètres de hauteur, on les incline sur le haut du coffre, et on les maintient dans cette position au moyen de petites tringles de bois qu'on pose sur les tiges. Pour faciliter cette opération, ces tringles ne doivent pas excéder 1^{m},33 de longueur, c'est-à-dire la largeur d'un panneau. Peu de jours après, l'extrémité des tiges se relève (on peut alors enlever les tringles), mais la partie inférieure reste couchée sur le sol. Indépendamment de ce que nous venons d'indiquer, il faut encore exhausser les coffres toutes les fois que le besoin l'exige et recharger chaque fois les sentiers, afin de concentrer la chaleur sous les panneaux. On commence ordinairement à cueillir les premiers Haricots ainsi traités dans la seconde quinzaine de mars, c'est-à-dire environ six semaines après le semis.

Après avoir cueilli des Haricots pendant quelque temps, on peut laisser grossir les autres pour les récolter en grains ; c'est ainsi que quelques maraîchers récoltent des Haricots en grains dès la seconde quinzaine d'avril ; pour cela il suffit de remanier les réchauds afin de ranimer la chaleur de la couche, de ne pas donner d'air et d'arroser abondamment.

On peut faire avec avantage l'application du chauffage par le thermosiphon à la culture des Haricots sous panneaux ; alors on peut semer dès la fin de novembre ; mais, comme à cette époque il y a souvent absence complète de soleil, ce qui est très-défavorable à ce genre de culture, il est préférable de ne commencer cette opération que dans la seconde quinzaine de décembre, lorsque le plant est bon à repiquer. On prépare une couche très-mince, dans le seul but de garantir les Haricots de l'humidité du sol ; puis on fait circuler les tuyaux de l'appareil au-dessus de la couche ; on entretient une chaleur de 15 à 20 degrés sous les panneaux, et, comme l'on peut régler ce chauffage à volonté, on les enlève tous les jours sans avoir égard à l'état de la température, et l'on donne de l'air aussi souvent qu'il est nécessaire, ce qui contribue puissamment au succès de l'opération. Aussi, avec ce mode de culture, on commence à cueillir les premiers Haricots dans la première quinzaine de février.

On cultive les Haricots sur couche, comme nous l'avons indiqué, jusqu'à la fin de mars.

En avril, on sème encore sur couche, mais on repique en pleine terre et sous cloche. On repique trois Haricots sous chaque cloche ; au bout de quelques jours on commence à donner de l'air, puis on enlève les cloches, lorsque les gelées ne sont plus à craindre et que la température est favorable. Il va sans dire qu'on peut indifféremment employer des cloches ou des panneaux [1].

[1] C'est souvent à tort que l'on détruit les Haricots aussitôt après qu'on en a récolté les premiers produits ; car, en les nettoyant avec soin, opération qui se borne à enlever les feuilles mortes et les fruits que l'on a trouvés trop petits pour être cueillis, on obtient au bout de quelque temps une seconde récolte aussi abondante que la première.

Semis de pleine terre. — On cultive des Haricots dans presque toutes les communes qui environnent Paris, mais particulièrement à Croissy, à Montreuil et à Fontenay-aux-Roses; les variétés le plus généralement cultivées sont : le Haricot hâtif de Laon, ou *flageolet;* celui de *Soissons* nain au gros pied ; le Haricot de *Massy*, ou quatre à la touffe ; le Haricot *suisse*, gris, dit Bagnolet.

On les sème en mai ; en terre légère, le semis s'opère dans la première quinzaine du mois ; mais en terre argileuse, forte, dans la seconde seulement, par touffes, ou mieux en rayons, car par ce moyen on obtient une végétation beaucoup plus vigoureuse, et par conséquent des produits plus abondants. On trace des rayons de 5 centimètres de profondeur, à 40 centimètres de distance les uns des autres; après quoi on sème les Haricots un à un, à 16 ou 20 centimètres sur la ligne ; puis on les couvre d'environ 2 centimètres de terre.

Pour semer par touffe, on fait des trous de 5 à 6 centimètres de profondeur, disposés en échiquier, à 40 centimètres les uns des autres ; on dépose cinq ou six Haricots dans chacun, puis on les recouvre de la même quantité de terre que ceux semés en rayons. Il faut environ deux litres de semences par are. Quelque temps après on donne un binage pour faciliter la levée des graines ; mais ce n'est que lorsque les Haricots sont bien levés qu'on finit de remplir les trous ou les rayons. A partir de l'époque ci-dessus désignée, on peut semer en pleine terre jusqu'à la mi-août les Haricots destinés à être mangés verts; mais, quand on veut récolter des Haricots secs, il ne faut pas semer après le 15 juin.

Les Haricots à rames, connus sous les noms de Haricot de Soissons, Haricot-Sabre, Haricot de Prague, Haricot-Beurre, Haricot-Prédomme, doivent être semés en mai, comme les Haricots nains.

Dans le midi de la France, on sème du maïs entre les lignes de Haricots, pour leur servir de rames; partout ailleurs, on emploie des perches de chêne, de hêtre ou de sapin, que l'on place après le premier binage. Pour résister aux vents qui ébranlent souvent les rames des haricots, on peut les réunir par deux ou par quatre et les fixer avec de l'osier; mais le plus simple, quand on habite un pays où le vent souffle avec violence, est encore de semer des Haricots nains.

IGNAME DE CHINE (Dioscorea Batatas).

Synonymie vulgaire, Saya; *anglaise,* Chinese Potato; *allemande,* Chinesische yamswurzel.

Ce tubercule, dont l'introduction en France date de 1848, a résisté à l'épreuve du temps, sous laquelle ont succombé un grand nombre de plantes nouvelles. Il justifie de plus en plus les espérances fondées sur les services qu'il rend dans son pays natal, et l'on peut dire maintenant qu'il est digne à tous égards de figurer au premier rang sur la liste de nos plantes potagères.

La saveur des racines tuberculeuses de l'Igname de la Chine diffère peu de celle de la Pomme de terre;

elles sont aussi riches en fécule, et peuvent, comme celle-ci, recevoir toutes sortes d'assaisonnements.

On multiplie l'Igname de la Chine en plantant, en mars ou avril, sans plus de soins que n'en exige la culture bien comprise de la Pomme de terre, soit les bulbilles qui naissent dans les aisselles des feuilles, soit les jeunes racines que produisent les bulbilles, soit enfin le collet des racines destinées à la consommation. On avait recommandé, comme moyen économique de multiplication, la plantation de tronçons de racines ; mais l'expérience a démontré que ces tronçons ne se développent que tardivement. Si donc l'on se trouvait dans la nécessité de recourir à ce moyen de propagation, il faudrait diviser de préférence le collet des racines. On plante les Ignames de la Chine en lignes, à 20 ou 25 centimètres de distance en tous sens les unes des autres. Dans les terrains siliceux, qui conviennent mieux que tous les autres à la culture de cette plante, la récolte des Ignames de la Chine peut être faite l'année même de la plantation. Les frais d'arrachage ne dépassent pas sensiblement alors ce que coûte ordinairement la récolte des carottes longues, par exemple. Néanmoins, pour obtenir de cette plante tout ce qu'elle peut produire, il faut laisser les racines en terre pendant deux ans. D'après ce que nous avons été à même de constater dans nos propres cultures, le rendement en racines de l'Igname de la Chine dépasse toujours de beaucoup, la seconde année, ce que la même étendue de terrain aurait pu produire de Pommes de terre. Il en résulte que, malgré les deux années de culture et les frais d'arrachage, cette opération offre encore des avantages certains.

Bien que les tiges de l'Igname de la Chine soient grimpantes, elles n'ont pas besoin d'être ramées ; on peut les laisser ramper sur le sol. S'il arrivait même qu'elles prissent un trop grand développement pendant la seconde année, on pourrait, sans inconvénient, en donner une partie aux bestiaux, qui les mangent avec plaisir comme fourrage frais. L'Igname de la Chine est peu sensible au froid ; sous le climat de Paris, elle passe très-bien en pleine terre les hivers ordinaires. Cependant, comme on ne peut jamais prévoir si l'hiver sera plus ou moins rigoureux, il est prudent d'arracher les Ignames de la Chine dès que les tiges sont complétement sèches, ce qui nécessite quelques précautions en raison de la longueur des racines, qui se cassent très-facilement. Placée dans les mêmes conditions que la Pomme de terre, l'Igname de la Chine peut se conserver facilement cinq et six mois hors de terre.

LAITUE POMMÉE (Lactuca sativa).

Synonymie anglaise, Cabbage Lettuce ; *allemande*, Lattich.

Plante herbacée, annuelle, originaire de l'Inde. Les premières graines de Laitues semées en France furent envoyées de Rome à Paris, au cardinal d'Estrées, par Rabelais, vers 1540.

On en cultive deux races principales : les Laitues pommées et les Laitues romaines. On les divise en Laitues pommées de printemps, d'été, d'hiver, et à couper.

LAITUE DE PRINTEMPS. — Les variétés de Laitues cultivées à cette époque dans lés marais de Paris sont : la Crèpe ou petite noire, la Gotte et la Georges.

LAITUE PETITE NOIRE. — On sème les premières Laitues petite noire dans les premiers jours de septembre. Après avoir labouré un bout de planche, on le herse, on passe le râteau, puis on étend sur le tout une couche de terreau d'environ 3 centimètres d'épaisseur, et on le foule légèrement. Le terrain ainsi préparé, on marque la place de chaque cloche ; pour cela on pose une cloche sur le terreau, on appuie légèrement sur son sommet, afin d'en laisser l'empreinte sur le sol, puis on la relève pour la poser à côté, et ainsi de suite. On sème la Laitue sous chaque cloche, et après le semis, on recouvre les graines avec un peu de terreau fin ; ensuite on place les cloches, en ayant soin que leurs bords entrent de quelques millimètres dans le sol, pour empêcher l'évaporation. Au moment où brille le soleil, on ombre avec de la grande litière, mais on ne donne pas d'air. Lorsque le plant est bon à repiquer, c'est-à-dire lorsque les cotylédons sont bien déloppés et que les premières feuilles commencent à paraître, on prépare un ados, on le charge d'environ 3 centimètres de terreau, et l'on y place trois rangs de cloches.

On aligne le premier rang au cordeau, et on place les deux autres en échiquier ; ensuite on lève le plant avec précaution, de manière à ne pas rompre les racines, puis on repique une trentaine de Laitues sous chaque cloche. On opère le repiquage avec le doigt comme on le ferait avec un plantoir. Aussitôt après la plantation on remet les cloches, et on élève les Laitues sans jamais leur donner d'air.

Dans la première quinzaine d'octobre on fait une première plantation de Laitue petite noire sous cloche ou sous panneau ; c'est même un moyen d'utiliser les couches dont les récoltes sont terminées. Comme ces Laitues n'ont pas besoin de chaleur, il suffit, avant de les planter, de retourner le terreau des couches.

Sous cloche. — Après avoir disposé les cloches sur trois rangs, on lève du plant en motte ; puis on plante quatre Laitues petite noire sous chaque cloche.

Sous panneau. — Avant la plantation les coffres doivent être disposés de manière que les Laitues se trouvent aussi près du verre que possible.

Quand il ne reste plus qu'à placer les panneaux, on plante sept rangs de Laitue petite noire par coffre. S'il survient des gelées après la plantation, on couvre les panneaux pendant la nuit avec des paillassons, comme nous l'avons précédemment indiqué. Il faut éviter avec le plus grand soin de donner de l'air aux Laitues petite noire cultivées soit sous cloche, soit sous panneau.

La première saison de Laitues petite noire, c'est-à-dire de celles qu'on a plantées en octobre, est bonne à récolter vers la fin de novembre ou au commencement de décembre.

Dans la première quinzaine d'octobre on sème, sous

cloche et sur ados, une seconde saison de Laitue petite noire.

Dans la seconde quinzaine du mois on prépare un nouvel ados, et dans les premiers jours de novembre, lorsque le plant est assez fort, on le repique, comme nous l'avons précédemment indiqué.

Lorsqu'il survient des gelées, on élève un accot de fumier derrière l'ados ; on garnit les cloches de fumier bien sec, dont on augmente la quantité en raison de l'intensité du froid, et on recouvre le tout avec des paillassons.

On découvre au moment du soleil ; mais il faut d'abord s'assurer si le plant n'a pas souffert de la gelée, car il faudrait alors, au lieu de découvrir, augmenter la couverture, et le laisser dégeler graduellement.

Ce plant, convenablement soigné, sert à faire toutes les plantations qui ont lieu depuis la fin de novembre jusqu'en janvier et février.

Dans la seconde quinzaine de novembre on prépare une couche d'environ 40 centimètres d'épaisseur, dont la chaleur soit de 12 à 15 degrés ; on la charge de terreau, on place les coffres, et, après avoir étendu le terreau bien également, on plante dans chaque coffre sept rangs de Laitue petite noire. Après la plantation on visite souvent les Laitues et on enlève avec soin toutes les feuilles tachées par l'humidité ; assez ordinairement, lorsqu'elles commencent à former leur pomme, on supprime les deux ou trois premières feuilles inférieures, opération qui n'a lieu que pour les Laitues plantées à cette époque. Pendant les gelées on couvre, la nuit, les panneaux avec des paillassons ; si la gelée augmente, on entoure les coffres d'un réchaud de fumier et on remplit les sentiers de fumier sec, qu'on élève jusqu'à la hauteur des panneaux, puis on met doubles paillassons ; mais on découvre toutes les fois que la température le permet. Ces Laitues sont bonnes à récolter dans le courant de janvier.

En janvier et février, selon la température, on plante les dernières Laitues petite noire ; pour cela on prépare une couche de 33 centimètres d'épaisseur, dont la longueur et la largeur doivent toujours être proportionnées au nombre de cloches dont on dispose ; on charge la couche de 10 centimètres de terreau, après quoi on place les cloches sur trois rangs. Si la couche comporte six rangs de cloches, on ménage un sentier au milieu ; puis on plante quatre Laitues petite noire sous chaque cloche et une Romaine au milieu. Pendant la nuit on couvre les cloches avec des paillassons. Ces Laitues sont bonnes à récolter en février et en mars.

Laitue gotte. — On en cultive deux variétés : l'une à graine blanche, l'autre à graine noire. On sème la Laitue gotte dans la seconde quinzaine d'octobre, sous cloche et sur ados ; on la repique dans la première quinzaine de novembre, également sous cloche et sur ados. Comme il faut plus d'espace à la Laitue gotte qu'à la Laitue petite noire, on ne repique ordinairement que 24 plants par cloche, au lieu de 30. Lorsque le plant commence à végéter, on donne un peu d'air en soulevant les cloches, d'environ 3 centimètres, du côté opposé au vent. Au bout de quelques jours, on augmente progressivement l'accès de l'air, selon l'état de la température, afin de fortifier le plant ; il ne faut d'ailleurs rabattre les cloches que lorsqu'il gèle à 2 ou 3 degrés.

Lorsque la gelée augmente, on élève un accot de fumier derrière l'ados ; on garnit les cloches de fumier bien sec dont l'épaisseur doit croître en raison de l'intensité du froid, et l'on couvre le tout avec des paillassons ; enfin l'on observe tout ce que nous avons indiqué pour les Laitues petite noire. Vers la fin de janvier ou au commencement de février, on plante la Laitue gotte sous cloche ou sous panneaux.

Sous CLOCHE. — On prépare des couches de 33 centimètres d'épaisseur sur 1^{m},33 de largeur, et on charge ces couches de 10 centimètres de terreau. On place sur chacune trois rangs de cloches, et l'on plante sous chaque cloche trois Laitues. Pendant la nuit on couvre les cloches de paillassons, et l'on donne de l'air toutes les fois que la température le permet.

Sous PANNEAU. — On plante la Laitue gotte après la récolte des Laitues petite noire, et sans qu'il soit nécessaire de remanier les couches ; seulement on retourne le terreau. Cela fait, on dispose dans chaque coffre six rangs composés chacun de quinze Laitues. On opère comme nous l'avons indiqué pour celles qui sont plantées sous cloche.

Pendant la nuit on couvre les panneaux avec des paillassons, et l'on donne de l'air toutes les fois que la température le permet.

Ces Laitues, plantées vers la fin de janvier, sont bonnes à récolter à la fin de mars ; celles qui ont été plantées en février se récoltent au commencement d'avril.

Laitue Georges (sous-variété de la précédente, mais plus grosse). — On la sème, dans la première quinzaine de novembre, sous cloche et sur ados ; puis on traite le plant exactement comme celui de Laitue gotte.

On plante les premières Laitues Georges en février sur couche et sous cloche, après une saison de Laitue petite noire, et, comme nous l'avons indiqué pour la Laitue gotte, pendant la nuit et par le mauvais temps on couvre les cloches avec des paillassons, puis on donne de l'air toutes les fois que la température le permet. Ordinairement on récolte ces Laitues vers la fin de mars.

On peut aussi planter cette Laitue en pleine terre en mars, à bonne exposition. Quelque temps avant la plantation, on donne beaucoup d'air au plant qu'on destine au repiquage ; puis, lorsque le temps est favorable, on enlève les cloches pendant le jour afin de fortifier le plant ; ensuite, dans le courant de mars, on plante les Laitues dans une costière à bonne exposition, et on les récolte dans le courant de mai.

Laitues d'été.—Les variétés cultivées à cette époque dans les marais de Paris sont la Laitue palatine ou Laitue rouge, et la grosse brune paresseuse, connue des maraîchers sous le nom de *grise.*

Laitue palatine ou Laitue rouge. — On sème cette

Laitue dans la seconde quinzaine d'octobre sous cloche et sur ados, et on observe tout ce qui est indiqué plus haut à l'égard des Laitues gottes et Georges. On donne autant d'air que possible, et, dès que le temps est favorable, on enlève les cloches pendant le jour, afin de fortifier le plant. Dans le courant de mars on plante les premières Laitues rouges dans une costière à bonne exposition ; vers la fin de ce mois ou au commencement d'avril on plante en plein marais. Pour cela, après avoir labouré et hersé le terrain à la fourche, on étend un bon lit de terreau, et on trace avec les pieds dix ou onze rangs par planche ; puis on plante les Laitues à 35 centimètres de distance sur la ligne. Aussitôt après la plantation on arrose si le temps est doux, ce que l'on continue de faire au besoin.

Ces Laitues sont bonnes à récolter vers la fin de mai.

Laitue grise. — C'est la Laitue grosse brune paresseuse que les maraîchers cultivent sous le nom de Laitue grise. Vers la fin de février ou le commencement de mars, on fait une première saison de Laitue grise en la semant sur couche et sous panneaux.

A cette époque la culture des Laitues n'exige plus les mêmes soins qu'en automne, et, au lieu de repiquer le plant en pépinière, on peut le repiquer immédiatement en pleine terre et en place, ce qui simplifie considérablement l'opération. Avant de planter on étend un bon paillis sur le terrain ; puis l'on trace neuf ou dix rangs par planche ; après quoi on repique à environ 40 centimètres de distance sur la ligne. Pendant les chaleurs on donne de fréquents arrosements, afin d'avoir toujours des Laitues bien tendres. A partir de l'époque ci-dessus indiquée, on peut successivement semer des Laitues grises jusqu'en juillet ; mais en été ces semis ont lieu en pleine terre, à une exposition ombragée.

Laitue d'hiver. — La Laitue de la Passion est la seule Laitue d'hiver cultivée aux environs de Paris. On la sème du 15 août au 15 septembre, selon la nature du sol dont on dispose, puis on repique le plant en octobre à bonne exposition. Elle passe ordinairement l'hiver sans abris ; cependant il est prudent de la préserver des fortes gelées en la couvrant de paille longue, qu'on enlève et qu'on remet selon le besoin. Cette Laitue est ordinairement bonne à récolter vers la semaine sainte, ce qui justifie le nom de Laitue de la Passion qu'on lui a donné.

Laitue a couper. — Cette Laitue est de toutes les saisons, car on peut en avoir presque toute l'année. On la sème clair et à la volée à travers les Choux, les Radis, les Carottes ou l'Oignon, depuis le mois de mars jusqu'en novembre.

Laitue romaine.—*Synonymie anglaise,* Cos Lettuce ; *allemande,* Römescher Lattich. — Dans les marais de Paris on en cultive trois variétés : la verte, la blonde et la grise.

Romaine verte maraîchère. — On la sème à la même époque que la Laitue petite noire, c'est-à-dire dans la première quinzaine d'octobre, en pleine terre ou sur ados et sous cloche. On repique le plant également sous cloche. On place ordinairement vingt-quatre ou trente Romaines sous chacune, et l'on donne de l'air toutes les fois que le temps le permet. Comme souvent il arrive, malgré le soin qu'on prend de donner beaucoup d'air, que le plant de Romaine s'allonge trop, on le relève dans le courant de novembre pour le replanter immédiatement. On prépare à cet effet un nouvel ados sur lequel on repique immédiatement les plants de Romaines ; mais alors on n'en place plus que dix-huit ou vingt sous chaque cloche. A partir de ce moment on leur donne les mêmes soins qu'aux Laitues semées à la même époque.

Vers la fin de décembre ou au commencement de janvier on commence à planter sous panneaux ou sous cloches. Sous panneaux on dispose huit rangs par coffre; chaque rang se compose de vingt-cinq plants, que l'on alterne, de manière qu'il se trouve successivement une Laitue et une Romaine. Sous cloches on plante une Romaine et quatre Laitues petite noire. Les Romaines ainsi traitées sont bonnes à récolter dans les premiers jours de février. Après la récolte on fait une seconde plantation sur la même couche, et vers la fin de février ou au commencement de mars, c'est-à-dire lorsqu'on n'a plus à craindre des froids rigoureux, on plante une Romaine entre chaque cloche.

Aussitôt que les Laitues ou les Romaines plantées sous cloches sont récoltées, on porte les cloches sur la seconde plantation de Romaines; de cette manière elles peuvent être récoltées environ trois semaines après. A la même époque on garnit aussi les costières de Romaines ; on trace de dix à douze rangs, suivant la largeur de la costière, et l'on plante ses Romaines à environ 33 centimètres de distance sur la ligne. Après la plantation on sème un peu de Radis, de Poireaux ou de Carottes à travers les Romaines. Lorsque le temps est doux, on arrose au besoin. Ordinairement ces Romaines sont bonnes à récolter vers la fin d'avril ou le commencement de mai.

Quelques maraîchers sèment aussi, dans le courant d'août, des Romaines vertes, qui, plantées sur couches et sous cloches, sont ordinairement bonnes à récolter en décembre et janvier.

Romaine blonde. — On sème la Romaine blonde dans la seconde quinzaine d'octobre ; on traite le plant comme nous l'avons précédemment indiqué pour les Laitues gottes et Georges.

Dans la première quinzaine de mars on contre-plante ces Romaines dans des Choux-fleurs ou dans des planches garnies d'Oseille, de Persil, de Radis, etc. On les arrose au besoin, et lorsque le temps est favorable elles peuvent être récoltées vers la fin de mai.

Bien qu'à la rigueur les Romaines maraîchères n'aient pas besoin d'être liées, on n'en a pas moins l'habitude de le faire, et cela afin que leurs têtes pomment mieux et que leur cœur blanchisse plus promptement. Cette opération, qui consiste à lier chaque Romaine avec un ou deux liens de paille, ne doit avoir lieu que par un temps sec. A partir de cette époque les arrosements doivent être donnés le matin ou le soir, car en arrosant au soleil on s'expose à voir des taches de pourriture.

Vers la fin de février ou le commencement de mars on fait un semis de Romaine blonde destinée à être repiquée immédiatement en pleine terre; puis on continue successivement jusqu'en juillet, afin de ne jamais manquer de plant.

ROMAINE GRISE MARAÎCHÈRE. — On peut la cultiver exactement comme la Romaine blonde. Cependant elle convient mieux pour les semis d'été que pour ceux d'automne.

MACHE (Valerianella olitoria).

Synonymies vulgaires, Accroupie, Blanchette, Blanquette, Boursette, Chuquette, Clairette, Coquille; Doucette, Gallinette, Herbe-d'agneau, Herbe royale, Laitue de brebis, Orillette, Poule-grasse, Salade de blé, Salade de chanoine, Salade royale, Salade verte; *anglaise*, Corn-salad; *allemande*, Ackersalat, Rabinschen, Feldsalat, Lämmersalat, Schasmaulchen, Kätherle, Rebsalat.

Plante herbacée, annuelle, indigène, qu'on mange en salade pendant l'hiver et au printemps.

La variété cultivée sous le nom de Mâche ronde ou de Hollande est indigène; la variété dite Régence ou d'Italie est originaire d'Europe.

MACHE RONDE. — On sème la Mâche ronde depuis le 15 août jusqu'à la fin d'octobre. Le semis se fait à la volée; il faut environ 100 grammes de graines par are. Après le semis on herse à la fourche, on étend une légère couche de terreau, puis on arrose au besoin. La Mache semée en août est bonne à récolter en automne; celle qu'on a semée en septembre se mange en hiver ; mais pour cela il faut la couvrir pendant les fortes gelées avec du fumier long ; enfin la Mâche semée en octobre sera bonne au printemps.

MACHE RÉGENCE. — *Synonymie vulgaire,* Mâche d'Italie ; *anglaise,* Italian corn-salad ; *allemande,* Italianischen adersalat. — On la sème en octobre, seule ou avec la Mâche ronde, car cette variété est plus tardive que la précédente et lui succède. On la sème clair. Pour le surplus, le semis a lieu exactement de la même manière que pour la précédente.

MAÏS (Zea Maïs).

Synonymie vulgaire, Blé de Turquie ; *anglaise,* Indian corn ; *allemande,* Türkischer weizen.

Plante annuelle, originaire d'Amérique.

On cultive le Maïs jaune gros dans quelques-uns des marais de la vallée de Fécamp (à l'est de Paris) ; on en vend les jeunes épis aux vinaigriers, qui les font confire.

En mai on le sème en pleine terre, en avril sur couche, pour le repiquer ensuite à environ 60 centimètres de distance. Quand les plantes prennent de la force on les butte, et l'on retranche les bourgeons qui se développent au pied ; puis on récolte les jeunes épis dès qu'ils ont de 6 à 8 centimètres de longueur.

MELON (Cucumis Melo).

Synonymie anglaise, Melon; *allemande,* Melonen.

Plante annuelle, originaire des parties tropicales de l'Asie.

On en cultive dans nos marais deux variétés : la première est le Melon Cantaloup Prescott fond blanc[1], et ses sous-variétés ; la seconde, le Melon maraîcher.

On divise cette culture en trois catégories : culture sous panneaux, culture sous cloche, culture en pleine terre.

MELONS SOUS PANNEAUX. — On ne cultive sous panneaux que le Cantaloup Prescott fond blanc et ses variétés.

Dans la culture de haute primeur, on sème les premiers Melons dès les premiers jours de janvier, mais dans les cultures ordinaires on ne sème en général que dans les premiers jours de février[2].

On prépare une couche d'environ 75 centimètres d'épaisseur, composée de moitié fumier neuf et moitié fumier recuit. On la charge de 10 centimètres de ter-

[1] Le Melon Cantaloup fut apporté, vers le quinzième siècle, d'Arménie en Italie, d'où Charles VIII le fit venir, en 1495.

Originaire de l'Afrique, le Melon à chair verte a été introduit en France en 1777 par un moine de Grammont.

[2] On peut également multiplier le Melon par boutures. Il paraît même que les boutures produisent plus promptement que le plant de semis. Un rapport adressé à la Société royale d'horticulture, en 1828, prouve que pendant un grand nombre d'années M. Découflé aurait élevé tous ses Melons de boutures.

reau, de manière que les graines se trouvent peu éloignées du verre. On entoure le coffre d'un bon réchaud de fumier, et, lorsque la chaleur de la couche est convenable (25 à 30 degrés), on trace des rayons; puis on sème les graines, que l'on recouvre légèrement. On tient les panneaux couverts de paillassons pendant deux ou trois jours, jusqu'à ce que les graines soient levées; après quoi on découvre tous les jours, en ayant soin de recouvrir avant la nuit. Quelques jours après la levée des graines, on commence à donner un peu d'air par le haut des panneaux, chaque fois que le temps le permet, afin de fortifier le plant. Lorsque les cotylédons sont bien développés, on prépare une autre couche de même épaisseur que la précédente, mais d'une longueur proportionnée à la quantité de plant que l'on veut repiquer, et on la charge de terreau. On place les coffres, on étend le terreau bien également ; lorsque la chaleur de la couche est favorable, on choisit le plant le plus vigoureux, et on le repique avec le doigt comme on le ferait avec un plantoir. On trace ordinairement dix rangs par coffre, et l'on repique les Melons à 12 centimètres de distance sur la ligne, en ayant soin de les enfoncer jusqu'aux cotylédons ; ou bien on enfonce dans la couche des pots de 8 centimètres de diamètre ; on les emplit de bonne terre douce mêlée de terreau qu'on foule légèrement, et, lorsque la chaleur est favorable, on repique dans chaque pot un pied de Melon. Un autre procédé, également en usage dans la culture maraîchère, consiste à prendre d'une main un petit pot et de l'autre une poignée de fumier long et moelleux, que l'on tourne autour du pot pour lui en faire prendre la forme ; on enterre le tout à l'endroit où doit être repiqué le plant, puis on retire le pot que l'on remplace par de la terre, et on repique le plant comme on le ferait s'il s'agissait d'un pot ordinaire.

Ce procédé présente tous les avantages du repiquage en pot sans en avoir les inconvénients, ce qui fait qu'il est fréquemment employé aujourd'hui. Dans un cas comme dans l'autre, après la plantation on tient les panneaux couverts de paillassons pendant trois ou quatre jours pour faciliter la reprise du plant; après quoi l'on découvre tous les jours, et l'on donne un peu d'air au moment du soleil. Lorsque la tige primitive porte trois ou quatre feuilles, on la coupe au-dessus de la seconde feuille ; ensuite on supprime les cotylédons, dans la crainte que l'humidité ne fasse pourrir ces organes et qu'ils ne détériorent la tige.

Dans la seconde quinzaine de février on prépare des couches de 60 centimètres d'épaisseur et de 1^{m},33 de largeur, composées d'un tiers de fumier provenant d'anciennes couches ; on ménage entre chacune d'elles un sentier de 40 centimètres de largeur. On les charge d'environ 15 centimètres de bonne terre ; on place les coffres, et, après avoir bien étendu la terre dans les coffres, on pose les panneaux. Cela fait, on remplit les sentiers à moitié, et, quand la couche a jeté son premier feu, on plante deux pieds de Melons sous chaque panneau. Avant la plantation on fait un rang de trous sur le milieu de la couche ; puis, si l'on a repiqué sur couche, on lève les plants avec une bonne motte, et l'on met un pied de Melon dans chaque trou, en ayant soin de l'enfoncer jusqu'aux premières feuilles. Si l'on a repiqué en pot, on dépote les plants avec précaution. Pour cela on prend le pot de la main droite, on place la main gauche sur la surface de la terre, de sorte que la tige se trouve entre deux doigts. On renverse le pot, on le frappe légèrement sur le bord du coffre, et, lorsque la motte en est sortie, on plante le Melon comme nous l'avons indiqué. Aussitôt après la plantation on donne un peu d'eau au pied; au moment du soleil on ombre les panneaux avec un peu de litière, et pendant plusieurs jours on s'abstient de donner de l'air.

Quelques jours après la plantation on entoure les coffres d'un bon réchaud de fumier, et l'on achève de remplir les sentiers. Pendant la nuit et par le mauvais temps on couvre les panneaux avec des paillassons; puis on donne de l'air toutes les fois que la température le permet.

La première taille, c'est-à-dire le pincement de la tige primitive, ayant déterminé le développement de deux rameaux latéraux, on en dirige un vers le haut du coffre et l'autre vers le bas, et, lorsqu'ils ont environ 33 centimètres de longueur, on les pince au-dessus de la troisième ou de la quatrième feuille, suivant la vigueur des pieds. Arrivé à ce point, et avant le développement de nouvelles branches, on étend sur toute la couche un bon paillis de fumier à moitié consommé.

La seconde taille détermine l'émission de trois ou

quatre rameaux sur chaque branche latérale. Pendant leur végétation on les dirige de manière qu'ils ne se croisent pas, et, lorsqu'ils ont atteint environ 33 centimètres de longueur, on les coupe au-dessus de la troisième feuille, sans avoir égard aux fleurs, que l'on supprime, car les premières fleurs du Melon sont ordinairement des fleurs mâles, que l'on nomme *fausses fleurs*. Si par hasard il existe quelques fleurs femelles, nommées *mailles*, on supprime également les branches sur lesquelles elles se trouvent; car, les plantes n'étant pas encore alors assez fortes, les fruits qu'elles donneraient seraient très-inférieurs à ceux qu'on obtiendra plus tard.

Après la troisième taille on surveille avec soin le développement des nouvelles branches; lorsqu'il y a de jeunes fruits noués, on choisit le mieux fait, et on pince la branche qui le porte à deux yeux au-dessus de ce fruit, que l'on garantit avec les feuilles environnantes, de manière qu'il ne soit pas atteint par les rayons directs du soleil, qui le durciraient; immédiatement après on supprime sur chaque pied tous les autres fruits, afin de favoriser le développement de celui qu'on a laissé, et on pince toutes les autres branches au-dessus de la seconde feuille.

Si, comme cela arrive quelquefois, le jeune fruit ne prend pas une forme régulière, ou bien s'il s'allonge trop, on le supprime, et l'on fait choix d'une autre maille. Quand il a atteint à peu près sa grosseur, si les plantes sont vigoureuses, on choisit sur chaque pied, parmi les fruits nouvellement noués, un second fruit, mais toujours dans les mêmes conditions que pour le premier ; après quoi on supprime tous les autres. On peut donc compter sur un ou deux Melons pour chaque pied. Les autres soins se bornent à supprimer toutes les branches nouvelles au-dessus de leurs premières feuilles, et à couper l'extrémité des rameaux qui sortiraient du coffre. Pour toutes les opérations qui exigent l'enlèvement des panneaux, il faut choisir le moment de la journée où la température est la plus douce, afin que le froid ne saisisse pas les Melons, qui sont excessivement tendres. Lorsque les arrosements deviennent nécessaires, on bassine avec l'arrosoir à pomme ; mais à cette époque il faut que l'eau qu'on emploie soit au même degré de température que l'atmosphère dans laquelle on la répand, afin de ne point retarder la végétation. Si les Melons poussent très-vigoureusement, il est bon de ne pas les arroser ou de ne leur donner que très-peu d'eau jusqu'à ce qu'ils aient des fruits noués, car, plus ils sont vigoureux, moins ils sont disposés à fructifier. Chaque jour, au moment du soleil, on donne de l'air aux panneaux, en ayant soin de les soulever du côté opposé à celui d'où souffle le vent. Il ne faut pas, autant que possible, habituer les plantes à être ombrées ; il vaut mieux aérer davantage à mesure que le soleil prend de la force ; car, lorsqu'on a commencé, il faut continuer et avec beaucoup d'exactitude, un rayon de soleil suffisant souvent pour brûler les feuilles. On continue de couvrir les panneaux toutes les nuits.

A partir de l'époque de la plantation, il faut maintenir les réchauds à la hauteur des panneaux et les remanier tous les mois environ, en ajoutant chaque fois au moins moitié de fumier neuf, afin d'entretenir la chaleur de la couche ; mais il ne faut pas refaire les réchauds dans toute leur profondeur une fois que les Melons pousseront vigoureusement, car ils sont munis de racines qui rampent presque à la superficie du sol, et, comme elles se développent rapidement, elles ne tardent pas à pénétrer dans les sentiers. Il faut donc s'abstenir de toute opération qui pourrait en arrêter le développement.

Par ce traitement les fruits de la première saison commencent à mûrir dans la première quinzaine d'avril, et les pieds semés en février donnent en mai [1].

Les Melons de primeur sont au nombre des plantes qu'il est avantageux de chauffer avec le thermosiphon, car une des circonstances les plus défavorables à cette

[1] Un fait assez important à connaître est le point précis de la maturité des Melons. A ce sujet nous dirons qu'il n'est pas toujours indispensable d'attendre la maturité complète pour récolter un Melon ; il suffit qu'il soit *frappé*, c'est-à-dire qu'il commence à changer de couleur ou de teinte. Lorsqu'il est arrivé à ce point, on peut le cueillir, le déposer dans un lieu frais, où il achève de mûrir sans rien perdre de sa qualité ; par ce moyen on peut facilement prolonger la récolte. Bien qu'il ne soit pas toujours facile de constater la maturité d'un Melon, nous dirons qu'on le juge arrivé au point d'être mangé lorsqu'il prend une coloration jaune, qui devient assez intense dans les variétés de couleur claire; lorsque la queue est cernée à son point d'insertion comme si elle allait se détacher; enfin lorsque le fruit répand une odeur agréable, et qu'en pressant doucement l'ombilic (le point opposé à la queue) on le sent fléchir sous le doigt. La maturité des variétés à écorce mince est plus facile à constater ; celle des Cantaloups présente plus d'incertitude.

culture est l'absence du soleil, qui a souvent lieu en janvier et février; et comme, malgré la rigueur de la température, il est nécessaire de bassiner les Melons, à cause de la chaleur de la couche, il arrive souvent que l'atmosphère du châssis se charge d'humidité et que de nombreuses gouttelettes d'eau se forment sur toute la surface intérieure des panneaux; or, si la température ne permet pas de donner de l'air, cet excès d'humidité occasionne la coulure des fleurs. C'est dans cette circonstance qu'on peut apprécier l'effet avantageux du thermosiphon. Comme on règle ce chauffage à volonté, on peut donner de l'air toutes les fois qu'il est nécessaire. Par ce procédé les soins sont exactement les mêmes que ceux précédemment indiqués; seulement on monte une couche beaucoup moins forte. On fait circuler les tuyaux de l'appareil au-dessus de la couche.

Dans la seconde quinzaine de février, on sème une seconde saison de Melons.

Comme, à l'époque où ces Melons deviennent bons à planter, la température commence à être plus favorable, on ne fait plus les couches aussi chaudes, et il n'est plus nécessaire de remanier les réchauds aussi souvent. Une quinzaine de jours après le repiquage, on choisit un emplacement bien exposé au midi, mais où l'on n'ait pas cultivé de Melons l'année précédente; car, pour que le succès de cette culture soit satisfaisant, il ne faut pas planter deux années de suite dans le même terrain. On ouvre une première tranchée de 1 mètre de largeur et de 33 centimètres de profondeur, dont on dépose les terres à l'extrémité du carré, c'est-à-dire à l'endroit où l'on doit faire la dernière tranchée ; puis on prépare une bonne couche d'environ 66 centimètres d'épaisseur, composée de moitié fumier neuf, moitié fumier provenant d'anciennes couches. Ensuite on ouvre une seconde tranchée à 66 centimètres de la première, et on charge la couche de 15 centimètres de la meilleure terre. On monte une couche dans la seconde tranchée, et ainsi de suite jusqu'au bout du carré, où l'on trouvera la terre de la première tranchée pour charger la dernière couche.

Après cela on laboure les sentiers, on place les coffres, on étend la terre dans l'intérieur des coffres, on pose les panneaux, puis on entoure les coffres d'un bon réchaud de fumier et on remplit les sentiers. Lorsque la chaleur de la couche est au point convenable on plante deux pieds de Melons sous chaque panneau et on leur donne les mêmes soins qu'aux Melons de première saison.

Melons sous cloches. — Pour la culture sous cloches on peut encore semer les Melons Cantaloups Prescott ; mais beaucoup de maraîchers préfèrent le Melon maraîcher, qui fructifie beaucoup plus.

Vers la fin de mars ou le commencement d'avril, on sème sur couches et sous panneaux, en ayant soin d'observer tout ce qui a été indiqué pour l'éducation du plant de première saison. Quelque temps avant la plantation on ouvre une tranchée de 65 centimètres de largeur sur 40 centimètres de profondeur, puis on prépare une couche d'environ 75 centimètres d'épaisseur. On la bombe légèrement au milieu, et on la couvre d'un lit de bonne terre mêlée de terreau. Lorsque la chaleur de la couche est favorable, on plante les Melons sur un rang et à 66 centimètres les uns des autres. Aussitôt après la plantation on couvre chaque Melon d'une cloche que l'on enveloppe de litière pendant deux ou trois jours pour favoriser la reprise du jeune plant ; pendant la nuit on couvre les cloches avec des paillassons. Dès que les Melons commencent à végéter, on donne un peu d'air en soulevant les cloches pendant le jour, puis on augmente graduellement jusqu'au moment de les enlever, c'est-à-dire lorsqu'elles ne peuvent plus contenir les branches ; mais il ne faut le faire que par un beau temps, et il vaudrait mieux retarder cette opération que d'enlever les cloches par un temps humide. A partir de l'époque ci-dessus indiquée jusqu'à la Saint-Jean (22 ou 25 juin) on peut successivement planter plusieurs saisons de Melons sous cloches. L'éducation du plant, la taille et les autres soins sont en tout conformes à ceux que nous avons indiqués pour les Melons cultivés sous panneaux.

Melons en pleine terre. — Sous le climat de Paris il n'est pas possible de semer les Melons en pleine terre; mais on peut, comme nous l'avons vu faire pendant plusieurs années à Stains, sur le bord de la Crould, planter, dans la première quinzaine de mai, des Melons tout venus dans des trous remplis de 25 à 30 centimètres de fumier.

Traités, pour la taille et les autres soins, conformément aux préceptes que nous avons exposés, ces Melons peuvent donner dans le courant d'août des fruits d'une beauté remarquable.

A Honfleur on sème les Melons dans la première quinzaine d'avril, sur couche, sous cloches ou sous panneaux. A la même époque on fait à la bêche des trous de 60 à 70 centimètres de diamètre et de 30 à 40 centimètres de profondeur, à 2^{m},30 les uns des autres en tout sens. On laisse ces trous ouverts pendant une huitaine de jours, après quoi on les remplit de fumier ou de bruyère ; puis, après avoir mélangé du terreau avec la terre provenant des trous, on en recouvre le fumier de manière à former une butte sur laquelle on place une cloche cinq ou six jours avant la plantation, afin que le soleil échauffe le sol.

Lorsque le plant est bon à mettre en place, on le lève en motte ; mais pour cela on choisit autant que possible un temps doux et couvert ; puis on plante un pied de Melon sous chaque cloche, en ayant soin de l'enfoncer jusqu'aux premières petites feuilles.

Après la plantation on ombre le Melon au moyen d'une tuile qu'on place du côté du soleil, puis on arrose au besoin, et, quelque temps après, on pince la tête du Melon au-dessus de la seconde ou de la troisième feuille.

Quand les cloches ne peuvent plus contenir les branches des Melons, on les pose sur trois briques, puis on les enlève lorsque le temps est favorable ; mais auparavant on fume le terrain autour des buttes. Arrivé à ce point, on ne touche plus aux Melons; car à Honfleur personne ne les taille.

Si le temps est favorable, les premiers fruits commencent à mûrir vers la fin de juillet, puis successivement jusqu'en octobre.

Dans les marais de Tours, on cultive les Melons réellement en pleine terre, comme dans le midi de la France. Les semis ont lieu vers la fin d'avril ou au commencent de mai, en ligne et immédiatement en place. Environ un mois après le semis, le plant est éclairci de manière que chaque pied de Melon occupe 45 ou 50 centimètres sur la ligne. Après la seconde taille on se borne à couper avec la bêche l'extrémité de toutes les branches qui dépassent les bords de la planche.

Malgré toutes les imperfections de ce mode de culture, on récolte dans les marais de Tours, dans le courant d'août, des Melons de qualité passable.

MOUTARDE BLANCHE (Sinapis alba).

Synonymie vulgaire, Sénève ; *anglaise*, Mustard ; *allemande*, Senf.

En Angleterre, on cultive la Moutarde blanche pour la manger en salade avec le Cresson alénois et la petite laitue à couper. Le débit que les jardiniers anglais ont de cette plante fait qu'ils en sèment pendant toute l'année. Seulement, suivant les exigences de la saison, les semis ont lieu, sur couche tiède, à bonne exposition ou à l'ombre. Quelle que soit l'époque, ils sèment la

Moutarde blanche en lignes, dans des rayons dont le fond est aussi plat que possible; ils recouvrent la graine avec un peu de terreau bien consommé, puis ils arrosent au besoin.

Pour la manger, on coupe la Moutarde blanche lorsqu'elle est jeune et avant que les feuilles rugueuses soient développées, après quoi on retourne le semis pour faire place à d'autres cultures.

La Moutarde noire, dont la graine sert à préparer le condiment connu sous le nom de *Moutarde*, peut, comme la Moutarde blanche, être mangée en salade.

NAVET (Brassica Napus).

Synonymie vulgaire, Navau ; *anglaise*, Turnip ; *allemande*, Rübe.

Plante bisannuelle indigène.

On ne cultive pas de Navets dans les marais de Paris ; mais à Aubervilliers, à Noisy-le-Sec, à Croissy et à Meaux, on en récolte une très-grande quantité. Les variétés cultivées dans ces différentes localités sont : le Navet long des Vertus ; le Navet Marteau, sous-variété du précédent ; le rose du Palatinat, le blanc plat hâtif, le rouge plat hâtif, le Navet de Freneuse, le jaune d'Ecosse et le Navet de Meaux. Les terres légères conviennent particulièrement à la culture des Navets ; cependant les jardiniers de Croissy sèment de préférence leur première saison de Navets en terre forte ; ils ont remarqué qu'ils y réussissent mieux que partout ailleurs.

On sème les Navets à la volée, depuis le 15 mars jusqu'au 1er septembre ; il faut environ 30 grammes de graines par are. Ceux qu'on destine à la consommation d'hiver doivent être semés dans la première quinzaine d'août. Lorsque le plant est assez fort, on l'éclaircit plus ou moins, suivant la grosseur des variétés que l'on cultive.

Pendant l'été les Navets demandent à être arrosés souvent, autrement ils montent en graines sans former de racines.

Les Navets qu'on sème en mars sont bons à récolter dans la seconde quinzaine de mai ; en échelonnant les semis, on peut en avoir toute l'année.

A Meaux on arrache les Navets avant les gelées, et, après leur avoir retranché la tête, on les dépose dans une fosse de 1 mètre de largeur et d'environ 80 centimètres de profondeur ; pendant les gelées on les couvre de paille ; de cette manière on en conserve jusqu'en avril.

OIGNON (Allium Cepa).

Synonymie vulgaire, Ognon, Ceb ; *anglaise*, Onion ; *allemande*, Zwiebel, Sommerzwiebel, Zipolle.

Plante herbacée, bisannuelle, dont la patrie est inconnue. Elle formait, pour ainsi dire, la base principale de la nourriture des peuples de l'antique Egypte, qui l'estimaient au point de la diviniser et de s'en servir comme de monnaie courante.

Les variétés cultivées, soit dans les marais de Paris,

soit à Aubervilliers, où l'on s'occupe de cette culture, sont : l'Oignon jaune des Vertus et le blanc.

Oignon jaune des Vertus. — On le sème à la volée dans la seconde quinzaine de février et dans la première quinzaine de mars, à raison de 100 grammes de graines par are. Dans la grande culture, on emploie jusqu'à 150 grammes d'oignons et 30 grammes de Poireau, pour semer la même étendue de terrain. Après le semis, on herse, puis on passe le rouleau, et, lorsque les graines sont bien levées, on éclaircit dans les places où le plant est trop épais. Pendant leur végétation, les Oignons n'exigent que des binages et quelques arrosements. Lorsqu'ils sont suffisamment gros, on peut abattre les fanes, afin de hâter la maturité. On récolte les Oignons vers la fin d'août ou au commencement de septembre, enfin aussitôt que les feuilles jaunissent. Après les avoir arrachés, on les laisse sur le terrain pendant quelques jours pour qu'ils achèvent de mûrir, après quoi on les dépose dans un grenier. Si l'on a soin de les étendre et d'enlever tout ce qui pourrait engendrer de la pourriture, on peut en avoir jusqu'à la fin de mai. On peut aussi conserver les Oignons suspendus par botte, après en avoir tressé les fanes, comme on le fait dans le département de la Loire-Inférieure.

Oignon rouge pale. — On le sème au printemps, comme l'Oignon jaune. Cependant, dans le département des Deux-Sèvres, on sème l'Oignon rouge pâle à la Saint-Louis (25 août), puis on le repique en février et mars.

Une autre méthode consiste à semer excessivement serré, en mai ou juin, l'Oignon rouge pâle, dans le but d'obtenir une grande quantité de très-petits Oignons, que l'on arrache à la fin d'octobre ou au commencement de novembre. On les conserve au grenier à l'abri de la gelée ; puis on les repique au mois de février, à 15 ou 20 centimètres les unes des autres en tous sens.

Ces Oignons donnent ordinairement en mai et juin des récoltes abondantes.

Oignons blancs. — On en cultive deux variétés : le blanc gros et le blanc hâtif. On sème l'Oignon blanc gros en février ou mars, et on le traite exactement comme le jaune des Vertus.

On sème l'Oignon blanc hâtif (le seul cultivé dans les marais de Paris) en pépinière dans la première quinzaine d'août pour le repiquer en octobre, et vers la fin du même mois pour repiquer en mars ; il faut environ 800 grammes de graines par are. En octobre dans les terres légères, en mars dans les terres fortes, on prépare le terrain qu'on destine à la plantation de l'Oignon blanc. On trace vingt-cinq rangs par planche, après quoi on soulève les plants à la bêche, afin de ne pas rompre les racines ; après en avoir arraché une certaine quantité, on raccourcit les racines et on rogne l'extrémité des feuilles supérieures ; puis on repique les Oignons à 10 centimètres de distance sur la ligne. On peut semer, à travers ceux qu'on repique en octobre, un peu de mâche pour le printemps. Dans les hivers rigoureux, il est prudent de couvrir le plant d'Oignons blancs avec de la litière. On commence à récolter les Oignons vers la fin d'avril ou au commencement de mai.

Si, par une circonstance imprévue, il arrivait qu'on manquât de plant, ou bien que la quantité en fût insuffisante, on pourrait semer en janvier ou février sur couche et sous panneaux. On repique en place à la fin de février ou au commencement de mars ; on récolte, il est vrai, un peu plus tard, mais on ne manque pas la saison.

Pour avoir du petit Oignon qui succède à celui qui a été semé à l'époque ci-dessus indiquée, quelques maraîchers sèment de l'Oignon blanc hâtif depuis le mois de février jusqu'en juin. Ils le sèment immédiatement en place, dans la proportion de 80 grammes de graines par are. Après le semis, ils étendent une couche de terreau sur chaque planche, et, lorsque l'Oignon est levé, ils éclaircissent si le plant est trop dru; ensuite ils arrosent au besoin. A ce sujet, nous dirons que pendant les temps de sécheresse les arrosements doivent être fréquents, mais que dans les années humides, ils doivent être donnés avec beaucoup de ménagement; autrement les Oignons tournent mal; souvent même ils restent en Ciboule. Comme les petits Oignons sont fort recherchés pour la cuisine, rarement les maraîchers attendent la maturité de leurs Oignons pour les vendre ; le plus souvent ils les livrent à la consommation dès qu'ils commencent à tourner.

OSEILLE (Rumex acetosa).

Synonymies vulgaires, Aigrette, Surette, Surelle, Vinette ; *anglaise,* Sorrel ; *allemande,* Sauerampfer.

Plante vivace indigène.

La seule variété cultivée dans les marais de Paris ou des environs est l'Oseille à larges feuilles, connue sous le nom d'Oseille de Belleville. On la sème en rayons depuis mars jusqu'en juillet.

On trace ordinairement dix rangs par planche; il faut environ 100 grammes de graines par are. Après le semis, on recouvre les graines ; on passe le râteau sur la planche ; on étend une légère couche de terreau sur le tout ; puis on plante un rang de Romaines entre chaque rang d'Oseille. Ensuite on donne de fréquents bassinages, et, assez ordinairement, on commence à cueillir six semaines après le semis.

On fait la dernière récolte vers la fin d'octobre ou le commencement de novembre ; après quoi on donne un binage, on étend un bon paillis de fumier à moitié consommé sur chaque planche, puis on laboure les sentiers ; ou bien à la même époque, on relève les touffes d'Oseille pour les mettre en jauge et les chauffer l'hiver. Beaucoup de maraîchers forcent de l'Oseille, bien qu'ils ne la produisent pas ; ils achètent des touffes toutes venues, soit à Pantin, soit à Belleville, soit à Bagnolet.

On commence à chauffer l'Oseille vers la fin de novembre ou au commencement de décembre ; on peut continuer successivement jusqu'à la fin de février.

A cet effet, l'on prépare une couche de 35 à 40 centimètres d'épaisseur, dont la chaleur s'élève de 10 à 12 degrés ; on place les coffres et on charge la couche de 15 à 20 centimètres de terreau ; après cela on plante dix ou douze rangs d'Oseille par coffre. Pendant les gelées, on couvre les panneaux avec des paillassons, et l'on donne de l'air aussi souvent que possible.

On peut aussi forcer l'Oseille sur place ; pour cela, on pose les planches des coffres, puis des panneaux ; on creuse les sentiers qui entourent les coffres, et l'on établit un réchaud de fumier, que l'on remanie de loin en loin.

PANAIS CULTIVÉ (Pastinaca sativa).

Synonymies vulgaires, Grand chervi, Pastenade blanche, Pastenaille blanche ; *anglaise*, Parsnip ; *allemande*, Pastinake oder Moorwurzel.

Plante bisannuelle indigène. La racine aromatique de cette plante s'emploie pour donner du goût au potage.

Dans les marais de Paris, on cultive la variété connue sous le nom de Panais rond, qu'on sème à la volée, depuis la fin de février jusqu'en juillet. Il faut environ 60 grammes de graines par are. Aussitôt qu'elles sont levées, on éclaircit le plant, qui est presque toujours dru, si le semis a bien réussi. On peut sans inconvénient laisser les Panais en terre pendant l'hiver, car ils ne craignent nullement la gelée.

PATATE (Convolvulus Batatas).

Synonymies vulgaires, Batate, Artichaut des Indes, Truffe douce ; *anglaise*, Sweet Potato ; *allemande*, Batate zuckerwurzel.

Plante vivace, originaire des parties chaudes de l'Amérique.

Il est impossible d'indiquer l'époque de l'introduction de la Patate dans nos cultures ; nous savons seulement qu'elle fut introduite en Angleterre en 1597 ; que Louis XV, qui aimait beaucoup les Patates, les faisait cultiver pour sa table dans ses jardins de Trianon et de Choisy-le-Roi.

Depuis cette époque jusque vers 1800, la Patate fut reléguée dans les serres chaudes de nos jardins botaniques ; mais, vers 1800, M. le comte Lelieur, ayant été nommé administrateur des jardins de la couronne, fit cultiver les Patates à Saint-Cloud. Alors la Patate devint à la mode, et sous l'Empire plusieurs jardiniers marchands, parmi lesquels nous citerons MM. Ridou (François), Fournier, François, Découfflé, Courtois et Noël, cultivèrent les Patates ; puis successivement tous abandonnèrent cette culture pour d'autres plus avantageuses. Aujourd'hui, MM. Découfflé et Gontier sont les seuls qui la pratiquent encore.

Sans nous arrêter à faire connaître les modifications que cette culture a subies, nous dirons que maintenant on cultive trois variétés de Patates : la rouge, la jaune et la violette de la Nouvelle-Orléans. Toutes sont cultivées sur couches, et on les multiplie de la manière suivante. Dans les premiers jours de janvier, on fait choix de quelques tubercules parmi les mieux conservés ; on les dépose sur une couche chaude, et on les recouvre de panneaux sur lesquels on étend des paillassons pendant la nuit. Peu de temps après, ils entrent en végétation ; alors on enlève les jeunes pousses à mesure qu'elles atteignent 6 ou 8 centimètres de longueur ; on les repique dans des pots d'environ 6 centimètres de diamètre, que l'on enterre sur couche ; on les couvre d'une cloche ; après quoi l'on bassine au besoin, et, lorsque les boutures sont enracinées, ce qui a lieu assez promptement, on commence à soulever un peu la cloche et l'on augmente graduellement, pour l'enlever complétement lorsque les boutures peuvent supporter l'air sans se faner.

Pour planter les premières Patates, on prépare, dans la première quinzaine de février, une couche de 50 à 60 centimètres d'épaisseur, composée de fumier et de feuilles, que l'on charge d'environ 25 centimètres de bonne terre de potager mêlée de terreau ; lorsque la chaleur est favorable, on plante quatre Patates sous chaque panneau.

Au lieu de planter des boutures élevées en pot, on peut planter des bourgeons pris sur les tubercules que l'on a mis en végétation ; seulement il faut, pour être plus certain de la reprise, enlever avec chaque bourgeon une portion du tubercule. Pendant la nuit on couvre les panneaux avec des paillassons, et on remanie les réchauds de temps en temps, afin d'entretenir la chaleur de la couche ; on bassine au besoin et on donne de l'air toutes les fois que le temps le permet. Comme il arrive souvent que les Patates en grossissant s'élèvent au-dessus du sol, il faut avoir soin de les recouvrir de quelques centimètres de terre.

On peut récolter en mai ou juin les Patates ainsi traitées. On détache les plus grosses, et, si l'on recouvre avec soin les racines, elles ne continueront pas moins de végéter jusqu'à l'automne.

Dans le courant d'avril, on plante les Patates sur des couches sourdes semblables à celles que l'on prépare pour les Melons. Après la plantation, on recouvre chaque pied de Patates d'une cloche sur laquelle on met un peu de litière au moment du soleil, et au bout de quelques jours on commence à donner un peu d'air en soulevant les cloches pendant le jour; enfin on les enlève lorsqu'elles ne peuvent plus contenir les branches. Plus tard, on peut planter les Patates sur les couches à Melons.

On peut encore cultiver les Patates comme il suit : en mai on fait de 60 en 60 centimètres des trous de 40 à 50 centimètres de largeur et de 35 à 40 centimètres de profondeur ; on remplit le fond de fumier qu'on couvre d'environ 20 centimètres de terre légère et substantielle, et l'on plante trois Patates dans chaque trou, en les disposant de manière qu'elles se trouvent à environ 10 centimètres l'une de l'autre ; puis on arrose, on recouvre d'une cloche, et l'on ombre au besoin.

Dans le midi de la France, les Patates n'exigent pas plus de soins que les Pommes de terre.

Vers la fin d'août ou au commencement de septembre, on trouve des tubercules bons à être consommés; mais ce n'est que dans le courant d'octobre que l'on fait la récolte complète. Quelle que soit l'époque, il faut les récolter avec beaucoup de précaution, car ceux qui sont froissés ou rompus pourrissent promptement [1].

PERCE-PIERRE (Crithmum maritimum).

Synonymies vulgaires, Bacille, Basilic maritime, Criste-marine, Fenouil marin, Herbe de saint Pierre, Passe-Pierre, Saxifrage maritime; *anglaise*, Samphire; *allemande*, Meerfenchel.

Plante vivace, indigène de nos côtes maritimes.

[1] CONSERVATION DES PATATES. — Chez les primeuristes qui cultivent les Patates, comme on les vend aussitôt après la récolte, on n'a pas à se préoccuper de leur conservation; mais au potager de Versailles on conserve des Patates jusqu'à une époque assez avancée, ce qui a lieu de la manière suivante : Après la récolte, on laisse ressuyer les tubercules pendant quelques jours sur le terrain, puis on les place dans de grands paniers; on dispose alternativement un lit de Patates et un lit de vieille tannée ou de vieille terre de bruyère bien sèche; après quoi on les dépose dans une galerie attenante aux serres à Ananas, où la température ne descend jamais au-dessous de 12 degrés. Par ce moyen on conserve des Patates jusqu'en février sans la moindre altération.

M. Souchet, jardinier du château de Fontainebleau, conserve ses Patates sur place. Dès le mois de septembre, si le temps est pluvieux, il couvre ses couches à Patates avec des panneaux, afin que la terre se dessèche graduellement; en octobre il supprime successivement toutes les branches; puis, quand les gelées arrivent, il couvre les panneaux de paillassons, de litière ou de feuilles, de manière que le froid et l'humidité ne puissent pas pénétrer jusqu'aux tubercules, qui, par ce moyen, se conservent très-bien pendant tout l'hiver.

On fait confire ses feuilles au vinaigre et elles servent d'assaisonnement.

On la sème en septembre, aussitôt après la maturité des graines, ou bien en mars, au pied d'un mur au levant ou au couchant. On arrose abondamment pendant l'été et l'on couvre de litière pendant l'hiver.

PERSIL (Petroselinum sativum).

Synonymie anglaise, Parsley ; *allemande*, Petersilie.

Plante bisannuelle, originaire de Sardaigne.

En février on sème un ou deux rayons de Persil au pied d'un mur à bonne exposition ; en mars ou avril on sème en plein marais, à raison d'environ 200 grammes de graines par are. On trace douze rayons par planche ; puis on plante un rang de Romaines entre chaque rang de Persil.

Pour n'en pas manquer en hiver, on pose, à l'approche des gelées, des coffres sur des planches disposées à cet effet, puis on les couvre de panneaux. A défaut de coffres on peut poser les panneaux sur des pots à fleurs ; on entoure le tout d'un réchaud de fumier. Comme les hivers rigoureux détruisent le Persil, il est souvent avantageux d'en semer sous panneaux ; mais pour cela, il est bon d'être fixé sur son état de conservation, car, dans le cas où il n'aurait pas souffert de la gelée, ce travail serait inutile. Ainsi, quand l'hiver est rigoureux, on place, dans le courant de janvier, des coffres à une bonne exposition, on enlève la terre des sentiers qui entourent ces coffres, et on s'en sert pour recharger le sol, afin que le semis ne soit pas trop éloigné des vitraux. Après avoir préparé le terrain, on trace huit rangs par coffre. Après le semis, qui exige environ 30 grammes de graines par coffre, on pose les panneaux et l'on entoure les coffres d'un réchaud de fumier ; on bassine au besoin et l'on donne de l'air toutes les fois que la température le permet. De cette manière on aura du jeune Persil dans la seconde quinzaine de mars.

Persil a grosse racine. — *Synonymie anglaise*, large rooted Parsley; *allemande*, Petersiliewurzel. — Beaucoup plus rustique que le Persil ordinaire, le Persil à grosse racine peut servir aux mêmes usages. On le sème en mars et en avril très-clair, puis on arrache en automne les racines que l'on peut conserver à la cave dans du sable pour manger comme le céleri-rave, ou pour avoir de jeunes feuilles pendant l'hiver.

PIMENT (Capsicum annuum).

Synonymies vulgaires, Carive, Corail des jardins, Herbe-au-corail, Mille-graines, Poivre long, Poivre des paysans, Poivre de Calicut, Poivre de Guinée, Poivre d'Inde, Poivre de Portugal, Poivre du Brésil, Poivron ; *anglaise*, Pimento ; *allemande*, Einjähriger Spanischer Pfeffer.

Plante annuelle, originaire des Indes.

Les fruits de cette plante, récoltés avant leur maturité, se confisent au vinaigre, avec ou comme les Cornichons ; lorsqu'ils sont mûrs on les fait sécher au soleil ou au four, on les pulvérise et on s'en sert pour remplacer le Poivre.

On en cultive trois variétés : le Piment, nommé Poivre long, le gros Piment doux et le Piment du Chili.

On les sème en février et en mars sur couche et sous panneaux, et lorsque le plant a quatre ou cinq feuilles, on le repique en pépinière, toujours sur couche, pour le planter en mai en pleine terre, à bonne exposition.

Le gros Piment doux, plus tardif que les autres, doit être cultivé sur couche ; souvent on le plante après les Melons de première saison.

PIMPRENELLE (Poterium Sanguisorba).

Synonymies vulgaires, Bipinelle, Thé de Sibérie ; *anglaise*, Burnet ; *allemande*, Garten-Pimpernell.

Plante vivace, indigène des terrains secs et élevés : elle ne s'emploie guère que comme fourniture de salade.

On la sème en rayons en avril ; on trace douze rayons par planche, et il faut environ 300 grammes de graines par are. Après le semis on étend un léger paillis sur toute la planche et on arrose au besoin.

PISSENLIT (Taraxacum Leontodon).

Synonymie vulgaire, Dent-de-lion ; *anglaise*, Dandelion ; *allemande*, Lowenzahn.

Cette plante est peu cultivée, car on en trouve abondamment dans les prés ; cependant, quand les

Pissenlits sont semés au printemps, on les obtient plus beaux, de meilleure qualité, surtout si l'on a soin de récolter les graines sur les individus dont les feuilles sont les plus larges. Indépendamment de la salade qu'ils produisent vers la fin de l'hiver, on peut en faire blanchir à l'automne ; il suffit pour cela de les repiquer en ligne, en juin ou juillet, comme le font depuis longtemps les jardiniers maraîchers de Nancy, et de les recouvrir, en octobre, de 12 à 15 centimètres de terre.

Dès qu'ils commencent à percer la couche de terre, on les coupe au collet de la racine. Ainsi traité, le Pissenlit remplace parfaitement bien la Chicorée sauvage.

POIREAU (Allium Porrum).

Synonymies vulgaires, Poirée, Porreau, Porette ; *anglaise*, Leek ; *allemande*, Lauch.

Plante bisannuelle, originaire des Alpes, introduite dans la culture en 1562.

On cultive à Paris deux variétés de Poireau, le gros court de Rouen et le long. On sème le Poireau gros court de Rouen, plus hâtif que le Poireau long, vers la fin de décembre ou le commencement de janvier, sur couche et sous panneaux. A cet effet, on prépare une couche d'environ 40 centimètres d'épaisseur, dont la chaleur soit de 15 degrés ; on entoure le coffre d'un réchaud de fumier, puis on charge la couche de 10 centimètres de terreau. Il faut environ 90 grammes de graines par coffre. Vers la fin de février ou au commencement de mars, on repique le plant en pleine terre. On trace vingt-cinq à trente rangs par planche ; après quoi on arrache le plant, on raccourcit les racines et on rogne l'extrémité des feuilles supérieures ; puis on le repique à 10 centimètres de distance sur la ligne, en ayant soin d'enfoncer ce plant profondément, car plus le Poireau est enterré, plus il a de blanc. On arrose au besoin. Ordinairement, ces Poireaux sont bons à récolter dans les premiers jours de juin.

En février ou mars, on sème en pleine terre et à la volée ; il faut environ 100 grammes de graines par are. On repique le plant vers la fin d'avril, c'est-à-dire lorsqu'il est assez fort (dans les cultures en plein champ on sème à la même époque, mais immédiatement en place) ; puis on fait, en juillet, un autre semis qu'on repique au commencement de septembre. Quelle que soit d'ailleurs l'époque du semis, le repiquage a lieu comme nous l'avons précédemment indiqué ; seulement on trace quelques rangs de moins par planche, car ces Poireaux sont destinés à devenir beaucoup plus forts que ceux qu'on a repiqués en février. Dans la seconde quinzaine de septembre, on fait un dernier semis, mais très-clair, car alors on ne repique pas le plant. Ce Poireau est bon à récolter en juin.

POIRÉE (Beta vulgaris, Var).

Synonymie vulgaire, Bette ; *anglaise,* White Beet ; *allemande,* Beete oder Mangold.

Plante bisannuelle, originaire du midi de l'Europe.

On en cultive deux variétés principales : la blonde ordinaire, dont les feuilles sont employées pour corriger l'acidité de l'Oseille, et la Poirée à cardes, dont les côtes épaisses et succulentes sont employées en cuisine comme celles des Cardons.

Poirée blonde. — On la sème en rayons depuis avril jusqu'en juillet. On trace huit ou dix rangs par planche ; il faut environ 200 grammes de graines par are. Aussitôt que les graines sont levées, on éclaircit le plant de manière à ce qu'il se trouve à 4 ou 5 centimètres de distance sur la ligne. On peut commencer à couper la Poirée, pourvu qu'elle ait été convenablement arrosée si le temps est sec, six semaines environ après le semis. Pour n'en pas manquer en hiver, dès l'approche des gelées on pose des coffres et des panneaux sur des planches disposées à cet effet. On enlève la terre des sentiers, puis on entoure les coffres d'un réchaud de fumier ; on donne de l'air aussi souvent que possible, et pendant la nuit on couvre les panneaux avec des paillassons.

On peut aussi relever des racines en mottes pour les planter sur couches, mais seulement après d'autres cultures et sans qu'il soit nécessaire de remanier les couches.

Poirée a cardes. — *Synonymies vulgaires*, Bette à cardes, Carde poirée, Asperge des pauvres ; *anglaise*, Beet silver ; *allemande*, Silberbeete. — On la sème en pépinière en juin. Lorsque le plant est assez fort, on le repique immédiatement en place dans des planches en culture, mais garnies de légumes qu'on juge devoir être récoltés avant qu'ils puissent nuire au développement des Poirées. On trace quatre rangs par planche, et on repique le plant à 40 centimètres de distance sur la ligne. Pendant la sécheresse, on arrose abondamment, afin d'avoir des Cardes grosses et bien tendres. Pendant les gelées, on les couvre de litière. Au printemps, on enlève la paille et les feuilles endommagées ; puis, vers la fin d'avril ou au commencement de mai, on récolte les premières Poirées à cardes.

Dans les marais de Lyon, on butte les Poirées à cardes comme les Artichauts.

POIS CULTIVÉ (Pisum sativum).

Synonymie anglaise, Pea ; *allemande*, Zahme, Erbsen.

Plante originaire de l'Europe méridionale.

Ainsi que les Haricots, les Pois ne sont cultivés dans les marais de Paris que comme primeurs. Les variétés ordinairement employées sont le Pois prince Albert, le nain hâtif à châssis et le Pois Michaux de Hollande, qui est le plus hâtif.

Le semis a lieu de la manière suivante :

Dès les premiers jours de novembre, on prépare un terrain sur une costière à bonne exposition ; ensuite on place un ou plusieurs coffres, selon la quantité de plants dont on a besoin, puis on sème les Pois. En semant environ 1 litre par coffre, on obtiendra assez de plant pour garnir six ou huit panneaux. On recouvre les graines légèrement, puis on place les panneaux, et, lorsque les Pois sont bien levés, on les recharge d'une légère couche de terre fine. Dans le courant de décembre, on place les coffres qu'on destine à recevoir la plantation, et on enlève dans chacun une épaisseur de terre à peu près égale à celle d'un bon fer de bêche, de manière à avoir 45 à 50 centimètres de profondeur sous les panneaux ; on dépose la terre dans les sentiers, et elle sert à accoter les coffres. Après cela, on donne un bon labour, on nivelle le terrain, on passe le râteau, et l'on trace dans chaque coffre quatre rayons d'environ 8 centimètres de profondeur, en ayant soin de les distancer également, mais de manière à laisser plus d'espace vers le bas du coffre, qui est naturellement la partie la plus humide. Une fois l'emplacement préparé, et dès que le plant a 8 ou 10 centimètres de hauteur, on le soulève avec la bêche, afin de ne point rompre les racines en l'arrachant, puis on le repique par trois ou quatre brins ensemble et à environ 20 centimètres de distance sur la ligne.

Pendant les gelées, on couvre les panneaux, la nuit, avec des paillassons, et l'on donne de l'air toutes les fois que la température le permet. Lorsque les Pois ont 20 à 25 centimètres de hauteur, on couche toutes les tiges vers le haut du coffre, et, pour les maintenir dans cette position, on les recouvre d'un peu de terre. Lorsqu'ils fleurissent, on pince toutes les tiges au-dessus de la troisième ou de la quatrième fleur, afin de les faire fructifier plus promptement.

Toutes les fois que le soleil a suffisamment échauffé la terre, on donne des bassinages, ce qui doit avoir lieu avec beaucoup de ménagement jusqu'à l'époque où les Pois commencent à fructifier, afin de ne point déterminer une végétation trop vigoureuse qui nuirait essentiellement à la récolte ; on commence ordinairement celle-ci dans la première quinzaine d'avril, ce qui fait qu'on peut encore disposer des coffres et des panneaux pour planter des Melons.

Lorsqu'on a une bonne costière, on peut semer ses Pois sur une couche tiède, sous panneaux ou sous cloches, vers la fin de janvier et dans le courant de février ; ensuite, selon l'état de la température, on les repique dans des rayons un peu profonds, puis on les couvre de litière pendant les mauvais temps. Ces Pois ne donnent qu'après ceux qui ont été cultivés sous panneaux, mais beaucoup plus tôt que ceux semés en place en novembre et en décembre.

Les primeuristes ont presque tous abandonné la culture des Pois sous panneaux, depuis qu'on peut manger à Paris des petits Pois, venant de l'Algérie, dans la seconde quinzaine de janvier.

Pleine terre. — Aux environs de Paris, on sème les Pois en plein champ ; on en cultive quatre variétés : le Pois Michaux de Hollande, le Pois Michaux de Rueil, le Pois Michaux ordinaire ou petit Pois de Paris, et le Clamart ou Pois carré fin.

On sème le Pois Michaux selon la position des terrains, soit à la Sainte-Catherine (sur les côtes inclinées au midi), soit en décembre, ou bien encore en février ou mars. On trace des rayons un peu profonds et à 25 centimètres les uns des autres : il faut environ deux litres de semences par are. Après les semis, on foule, ou, suivant l'expression usitée, on *marche* les Pois si la terre est légère et sèche, puis on les recouvre de quelques centimètres de terreau, et lorsqu'ils ont 15 ou 20 centimètres de hauteur, on donne un binage et l'on remplit les rayons. Enfin, quelle que soit l'époque du semis, les soins consistent à donner quelques binages et à pincer (les cultivateurs disent châtrer) l'extrémité des tiges au-dessus de la troisième ou quatrième fleur, afin de hâter la maturité.

On sème les Pois de Clamart en février ou mars, et on peut continuer successivement jusqu'à la fin de juillet si l'on veut récolter en vert.

Les Pois à rames, connus sous les noms de Pois d'Auvergne, Pois sans parchemin, Pois ridé, Pois vert normand, doivent être semés en février et mars comme le Pois Michaux.

Après la récolte des Pois de première saison, on sème des Carottes hâtives, des Navets, des Pommes de terre, ou bien on plante des Choux de Milan.

POMME DE TERRE (Solanum tuberosum).

Synonymies vulgaires, Parmentière, Patate de la Manche, Patate des jardins, Tartaufe, Trufelle, Crompire ; *anglaise*, Potato ; *allemande*, Kartoffel.

Plante vivace, originaire du Pérou ; son introduction est attribuée à Raleigh en 1585[1]; mais ce ne fut que vers la fin du dix-huitième siècle que cette plante précieuse fut considérée comme alimentaire et cultivée en grand, grâce au zèle du célèbre Parmentier.

Les Pommes de terre destinées à la plantation doivent être saines, de forme régulière et reproduisant exactement les caractères de la variété que l'on veut cultiver; chaque œil détaché avec une portion du tubercule peut servir à la multiplication des Pommes de terre, mais l'expérience a démontré, depuis longtemps, que la plantation des tubercules entiers donne de meilleurs résultats.

Sans employer pour cette destination les plus grosses Pommes de terre qui doivent être naturellement réservées pour la consommation, on doit choisir des tubercules de moyenne grosseur, que l'on plante sans les diviser [2].

Au lieu de rentrer les Pommes de terre de semence aussitôt après la récolte, comme on a l'habitude de le faire, on doit, dans l'intérêt de leur conservation, les laisser sur le terrain jusqu'à ce qu'elles aient pris une teinte verte très-prononcée; arrivées à ce point,

[1] Nous trouvons cependant qu'en 1586 les Italiens, qui la devaient sans doute aux Espagnols, la cultivaient déjà et qu'elle servait à la nourriture des hommes et des animaux, ce qui ferait croire que Raleigh n'en a pas été le premier importateur.

[2] S'il arrivait que l'on soit forcé de diviser les pommes de terre destinées à la plantation, il faudrait couper les tubercules dans le sens de leur longueur, de manière que chaque morceau soit pourvu d'une portion de la couronne, la partie opposée au point d'attache.

on les place dans un grenier jusqu'à la fin d'octobre, époque à laquelle les personnes qui veulent récolter plus tôt doivent mettre en végétation les Pommes de terre qu'elles destinent aux premières plantations.

Le procédé le plus généralement employé pour préparer les Pommes de terre de semence consiste à mettre les tubercules dans des bourriches à huîtres, que l'on dépose dans une pièce de l'habitation, garnie de tablettes placées les unes au-dessus des autres, exactement comme dans un fruitier. Moins il y a de Pommes de terre dans les bourriches, mieux cela vaut; pour bien faire, il faudrait même n'en mettre qu'une couche par bourriche.

Jamais on ne fait de feu dans la serre aux Pommes de terre, à moins que ce ne soit pour empêcher la gelée de pénétrer, car les germes avancent toujours assez. Pour éviter qu'ils ne s'étiolent, on doit même ouvrir les fenêtres de la serre, toutes les fois que l'état de la température permet de le faire sans danger.

Plantées avec tous les soins que nécessite la conservation des germes, les Pommes de terre produisent beaucoup plus tôt que celles que l'on plante sans être germées ; aussi tous les cultivateurs qui approvisionnent nos marchés de Pommes de terre nouvelles préparent-ils maintenant leur semence comme nous venons de l'indiquer.

Quant aux Pommes de terre de seconde saison, il suffit de les descendre à la cave à l'approche des gelées. Déposées en tas, que l'on change de place tous les huit ou dix jours, ces Pommes de terre peuvent, dans une cave saine, privée d'air, se conserver jusqu'en février et mars sans qu'il soit nécessaire de les ébourgeonner, opération toujours nuisible à l'avenir des tubercules qui, épuisés par la suppression des germes, ne donnent plus que des produits inférieurs à ceux qu'on en pouvait espérer; quelques variétés même, entre autres la Marjolin, restent en terre sans produire de tiges, lorsque leurs tubercules ont été ébourgeonnés avant la plantation.

Culture forcée. — Chez les maraîchers de Paris, on plante les premières Pommes de terre sur couche et sous châssis dans le courant de janvier. A cet effet, on prépare une couche de 40 centimètres d'épaisseur, on l'entoure d'un réchaud de fumier, puis on la charge de 20 centimètres de bonne terre. On trace quatre rangs par coffre, après quoi on plante chaque Pomme de terre à 33 centimètres de distance sur la ligne.

Quand la variété de Pommes de terre que l'on cultive est franche, on peut avoir des produits bons à récolter dans la première quinzaine de mars; comme toutes les plantes cultivées sous châssis, les Pommes de terre exigent des paillassons pendant la nuit et un peu d'air au moment du soleil.

En attendant que le moment de planter les Pommes de terre en pleine terre soit arrivé, on peut forcer une seconde saison de Pommes de terre sur couche. Les soins sont les mêmes, seulement les châssis peuvent être remplacés, cette fois, par des paillassons que l'on étend pendant la nuit et, par le mauvais temps, sur deux rangs de gaulettes élevées sur des piquets enfoncés dans la couche.

Quelques primeuristes cultivent la Pomme de terre Marjolin en terre de bruyère, dans de grands pots, qu'ils placent dans leur bâche à vigne ou dans leur bâche à raisin; bien que la récolte des Pommes de terre forcées en pot ne soit jamais bien abondante, c'est toujours un produit de plus qu'on obtient facilement et sans frais.

Culture en pleine terre. — Après avoir préparé le terrain par de bons labours, on plante, aux environs de Paris, les premières Pommes de terre dans la seconde quinzaine de février. Pour cela, on fait des trous de 20 à 25 centimètres de profondeur, à 33 centimètres les uns des autres dans un sens, et à 60 centimètres dans l'autre; puis on plante une Pomme de terre dans chaque trou; ce qui nécessite environ 25 litres de semence par are.

Lorsque les Pommes de terre sont bien levées, on donne un binage, on achève de remplir les trous, et, quand les tiges sont assez hautes, on les butte, opération qui consiste à relever la terre autour de chaque touffe de Pommes de terre.

Cette opération, recommandée par les uns, blâmée par les autres, doit, pour produire de bons effets, être raisonnée; car toutes les Pommes de terre ne végètent pas de la même manière, et il est facile de comprendre que celles dont les tubercules pénètrent profondément dans le sol ne doivent pas être aussi fortement buttées que celles dont les tubercules se développent à la surface. A ces considérations tout élémentaires, il faut ajouter que, dans les terres argileuses, les Pommes de terre ne doivent jamais être aussi fortement buttées que dans les terres siliceuses, en sorte que le buttage peut, comme on le voit, être favorable ou nuisible aux Pommes de terre, suivant la variété que l'on cultive et la nature du terrain que l'on consacre à cette culture.

Après la récolte, le plus souvent terminée dans la seconde quinzaine de juin, on plante des Choux de Milan pour succéder aux Pommes de terre de première saison, ou bien on sème des Pois Michaux, que l'on récolte dans le mois de septembre.

En plein champ, on plante les Pommes de terre en mars et avril, par touffes plus ou moins éloignées les unes des autres, suivant la nature du sol et la vigueur de la variété que l'on cultive. Le plus souvent on plante en plein champ les Pommes de terre à 50 centimètres les unes des autres dans un sens, èt à 60 dans l'autre.

Quant à la profondeur à laquelle il convient de planter les Pommes de terre, bien que nous ayons dit plus haut qu'on devait les planter à 20 ou 25 centimètres de profondeur, nous ajouterons que, dans les terres argileuses, elles doivent être plantées moins profondément que dans les terres siliceuses. Lorsque le terrain n'est pas suffisamment amendé, on peut, avant la plantation, garnir de fumier consommé le fond de chaque trou, sans avoir à craindre que le fumier nuise au tubercule. Plus tard, on butte les Pommes de terre plantées en mars et avril, comme on a butté celles qui sont plantées en février, après quoi on donne quelques façons en attendant la récolte.

Pour utiliser le terrain consacré à la culture des Pommes de terre hâtives, aux Vertus, à Rosny et à Chambourcy, on contre-plante dans le courant de mai des Choux de Milan, des Choux de Bruxelles ou des Choux-fleurs entre chaque rang de Pommes de terre.

Dans les bons terrains, on peut récolter jusqu'à trois hectolitres de Pommes de terre par are, soit environ 225 kilogrammes.

Variétés. — Marjolin, Schaw, Segonzac, Truffe d'août, Briffaut, Caillaud, Pousse-debout, Rosace, Vitelotte, Xavier, Marjolin seconde saison, Hardy, René-Lottin.

POURPIER (Portulaca oleracea).

Synonymies vulgaires, Porcelin, Porcellane, Porchaille, Pourcellane, Pourcellaine ; *anglaise*, Purslain ; *allemande*, Gelber Portulack.

Plante annuelle, originaire des Indes et de l'Amérique, et que l'on mange en salade.

On sème le Pourpier sur couche, depuis janvier jusqu'en mars. La couche destinée à ce semis doit avoir 40 centimètres d'épaisseur et une chaleur de 15 à 20 degrés. On entoure le coffre d'un réchaud et l'on charge la couche de 10 centimètres de terreau ; après quoi on sème sans recouvrir les graines ; il suffit de fouler un peu le terreau. Il faut environ 15 grammes de graines par coffre. Après la première ou la seconde coupe, on recharge la couche de nouveau et l'on fait un second semis.

En pleine terre, on sème en mai, et successivement jusque dans les premiers jours d'août; le semis se fait à la volée ; il faut environ 200 grammes de graines par are. On recouvre la graine d'une légère couche de terreau, et l'on bassine assidûment jusqu'à ce qu'elle soit levée. Pour avoir du Pourpier bien coloré, toujours beaucoup plus estimé que le vert, il faut, pendant l'été, le bassiner cinq ou six fois par jour, et cela au moment du soleil. Comme lorsqu'on a opéré sur couche, on retourne le semis après la première ou la seconde coupe.

RADIS (Raphanus sativus).

Synonymie vulgaire, Ravonnet ; *anglaise*, Radish ; *allemande*, Rettig.

Les premiers semis se font vers le 15 septembre, sur ados. S'il survient des froids pendant la nuit, on couvre le plant avec des paillassons. Ces Radis sont bons à récolter vers la fin de novembre ou le commencement de décembre.

En décembre on sème sur couche et sous panneaux ; mais à cette époque on ne fait pas de couche spéciale pour cette culture : on sème parmi d'autres plantes, telles que Laitues, Carottes, Choux-fleurs, etc.

En février on sème encore des Radis sur couche, mais à l'air libre. A cette époque des paillassons suffisent pour garantir le semis de la gelée. Pour cultiver les Radis que l'on sème en février, on prépare une couche de 35 à 40 centimètres d'épaisseur, que l'on charge de 10 centimètres de terreau. Après le semis on recouvre ces Radis de terreau, puis on étend des paillassons sur le semis pour faciliter la germination des graines.

Plus tard, on peut encore semer des Radis, pour utiliser les couches de Carottes destinées à recevoir une plantation de Céleri.

Pleine terre. — En mars et successivement jusqu'en août on sème les Radis en pleine terre, seuls ou parmi les Laitues, les Romaines, les Choux-fleurs, quelle que soit l'époque, on sème les Radis à la volée, à raison de 500 grammes de graines par are.

Les semis de printemps n'exigent ordinairement que de simples bassinages ; mais ceux d'été doivent être arrosés jusqu'à deux fois par jour pendant les chaleurs. De cette manière les Radis végètent rapidement, et vingt-cinq ou trente jours après le semis on peut les récolter ; ce qui permet, en raison du peu de temps qu'ils occupent le terrain, de faire des semis de Radis dans toutes les planches qui se trouvent momentanément sans emploi.

Variétés. —Rond rose hâtif, Demi-long rose, Demi-long écarlate, Rond blanc hâtif, Demi-long blanc, Rond violet, Jaune hâtif.

Raves. — Les Raves ne diffèrent des Radis que par la forme de la racine, qui est beaucoup plus allongée. On les cultive exactement de la même manière.

Elles étaient autrefois beaucoup plus recherchées

qu'elles ne le sont maintenant, ce qui fait que depuis plusieurs années, presque tous les maraîchers ont abandonné la culture des Raves pour celle des Radis.

VARIÉTÉS. — Blanche, Violette hâtive, Rose ou saumonnée.

RADIS NOIR. — *Synonymies vulgaires*, Radis d'hiver, Raifort cultivé, Raifort des Parisiens ; *anglaise*, Black Spanish Radish ; *allemande*, Winter-Rettig. — On le sème à la volée en juin et jusque dans les premiers jours de juillet, à raison de 20 grammes de graines par are.

Comme on sème presque toujours trop dru, il faut éclaircir les plants de manière à ne laisser que 8 à 10 radis par mètre, autrement ils n'auraient pas suffisamment d'espace pour se développer. Ceux qu'on destine à la consommation de l'hiver doivent être arrachés avant les gelées ; on coupe la fane, afin qu'ils ne repoussent pas ; puis on les met en jauge et on les couvre pendant les gelées.

La variété cultivée sous le nom de Radis violet de Gournay ne diffère du Radis noir que par la couleur. On la sème à la même époque, elle sert au même usage.

RAIFORT SAUVAGE (Cochlearia Armoracia).

Synonymies vulgaires, Cran de Bretagne, Cran des Anglais, Cranson rustique, Grand Raifort, Moutardelle, Moutarde des Allemands, Moutarde des capucins, Moutarde des moines, Radis de cheval ; *anglaise*, Horse Radish ; *allemande*, Meerrettig.

Dans certaines provinces on donne improprement le nom de Raifort au Radis noir.

Le Raifort est une plante vivace indigène, dont les racines ont une saveur extrêmement piquante; après avoir été râpées, elles peuvent servir à remplacer la moutarde, ce qui fait que dans le nord de la France on le cultive sous le nom de Moutarde d'Allemagne et de Moutarde de capucin. On le multiplie de tronçons de racines, comme le font les cultivateurs de la plaine Saint-Denis qui se livrent à cette culture. On plante ces tronçons à l'automne; ensuite tous les soins se bornent à donner quelques binages. C'est à la troisième année seulement qu'on récolte les racines.

RAIPONCE (Campanula Rapunculus).

Synonymies vulgaires, Bâton-de-Jacob, Cheveux-d'évêque, Pied-de-sauterelle, Raiponce de carême, Rampon, Rave sauvage; *anglaise*, Rampion; *allemande*, Rapunzel.

Plante bisannuelle, indigène, dont la racine, charnue, tendre et d'une saveur très-douce, se mange en salade.

On sème la Raiponce à la volée, en juin et en juillet; il faut environ 20 grammes de graines par are. Comme la graine est extrêmement fine, il faut la mêler avec du sable ou de la terre fine et très-sèche; sans cette précaution le semis serait inégal et trop dru. On ne recouvre pas la graine; il suffit de passer le râteau et de fouler le terrain légèrement; après quoi on étend sur le tout un peu de fumier long qu'on enlève aussitôt après la levée des graines, dont on favorise la germination par de fréquents bassinages.

Ordinairement on sème à travers la Raiponce un peu d'Epinards ou de Radis, afin de protéger le jeune plant. C'est seulement en février que l'on commence la récolte des Raiponces, qui peut se prolonger jusqu'à ce qu'elles montent en graine.

RHUBARBE (Rheum).

Synonymie anglaise, Rhubarb ; *allemande,* Rhabarder.

On cultive la Rhubarbe dans les jardins pour les pétioles de ses feuilles ; ils servent à faire d'excellentes confitures ou à remplacer les fruits que l'on met quelquefois dans les pâtisseries.

Elle se multiplie de graines semées assitôt après la maturité, ou mieux encore par la séparation des pieds, que l'on divise au printemps, en ayant soin que chaque éclat soit muni au moins d'un germe reproducteur. Quel que soit d'ailleurs le mode de multiplication, on repique le plant à environ 1 mètre de distance. Tous les soins consistent à couper les vieilles feuilles et à donner chaque année un binage au printemps. On commence ordinairement à couper les pétioles vers la fin de mai ou au commencement de juin.

On cultive également les Rhubarbe ondulée (*R. palmatum*) et rugueuse (*R. rugosum*) ; mais celle du Népaul est généralement la plus estimée.

SALSIFIS (Tragopogon porrifolium).

Synonymies vulgaires, Barberon, Cercifix, Cercifis, Salsifis blanc, Salsifis des jardins ; *anglaise*, Salsify ; *allemande*, Haferwurzel.

Plante bisannuelle, indigène.

On sème le Salsifis blanc en mars, avril et mai, en ligne ou à la volée, en terre profonde et substantielle, fumée de l'année précédente ; il faut environ 120 grammes de graines par are. Si le temps est sec, on bassine assidûment le semis, afin de favoriser la levée des graines ; si le plant est trop dru, on éclaircit, puis on donne quelques binages.

On commence à récolter les racines en octobre, puis successivement jusqu'au printemps. Pour n'en pas manquer en hiver, on en met en jauge vers la fin de novembre, ou bien on les couvre sur place pendant les gelées.

SARRIETTE (Satureia hortensis).

Synonymies vulgaires, Herbe-de-saint-Julien, Herbe-à-odeur, Sadrée, Savourée ; *anglaise*, Savory ; *allemande*, Garten-Saturei Pfefferkraut, Burstkraut, Bohnenkraut, Kölle.

Cette plante est employée en cuisine comme assaisonnement. On la sème au printemps ; ensuite elle se resème tous les ans d'elle-même, sans qu'il soit nécessaire de lui donner aucun soin.

SCORSONÈRE (Scorzonera Hispanica).

Synonymies vulgaires, Ecorce noire, Corsionnaire, Salsifis noir, Scorsonère d'Espagne; *anglaise*, Scorzonera; *allemande*, Scorzonere Schwarzwurzel.

La racine est noire à l'extérieur, ce qui la distingue de celle des Salsifis.

La Scorsonère n'est pas cultivée dans les marais de Paris, mais à Aubervilliers on en sème une grande quantité. Les semis, qui ont lieu dans la seconde quinzaine de mars ou dans la première quinzaine d'avril, se font à la volée et à raison de 100 grammes de graines par are. Après le semis, tous les soins consistent à éclaircir le plant, à sarcler et à donner quelques binages; puis, comme il fleurit dès la première année, lorsque ses graines sont mûres on coupe les tiges rez-terre, et la plante émet de nouvelles feuilles. On commence à récolter les racines en octobre et successivement jusqu'au printemps; mais, pour n'en pas manquer en hiver, on les couvre de fumier, ou bien on les arrache en novembre ou décembre pour les conserver dans les caves.

TÉTRAGONE ÉTALÉE (Tetragonia expansa).

Synonymies vulgaires, Epinard d'été, Epinard cornu, Epinard de la Nouvelle Zélande, Tétragone cornue; *anglaise*, New-Zealand Spinage; *allemande*, Spinat, Neuseeland Hornspinat.

Plante annuelle, originaire de la Nouvelle-Zélande, introduite en 1772.

La Tétragone peut très-bien remplacer l'Epinard

pendant l'été, car elle en a complétement la saveur. On la sème sur couche en février et mars, après avoir fait tremper les graines ; lorsqu'on ne craint plus les gelées, on la repique en pleine terre à environ 60 centimètres de distance. Dès que les tiges commencent à couvrir le sol, on coupe les feuilles à l'extrémité des jeunes pousses.

TOMATE (Solanum lycopersicum).

Synonymies vulgaires, Pomme d'amour, Pomme d'or, Pomme du Pérou ; *anglaise*, Love apple ; *allemande*, Liebesapfel, Tomate.

Plante annuelle, originaire de l'Amérique méridionale, importée en Europe vers la fin du seizième siècle.

Dans les cultures de hautes primeurs, on sème les premières Tomates dès le mois de septembre, en pots, que l'on dépose dans la serre à Ananas ou sur une couche, pour les repiquer en janvier ; mais, dans les cultures ordinaires, on ne sème les Tomates qu'en janvier, sur couche chaude et sous panneaux. Lorsque le plant est assez fort, on le repique en pépinière, également sur couche et sous panneaux. En février ou mars, on contre-plante les Tomates semées en janvier entre les Haricots de première saison, ou bien on prépare une couche de 50 centimètres d'épaisseur, dont la chaleur s'élève de 20 à 25 degrés, que l'on charge de 25 centimètres de terreau, puis on plante quatre pieds de Tomates sous chaque panneau. Après la plantation, on couvre pendant la nuit les panneaux avec des paillassons. Lorsque les plantes commencent à se développer, on fait choix, sur chacune, de deux branches que l'on abaisse de manière à les empêcher de toucher à la surface intérieure des panneaux. Pour les maintenir dans cette position, on les attache à de petits piquets qu'on enfonce dans la couche, à une certaine distance du pied ; puis on supprime les autres branches, et, lorsque les plantes sont suffisamment garnies de fleurs, on pince l'extrémité de celles qui ont été réservées.

A partir de cette époque, on supprime avec soin tous les bourgeons qui se développent, on bassine, on donne de l'air au moment du soleil, puis on exhausse les coffres selon le besoin; quand les Tomates commencent à rougir, on enlève complétement les feuilles qui recouvrent les fruits, afin d'avancer leur maturité. Les fruits de première saison commencent à mûrir dès les premiers jours d'avril; ceux des Tomates semées en janvier peuvent être récoltés en mai.

On sème encore des Tomates en mars, sur couche et sous panneau. Le plant doit être, comme la première fois, repiqué en pépinière avant d'être planté définitivement en place.

Arrivé à cette époque, on peut planter les Tomates sur des couches dont les récoltes sont terminées, sans qu'il soit nécessaire de remanier ces couches. On les plante sous des cloches que l'on dispose sur deux rangs.

On plante ordinairement sous chaque cloche une Tomate et trois Chicorées. Après la plantation, on donne de l'air toutes les fois que le temps le permet, puis on enlève les cloches dès que les gelées ne sont plus à craindre. Lorsque les plantes commencent à se développer, on choisit trois ou quatre branches sur chaque pied, on les attache à un échalas, et l'on supprime les autres. Lorsqu'elles ont atteint 75 centimètres à 1 mètre de hauteur, on pince toutes les extrémités, si toutefois les plantes sont assez garnies de fleurs, car, dans le cas contraire, on ne les rabat que lorsqu'elles sont plus élevées. Comme nous l'avons indiqué précédemment, on a soin d'enlever tous les nouveaux bourgeons; on supprime quelques feuilles, et, quand les Tomates commencent à rougir, on effeuille complétement à l'entour des fruits. Les premiers mûrissent vers le commencement de juin.

Dans la seconde quinzaine de mai, on peut repiquer en pleine terre ce qui reste de Tomates semées en mars. On trace deux rangs par planche, et l'on plante à 80 centimètres de distance sur la ligne. On arrose abondamment pendant les chaleurs. La taille et les autres soins à donner sont en tout semblables à ceux que nous avons précédemment indiqués. Les premiers fruits mûrissent dès le commencement de juillet, puis successivement jusqu'en octobre.

Pour avancer la maturité des Tomates cultivées en pleine terre, on peut les palisser le long d'un mur exposé au midi, les diriger en cordons comme les Pommiers nains avec lesquels on fait des bordures dans beaucoup de jardins, ou bien encore coucher les branches sur le sol, après avoir étendu un bon paillis, comme on couche les Petunia et les Verveines que l'on plante sur le bord des massifs de Géraniums.

SERRE A LÉGUMES.

Cette serre est ordinairement placée sous l'habitation. Comme l'air ne s'y renouvelle que par la porte, elle reste fraîche pendant l'été ; aussi, dans cette saison, y dépose-t-on les légumes au fur et à mesure qu'ils sont récoltés. Mais si ce local était plus vaste et percé de deux ouvertures opposées, de manière à pouvoir y renouveler l'air aussi souvent qu'il est utile de le faire, il servirait, en hiver, à conserver beaucoup de légumes, tels que Carottes, Cardons, Céleris, Chicorées frisées, Escaroles, etc., qu'on placerait près à près, les racines enterrées dans du sable, et pendant les gelées, époque à laquelle les légumes sont toujours beaucoup plus rares, on en tirerait souvent un parti infiniment plus avantageux qu'en les livrant à la consommation aussitôt après la récolte.

CHAPITRE X.

De la culture des porte-graines.

La culture des porte-graines a d'autant plus d'importance pour le jardinier maraîcher, que c'est à peu près le seul moyen de reproduction qu'il ait à sa disposition.

Cette culture permet non-seulement de multiplier en aussi grande quantité qu'on le veut les plantes nécessaires à nos besoins ; mais elle permet aussi de les améliorer.

L'article suivant, communiqué le 2 décembre 1835 à la Société royale d'horticulture, par M. Vilmorin, prouve que l'on peut, en choisissant les plus beaux porte-graines à chaque génération, améliorer facilement les plantes que l'on cultive, que l'on peut même créer des races nouvelles.

« En 1833, j'ai eu l'honneur, dit M. Vilmorin, de mettre sous les yeux de la Société quelques racines provenant d'un premier essai de culture de la Carotte sauvage ; aujourd'hui, je viens lui présenter les résultats du second degré de cette expérience.

« Les racines de 1833 replantées, m'ont donné en 1834 de la graine qui, semée en mai dernier, a produit un bon nombre de Carottes déjà très-éloignées de l'espèce sauvage.

« La plupart des racines obtenues de cette graine sont blanches, d'autres ont pris une teinte jaune pâle, et deux ont passé à la couleur violette ; il en est quelques-unes aussi qui, sur le fond blanc, sont maculées de violet clair ; aucune n'est arrivée à la couleur orange de notre Carotte rouge des jardins.

« La forme est généralement très-allongée, quelques-unes seulement ont pris plus de grosseur que de longueur, et se rapprochent des espèces demi-longues, telles que celles de Flandre et de Breteuil ; la qualité est égale à celle des bonnes Carottes cultivées.

« Mon but, au reste, dans cette expérience, a moins été de chercher des variétés nouvelles que de reconnaître jusqu'à quel point il serait difficile d'amener, par la culture, une plante sauvage au développement et à la qualité de nos bonnes espèces potagères.

« On voit que, pour la Carotte, ce résultat peut être obtenu en deux ou trois générations.

« C'est un encouragement à tenter de semblables épreuves sur d'autres plantes, et particulièrement sur des espèces demeurées jusqu'ici étrangères à la culture et qui, soumises à son influence, pourraient nous offrir de nouvelles et utiles ressources alimentaires. Je rappelle ici la Laitue sauvage, que ses excellentes qualités naturelles mettraient de suite au rang de nos meilleures salades, si l'on parvenait à élargir ses feuilles trop découpées, ou à les multiplier au centre à l'instar de celles de la Chicorée, et cette conquête n'est pas la seule, assurément, que nous puissions tenter de faire sur les plantes de nos champs. »

Comme cet article résume très-exactement l'histoire de la transformation que les plantes potagères ont dû subir avant d'être ce qu'elles sont aujourd'hui, il doit intéresser tout particulièrement les personnes qui cultivent les porte-graines. Elles comprendront, après l'avoir lu, que la tendance que les plantes potagères ont à retourner à leur état primitif, est toute naturelle. Elles comprendront également que, pour récolter de bonnes graines, il faut nécessairement connaître les premiers éléments de la physiologie végétale.

Malheureusement, l'éducation professionnelle est tellement négligée chez nous, que le plus grand nombre des jardiniers ne sait même pas que les végétaux sont, comme les animaux, pourvus d'organes reproducteurs.

Pour faciliter à nos lecteurs l'étude de tout ce qui a rapport à cette intéressante question, nous avons fait dessiner d'après nature les organes floraux des plantes dont nous recommandons la culture ; mais si exactes que soient les études que nous avons fait faire, elles auraient été bien certainement insuffisantes, sans le bienveillant concours que nous a donné l'auteur des pages suivantes. La supériorité avec laquelle ces pages ont été rédigées, permettra à nos lecteurs d'apprécier l'importance des fonctions assignées par la nature aux organes floraux, et ils pourront plus tard, s'ils le veulent, diriger dans un sens favorable à leur intérêt, certaines opérations livrées le plus souvent aux chances du hasard.

Les organes floraux et leurs fonctions [1]. — La fleur est une partie des plantes dans la formation de laquelle entrent plusieurs organes très-différents entre eux d'apparence, d'organisation et d'importance. Pour donner l'énumération de ces organes, nous prendrons comme exemple une fleur qui les réunisse tous ; telle est, entre autres, celle du Chou.

Dans une fleur épanouie de cette plante (fig. 7), on remarque en premier lieu, à cause de leur grandeur et de leur coloration en jaune vif, quatre folioles d'un tissu délicat, qui se montrent entièrement distinctes et séparées l'une de l'autre, et dont chacune a la forme d'une grande lame ovale, étalée, surmontant une sorte de queue étroite par laquelle la foliole entière s'attache au support commun de tous les organes floraux. Ces quatre folioles sont les *Pétales*, qui, réunis, constituent la *Corolle*.

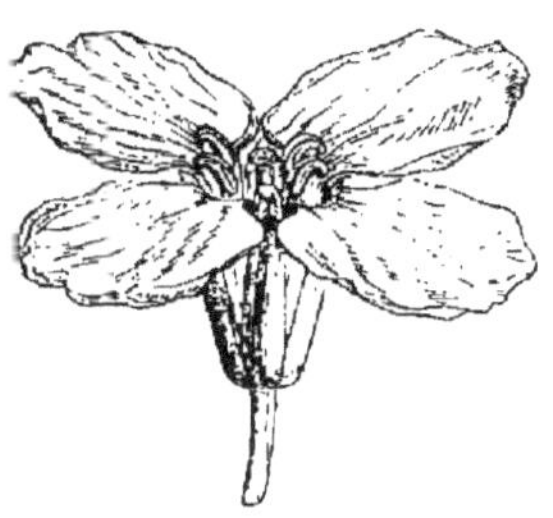

Fig. 7. Fleur de Chou.

Plus en dehors que la corolle se montrent quatre autres folioles beaucoup plus petites et plus étroites, vertes et d'une texture sensiblement plus ferme, rangées, comme l'étaient les premières, sur un même

[1] L'intérêt que présente cet article nous fait vivement regretter que le savant botaniste qui a bien voulu le rédiger tout exprès pour nous ne nous ait pas permis de livrer son nom à la reconnaissance de nos lecteurs.

cercle. Ces quatre petites folioles vertes sont les *sépales* qui, tous ensemble, constituent le *Calice*, et que, pour cette raison, on nomme très-souvent *folioles du calice* ou *folioles calicinales*.

En dedans de la corolle, on voit une rangée de corps remarquables par leur conformation et qui sont au nombre de six. Chacun d'eux (fig. 8) consiste en un prolongement grêle et arrondi, que surmonte une partie plus renflée, comme implantée sur son extrémité. Cette dernière partie, examinée dans un bouton près de s'ouvrir ou dans la fleur, au moment même où elle s'ouvre, se montre divisée par deux sillons longitudinaux médians comme en deux moitiés symétriques. Chacun de ces six corps, considéré tout entier, est une *Etamine;* son prolongement inférieur grêle est le *filet* ou *filament ;* son corps renflé porté par le filet est l'*anthère,* et les six étamines réunies constituent l'*androcée*, de même que les pétales, considérés tous ensemble, formaient la corolle, que les sépales donnaient par leur réunion le calice. Si, au lieu d'examiner une étamine dans un bouton de fleur ou dans une fleur qui est en train de s'épanouir, on l'étudie dans une fleur entièrement épanouie depuis quelque temps, on verra que son anthère a totalement changé d'aspect. Chacune de ses moitiés, que distinguaient les

Fig. 8. Etamine du Chou, grossie.

Fig. 9. La même, après l'ouverture de l'anthère.

deux sillons médians, s'est fendue dans toute sa longueur (fig. 9), de manière à laisser sortir une poussière jaune qui, jusqu'alors, était restée enfermée dans son intérieur. Cette poussière, dont chaque grain, tout menu qu'il est, a une structure complexe et des plus curieuses, constitue le *Pollen*, qu'on nomme aussi très-souvent la *poussière fécondante*, à cause du rôle qu'elle doit remplir dans la fleur. Elle s'est développée dans l'intérieur des cavités ou *loges* de l'anthère, qui, dans le Chou, comme dans la plupart des plantes, sont au nombre de deux, placées à droite et à gauche du plan médian, vraie cloison qui les sépare entièrement et qu'on nomme *connectif*.

Enfin, une quatrième sorte d'organe se montre tout à fait au centre de la fleur du Chou ; celui-ci, que la figure 10 représente dans son entier, mais grossi environ trois fois, porte le nom de *Pistil*. Dans son ensemble, il offre trois parties bien distinctes : l'inférieure, la plus épaisse de toutes et qui en forme les trois quarts, est l'*ovaire*, dont le sommet porte un filet plus étroit et cylindrique, appelé *style ;* enfin, la supérieure est un renflement légèrement velouté à sa surface, marqué d'un léger sillon médian qui le divise comme en

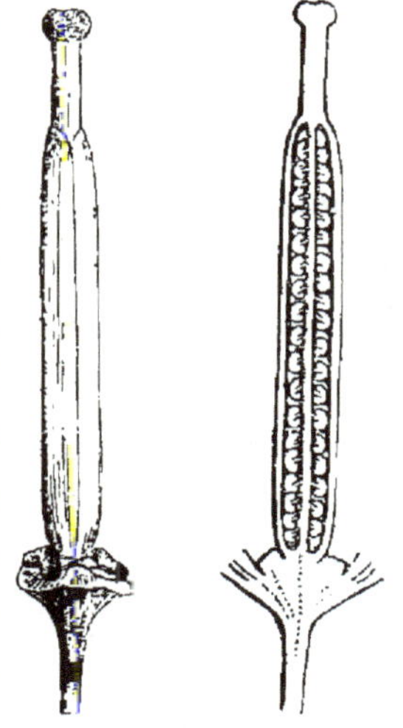

Fig. 10. Pistil du Chou, grossi. Fig. 11. Coupe longitudinale du même.

deux moitiés symétriques et arrondies ; ce renflement porte le nom de *stigmate*.

Si l'on coupe l'ovaire du Chou, soit transversalement, soit longitudinalement, comme on l'a fait pour obtenir la figure 11, on voit que son intérieur est creusé de deux cavités ou *loges*, qui s'étendent parallèlement entre elles dans toute sa longueur, et dont chacune renferme deux files de petits corps à peu près arrondis et attachés à ses parois sur deux lignes déterminées. Ces petits corps, qui sont destinés à devenir plus tard autant de graines, sont les *ovules*.

Au total, on voit qu'une fleur de Chou résulte de la réunion de quatre sortes d'organes bien distincts les uns des autres par leur aspect et leur organisation, et que les trois premières sortes forment autour de la quatrième, placée au centre, trois rangées concentriques, c'est-à-dire trois *verticilles*, savoir, de l'extérieur à l'intérieur : le calice, la corolle, l'androcée, auxquels il faut ajouter, comme quatrième verticille, le pistil.

Le calice et la corolle ne sont pas nécessaires pour la fécondation, c'est-à-dire pour l'acte à la suite duquel la fleur développe une de ses parties en fruit ; ils servent seulement d'abri protecteur, d'enveloppe, surtout avant l'épanouissement, aux étamines et au pistil. Pour ce motif, on les désigne tous les deux ensemble sous la dénomination commune d'*enveloppes florales*, ou aussi de *périanthe*. Quant aux étamines et au pistil, leur rôle est beaucoup plus important ; ils constituent, si l'on peut s'exprimer ainsi, l'essence de la fleur, puisque c'est par eux que s'opère la fécondation dont le résultat est le développement du fruit et de la semence, c'est-à-dire la reproduction des plantes ; aussi les nomme-t-on *organes reproducteurs*, ou *organes sexuels*, pour indiquer que chacun d'eux a une fonction analogue à celle des sexes chez les animaux. Le pistil devant donner la graine ou semence, de laquelle proviendra, par l'effet de la germination, un nouvel individu, est analogue à la femelle des animaux et constitue dès lors le sexe femelle ; l'étamine devant déterminer dans le pistil la formation du germe du nouvel individu, grâce à l'action que son pollen exercera sur ce même pistil, est analogue au sexe mâle, et constitue dès lors le sexe mâle.

Le Chou nous a offert un bon exemple de *fleur complète*, c'est-à-dire pourvue des quatre sortes d'organes floraux. Nous en verrions d'autres exemples dans l'Oignon, l'Asperge, le Basilic, le Haricot, la Raiponce, la Tomate, etc. ; mais il suffira de jeter un coup d'œil sur les figures de cet ouvrage pour reconnaître que, chez un assez grand nombre de plantes, la fleur est privée d'un ou plusieurs de ses verticilles, et se montre dès lors réduite à un état de simplicité plus ou moins grande. Ce que nous avons dit relativement à la différence de rôle des enveloppes florales et des organes reproducteurs suffit pour faire comprendre que l'absence des premières ne devra nuire en rien à la reproduction, tandis que celle des derniers la rendra impossible. Or, la fleur, ayant pour but unique d'effectuer la reproduction, sera suffisamment caractérisée pourvu qu'elle conserve les organes par lesquels s'opère cet important phénomène ; d'où nous tirerons cette conséquence, que, lors même que nous ne trouverions qu'une seule étamine ou un seul pistil, nous n'aurions pas moins sous les yeux une véritable fleur. On voit dès lors combien sont erronées les idées vulgaires qui font consister essentiellement la fleur dans une corolle assez développée et assez brillante pour frapper les regards, idées qui conduisent tous les jours les personnes étrangères aux notions les plus élémentaires de botanique à dire qu'une plante n'a pas de fleurs parce qu'elle n'offre pas, autour de ses organes essentiels, cette enveloppe élégante, mais stérile.

C'est précisément cette corolle qui, des deux enveloppes florales, est la plus sujette à manquer. Qu'on examine, par exemple, les fleurs de l'Epinard (fig. 12 et 13) et on n'y verra qu'un calice en dehors des étamines pour les unes, du pistil pour les autres. Les fleurs qui sont ainsi dépourvues de corolle, et qui n'ont dès lors qu'un calice, sont nommées en botanique *fleurs apétales* (c'est-à-dire fleurs sans pétales). Il est extrêmement rare que la corolle existe et que le calice fasse entière-

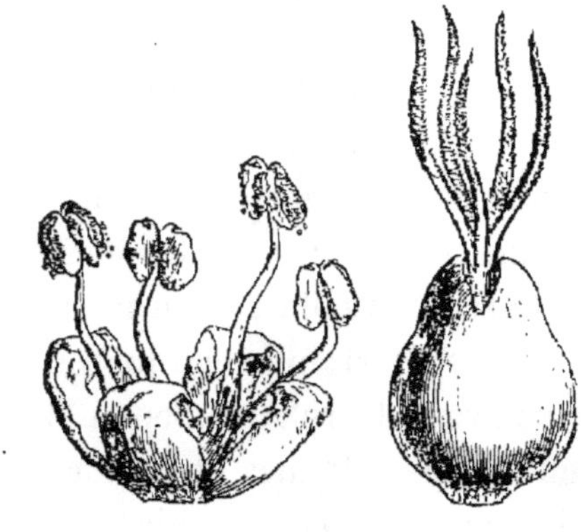

Fig. 12. Fleur mâle de l'Epinard, grossie.

Fig. 13. Fleur femelle de l'Epinard, grossie.

ment défaut. Qu'on examine, par exemple, dans l'Artichaut (fig. 14), ou dans la Chicorée (fig. 15), une des petites fleurettes qui se réunissent pour former un de ces groupes complexes que les jardiniers regardent à tort comme une seule fleur et qui comprennent en réalité un nombre plus ou moins considérable de fleurs; on verra que chacune d'elles présente, extérieurement à la corolle, une zone de longs poils qui persisteront au sommet de la graine et formeront l'aigrette; or, les botanistes ont reconnu que cette masse de poils, qui ont pour effet de faciliter la dissémination des graines, représente le calice, qui s'est comme dégagé et décomposé en filaments au lieu de rester conformé en folioles comme d'habitude. Ainsi, dans ces plantes, on ne peut pas dire que le calice manque réellement, puisqu'il est représenté par l'aigrette

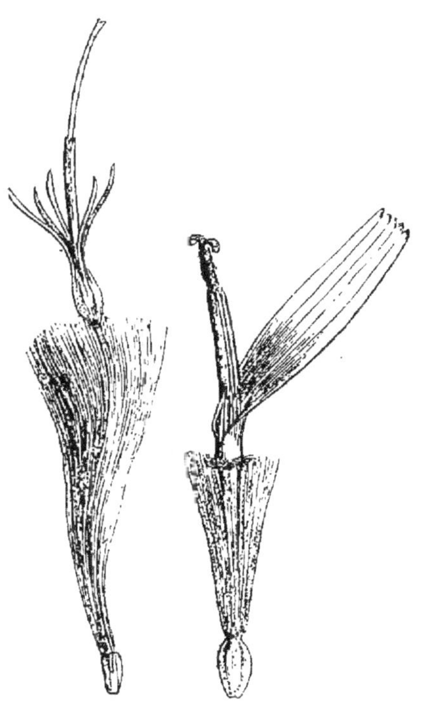

Fig. 14. Fleur de l'Artichaut. Fig. 15. Fleur de la Chicorée.

Il y a des fleurs dans lesquelles manquent et la corolle et le calice. Là les organes reproducteurs sont entièrement à découvert, cette particularité caractérise les fleurs *nues*, qu'on nomme aussi quelquefois *apérianthées*, c'est-à-dire sans périanthe.

La grande majorité des plantes réunissent, dans chacune de leurs fleurs, des étamines et un ou plusieurs pistils. Ces fleurs sont dès lors pourvues simultanément des deux sexes, c'est-à-dire qu'elles sont *hermaphrodites ;* mais ailleurs chaque fleur ne renferme que l'un des deux organes reproducteurs. Les fleurs qui forment cette catégorie sont *unisexuées* ou *unisexuelles*. Qu'on examine, par exemple, toutes les fleurs que porte un même pied de Melon, et on verra bientôt que, dans les unes, il n'y a que des étamines bien reconnaissables (fig. 16) malgré la forme sinueuse de leurs anthères, que dans les autres (fig. 17) il n'existe, en dedans de la corolle, que de gros stigmates surmontant des styles courts, au-dessous desquels se montre un gros ovaire ovoïde placé plus bas que tous les autres organes floraux ; ces dernières fleurs ne renferment donc que l'organe femelle, tandis que les premières présentent seulement l'organe mâle ; celles-ci sont dès lors des fleurs mâ-

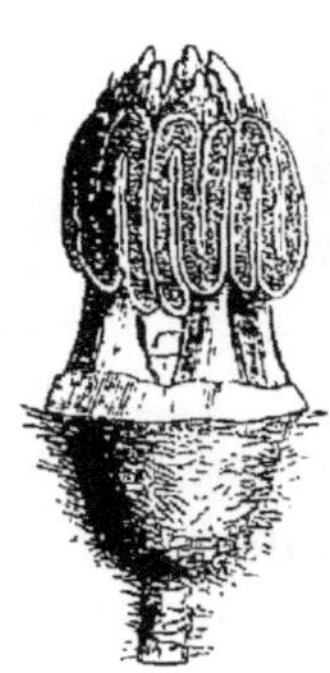

Fig. 16. Fleurs mâles du melon : Etamines.

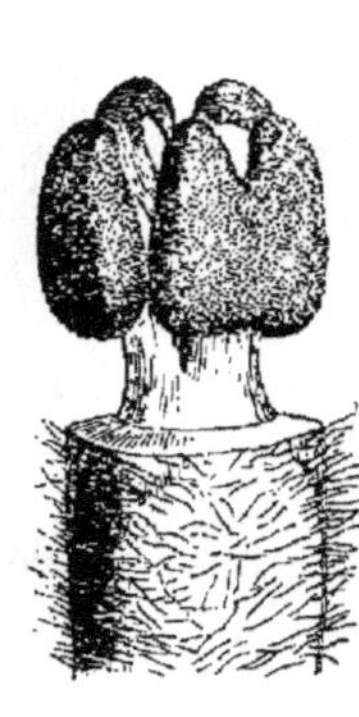

Fig. 17. Fleurs femelles du melon : Pistil.

les ; celles-là sont des fleurs femelles (*mailles* des jardiniers).

Le Melon vient de nous montrer, portées sur un même pied, des fleurs à étamines ou *mâles* et des fleurs à pistil ou *femelles*. Toutes les plantes chez lesquelles les fleurs des deux sexes sont, comme dans ce cas, réunies sur un même pied sont appelées plantes *monoïques*. On nomme, au contraire, plantes *dioïques* celles, comme l'Epinard, dans lesquelles chaque pied ne porte que des fleurs mâles ou des fleurs femelles. Le Chanvre est également une plante dioïque, tandis que le Maïs est une plante monoïque ; mais il n'est pas inutile de faire observer que les cultivateurs font une singulière application des mots *mâle* et *femelle* à la première de ces espèces, puisqu'ils nomment Chanvre mâle précisément celui qui porte les fleurs à pistil et plus tard les graines, tandis qu'ils nomment Chanvre femelle celui qui n'a que des fleurs à étamines, c'est-à-dire mâles.

Ces notions fondamentales une fois posées, nous pouvons passer à l'étude du phénomène important de la fécondation, c'est-à-dire de l'acte merveilleux par l'effet duquel le pistil, prenant une vie nouvelle, s'accroît plus ou moins dans certaines de ses parties pour devenir un fruit.

L'agent essentiel de la fécondation est le pollen, qui, sorti de l'anthère, après qu'elle a ouvert ses loges, doit venir tomber sur le stigmate par lequel se termine supérieurement le pistil. Dans l'étamine, le filet, n'ayant absolument aucune influence sur la production de ce pollen, qui se forme exclusivement dans l'intérieur de l'anthère, n'a par cela même qu'un intérêt très-secondaire; aussi le voit-on manquer dans un assez grand nombre de fleurs.

Si, ne se contentant pas d'un examen superficiel, on place du pollen, sorti de l'anthère, sous un microscope grossissant fortement, on reconnaît que chacun de ses grains, tout petit qu'il est, est une sorte de vessie formée, dans la plupart des cas, de deux membranes qui se recouvrent l'une l'autre comme deux enveloppes emboîtées, et que sa cavité est occupée par un liquide dans lequel flottent des granules. Ce liquide granuleux est appelé la *fovilla ;* il est l'agent fécond, c'est-à-dire la partie la plus essentielle de toute l'étamine. Quant aux deux enveloppes, elles diffèrent notablement l'une de l'autre : l'externe donne à chaque grain sa forme caractéristique ; or, des observations nombreuses ont appris que, dans l'ensemble du règne végétal, ces grains offrent une grande diversité de configuration. Cette membrane extérieure est relativement ferme et très-peu extensible; seulement elle montre en général, sur certains points, des espaces extrêmement amincis, qu'on a qualifiés de *pores*, et sur lesquels elle ne peut opposer qu'une très-faible résistance à toute pression qui vient s'exercer sur elle de l'intérieur. La membrane interne est, au contraire, mince, homogène et surtout extensible.

Supposons maintenant que des grains de pollen sortis de l'anthère soient soumis à l'action de l'humidité ; ils en absorberont, à travers leurs deux membranes, une quantité plus ou moins considérable; par suite, leur contenu devenant plus abondant, ils se gonfleront. Si cette absorption d'humidité est très-grande et rapide, comme il arrive d'ordinaire quand on jette du pollen de Lis, par exemple, sur l'eau, les membranes polliniques ne pourront résister à la distension subie par elles; le grain crèvera et lancera sa fovilla sous l'apparence d'un jet de liquide oléagineux; si, au contraire, cette absorption se fait lentement et modérément, comme lorsqu'on pose du pollen sur du sirop ou sur une solution chargée de gomme, la pression déterminée sur les mêmes membranes par le gonflement progressif du grain se manifestera surtout aux points où la membrane externe a le moins d'épaisseur, c'est-à-dire aux pores. La membrane interne, en vertu de son extensibilité, sera refoulée sur ces points par lesquels on la verra s'allonger sous la forme d'un tube très-délié et fermé à son extrémité, qui pourra s'allonger de plus en plus sous l'influence de circonstances favorables. La découverte de la formation de ce *tube pollinique*, comme on le nomme, ne date que d'une quarantaine d'années; elle a été faite en même temps en Italie par M. Amici, en France par M. Ad. Brongniart. Elle a eu la plus puissante influence sur la découverte de toute la série, aujourd'hui bien connue, des phénomènes qui s'enchaînent pour produire la fécondation. Or, voici en peu de mots quelle est cette série de phénomènes.

Au moment où, la fleur s'épanouissant, le pistil est arrivé à son développement complet, son stigmate est humecté d'une matière visqueuse, analogue de consistance à un sirop épais. Le pollen arrive d'une manière quelconque, de l'anthère ouverte sur le stigmate. Là, subissant l'action de l'humeur stigmatique, ses grains, retenus par cette humeur ou par le velouté de la surface, produisent leur tube pollinique de la manière que nous venons d'indiquer. Ce tube, extrêmement délié, s'insinue à travers le tissu du stigmate, qui est dépourvu d'épiderme ; s'allongeant peu à peu, parce qu'il se nourrit à mesure qu'il s'étend, il arrive dans le style qui forme un tube tapissé sur ses parois d'un tissu particulier, fort délicat et lâche, auquel on a donné, à cause de son rôle, le nom de *tissu conducteur*. Il parvient enfin dans la cavité de l'ovaire, et son extrémité toujours close se porte vers les ovules. Suivant ici une marche que nous ne pouvons exposer en détail, il s'insinue jusque dans la profondeur d'un ovule, et vient appliquer son extrémité contre la membrane extrêmement mince d'une sorte de très-petit sac logé dans le milieu de ce corps ; ce sac est appelé le *sac embryonnaire*, parce que, dès cet instant, commence à se reproduire et se développer dans sa cavité le germe de la future plante ou l'*embryon*. Dès lors la fécondation s'étant opérée, chaque ovule commence à se développer en graine, tandis que, de leur côté, les parois de l'ovaire, sous lesquelles étaient abrités ces ovules, s'accroissent plus ou moins pour constituer finalement la partie qui, dans le fruit, renferme les graines, c'est-à-dire le péricarpe.

En résumé, sortie du pollen de l'anthère et son

transport sur le stigmate, gonflement graduel de chaque grain amenant l'émission du tube pollinique, pénétration de celui-ci à travers le stigmate, le style et la cavité de l'ovaire jusqu'aux ovules, enfin arrivée de ce tube à travers les parties externes de l'ovule jusqu'au sac embryonnaire, telles sont les quatre phases essentielles du grand acte de la fécondation. Si l'une quelconque d'entre elles n'a pas lieu, les ovules ne peuvent être fécondés et, par une conséquence nécessaire, il ne se produit pas de graines. Ces connaissances vont nous expliquer diverses particularités qu'il est aisé d'observer soit dans la nature, soit dans les jardins et les champs.

La première condition pour le succès de la fécondation, c'est que le pollen arrive sur le stigmate. Ce transport s'opère facilement dans la plupart des fleurs, dans lesquelles les étamines se trouvent tout à côté du pistil. Cependant, même dans ces fleurs hermaphrodites, la différence de longueur entre les organes des deux sexes pourrait faire naître quelques difficultés; mais on a reconnu que généralement la fleur est dressée quand les étamines dépassent en longueur le pistil, tandis qu'elle est plus ou moins penchée quand c'est le pistil qui dépasse les étamines.

La difficulté de ce transport devient beaucoup plus grande dans les plantes monoïques, surtout dans les plantes dioïques; mais elle a été beaucoup amoindrie, 1° par l'abondance avec laquelle le pollen se produit dans ces plantes; 2° par l'intervention des insectes qui, en allant d'une fleur à l'autre, se chargent, au contact des anthères, du pollen qu'ils déposent ensuite sur le stigmate des fleurs femelles ; 3° par l'action des vents qui peuvent emporter au loin cette poussière légère ; 4° par des dispositions particulières que nous ne pouvons exposer ici.

Si, au moment de la floraison, il règne de grands vents qui balayent le pollen, si surtout il tombe des pluies abondantes qui entraînent cette poussière et en fassent éclater les grains, la fécondation n'a pas lieu, le pistil ne peut se développer en fruit, ou, en d'autres termes, il y a *coulure*. C'est ce qui peut avoir lieu également par l'effet de l'ignorance des cultivateurs lorsque, pour les plantes monoïques ou dioïques, ils suppriment les fleurs mâles, et par suite le pollen, de trop bonne heure. On le voit quelquefois dans les jardins sur les Melons, les Courges, etc., dans les champs sur le Chanvre, quand on enlève les pieds à étamines avant que les pieds à pistils aient été fécondés, etc.

La nécessité du pollen pour la fécondation étant parfaitement constatée, on s'explique pourquoi les végétaux dioïques ne donnent pas de fruit lorsqu'on n'en possède que des pieds femelles. Dans ce cas, pour obtenir du fruit il faut planter à côté de ces pieds femelles un ou plusieurs pieds mâles, ou bien il faut se procurer des fleurs mâles pour en secouer le pollen sur les fleurs qu'il s'agit de féconder. C'est ce que les Arabes qui cultivent les Dattiers savent faire depuis une longue suite de siècles; c'est aussi ce qu'on a reconnu nécessaire dans la culture du Pistachier. Cette circonstance tout à fait fondamentale ne doit jamais être perdue de vue dans la culture.

Il est une sorte de fécondation qui mérite une mention particulière : c'est celle dans laquelle le pollen d'une plante vient féconder le pistil d'une autre plante différente comme espèce ou comme variété. C'est là le phénomène remarquable qu'on nomme fécondation croisée ou *hybridation*. Il est essentiel, pour se faire une idée exacte de l'hybridation, de considérer la nature et les caractères du nouveau végétal auquel elle donne naissance, ainsi que les circonstances qui la rendent possible. La plante qui, dans ce cas, fournit le pollen, joue le rôle de père, tandis que celle dont le pistil subit l'action de ce pollen et développe la semence, joue celui de mère. Quant à l'être nouveau qui se formera par la germination de la semence ainsi produite, c'est-à-dire à l'*hybride*, il participera des caractères du père et de la mère, et sera dès lors en quelque sorte intermédiaire entre l'un et l'autre. Il se distinguera même par des propriétés qui lui donneront un intérêt particulier relativement à sa végétation, sa floraison, etc. De là résulte surtout le haut intérêt que les horticulteurs trouvent dans la formation d'hybrides, et de là vient aussi qu'ils s'attachent à les multiplier autant qu'il leur est possible.

Si l'hybridation était toujours possible, nous pourrions nous enrichir d'un nombre presque indéfini de plantes nouvelles qui ajouteraient beaucoup à nos ressources ainsi qu'à la beauté de nos jardins ; mais elle ne peut avoir lieu que dans des conditions déterminées dont il est essentiel d'avoir une idée nette; en outre, la conservation des produits qu'elle donne rencontre des difficultés toujours assez grandes, souvent même insurmontables. Ainsi, pour que deux plantes puissent se féconder l'une l'autre, il faut qu'il existe entre elles une analogie prononcée ; de là, l'hybridation est souvent possible entre deux espèces du même genre ; mais il existe, à cet égard, des différences très-grandes d'un genre à l'autre. Les espèces de certains genres se fécondent l'une l'autre avec une grande facilité, tandis que ce phénomène ne peut avoir lieu entre les espèces de certains autres genres. Comme exemples des genres dont les espèces sont généralement faciles à hybrider, nous citerons les *Verbascum*, *Digitalis*, *Nicotiana*, etc., qui ont fourni, soit dans la nature, soit dans les jardins, un grand nombre d'hybrides.

Une circonstance singulière a été observée dans certains genres, dans lesquels on a reconnu que des espèces assez éloignées l'une de l'autre par leur port et par l'ensemble de leurs caractères se fécondent beaucoup plus facilement que d'autres qui cependant se ressemblent beaucoup plus ; c'est ce qu'on a vu pour les Nicotianes, par exemple.

Lorsqu'une espèce a déjà donné des variétés, la fécondation de celles-ci, l'une par l'autre, est beaucoup plus facile que celle des espèces entre elles. C'est à l'hybridation des variétés entre elles que nos cultures doivent une grande partie des gains dont elles ont été enrichies dans ces dernières années.

Dans le langage usuel, on confond presque toujours sous la dénomination commune d'*hybrides* les plantes qui proviennent de la fécondation de deux espèces, comme de celle de deux variétés d'une même espèce. Il est cependant important d'éviter cette confusion ; il y aurait donc des avantages évidents à réserver, comme l'a proposé L. Vilmorin, le nom d'*hybride* pour le produit de la fécondation réciproque de deux espèces, et de donner celui de *métis* au produit de la fécondation de deux variétés d'une même espèce. Dès lors, si en fécondant un Chou par un Navet, on obtenait une plante intermédiaire à ces deux espèces, cette plante serait un hybride ; si, d'un autre côté, on fécondait deux sortes différentes de Choux l'une par l'autre, on obtiendrait ainsi un métis. Il est vivement à désirer que l'emploi du mot *métis* s'introduise dans le langage usuel de l'horticulture.

Il n'est pas inutile de faire observer que les horticulteurs font aujourd'hui un abus étrange du mot *hybride* ; ils l'appliquent, en effet, dans une foule de cas, à des variétés ou même à de simples variations qui ne doivent nullement leur origine à une fécondation croisée ; ils ajoutent ainsi à la confusion déjà très-grande qui règne dans l'histoire des hybrides en général.

Une condition essentielle pour le succès de l'hybridation, c'est que le pistil qu'on veut féconder par un pollen étranger, n'ait pas subi déjà l'action du pollen de la même plante. On conçoit, en effet, sans peine que la fécondation naturelle soit beaucoup plus facile que toute fécondation croisée, qui contrarie toujours la marche de la nature ; or, un pistil déjà fécondé ne peut subir une seconde fécondation. Il s'ensuit que, lorsqu'on veut opérer l'hybridation, s'il s'agit d'une plante à fleurs hermaphrodites, on ne doit pas attendre le moment de l'épanouissement ; pratiquant une fente latérale au bouton, on enlève, avec des ciseaux fins et pointus, les étamines dont l'anthère est encore fermée ; après quoi, on isole le bouton ainsi préparé en l'entourant d'une enveloppe de gaze gommée, ou en l'introduisant sous une cloche de verre posée sur une planchette. Quand ce bouton s'épanouit, on applique avec un pinceau fin ou avec les barbes d'une plume, sur son stigmate, le pollen avec lequel on veut le féconder. Grâce à cette manière d'opérer, si l'hybridation est possible, on augmente beaucoup la probabilité du succès.

D'un autre côté, la facilité avec laquelle les variétés d'une même espèce se fécondent en général entre elles fait naître fréquemment de grandes difficultés pour le maintien de chacune d'elles à l'état de pureté parfaite. Ainsi, lorsque dans le même jardin sont cultivées diverses sortes de Choux, de Courges, de Melons, etc., à peu de distance l'une de l'autre, le transport du pollen par le vent ou par les insectes donne lieu à un grand nombre de fécondations croisées ; il en résulte que les graines obtenues dans ces conditions, au lieu de reproduire les races pures, en montrent plus souvent des altérations plus ou moins profondes. La conséquence naturelle de ce fait, c'est la nécessité de séparer le plus possible les pieds choisis comme porte-graines de tous ceux des variétés voisines qui pourraient agir par leur pollen, et influer dès lors sur les caractères des plantes que donnera la semence.

Une fois que des hybrides et métis ont pris naissance, on peut avoir intérêt à les propager. Dans la marche habituelle des choses, la propagation des plantes peut s'opérer de deux moyens différents : par le semis et par les divers procédés de multiplication artificielle, savoir : par la division des pieds, le bouturage, le marcottage et la greffe. Lorsqu'il s'agit d'hybrides, la multiplication naturelle ou par graines rencontre de grandes difficultés dont il importe de donner une idée.

La plus grande difficulté résulte de l'absence ou au moins de la rareté de bonnes graines. Les véritables hybrides, c'est-à-dire ceux qui proviennent de la fécondation de deux espèces botaniques distinctes, donnent un très-petit nombre de bonnes graines, parfois même n'en donnent pas du tout. Les métis, c'est-à-dire les hybrides nés de deux variétés d'une seule et même espèce botanique en produisent beaucoup plus, et, en général, un hybride quelconque graine d'autant plus abondamment que les deux plantes qui lui ont donné naissance ont plus d'analogie l'une avec l'autre. Cette première circonstance rend toujours limitée et souvent impossible la propagation des hybrides par le semis; mais il en est une autre qui vient augmenter encore considérablement la difficulté : c'est que les graines récoltées sur des hybrides, et puis sur leurs descendants donnent naissance à des plantes qui ne conservent pas dans toute sa pureté le type nouveau que formaient ces hybrides, mais qui se rapprochent le plus de l'un ou l'autre des deux parents, c'est-à-dire de la plante qui a fourni le pollen ou de celle qui a nourri les graines. Des expériences faites avec soin ont montré que souvent trois ou quatre générations successives suffisent pour amener un retour complet aux caractères qui distinguent le père ou la mère. Il est donc toujours très-difficile et très-probablement, dans la plupart des cas, impossible de recourir à la voie ordinaire des semis successifs pour la propagation des hybrides ; or, pour les plantes annuelles, le semis est à peu près le seul moyen de propagation dont on dispose ; de telle sorte que, pour cette catégorie de végétaux, il y a fort peu de chances d'enrichir les cultures, au moyen de l'hybridation, de gains permanents et définitifs. Pour les plantes vivaces la difficulté est en général beaucoup moindre, parce que la propagation peut en être faite par les moyens artificiels bien connus, et que ces moyens ont le précieux avantage de conserver les caractères même très-légers des pieds auxquels on les applique. Ainsi, les boutures, les marcottes et les greffes, ne donnant de nouveaux pieds que par une simple extension de celui qui les a fournies, conservent dans toute leur intégrité, les particularités qui distinguaient celui-ci. Aussi peut-on sans difficulté propager les *Begonia* hybrides, par exemple, au moyen de boutures de feuilles qui, dans ce cas, reprennent en général avec une extrême facilité. De même, on a pu conserver et propager par la greffe le *Cytisus Adami*, curieux hybride, issu des *Cytisus Laburnum* et *purpureus*.

Maintenant que nos lecteurs savent assez de botanique pour récolter de bonnes graines, nous leur dirons que, au point de vue de la culture proprement dite, les porte-graines n'exigent rien de plus que les plantes de la même espèce cultivées pour la consommation : seulement, en admettant qu'ils n'exigent rien de plus, ils n'exigent rien de moins, et tout ce que nous avons recommandé en parlant de la culture des plantes potagères leur est rigoureusement applicable.

Cependant les *Betteraves*, les *Chicorées*, les *Choux* et les *Navets* réclament quelques soins de plus, en raison de la facilité avec laquelle les fleurs de ces plantes coulent dans certains terrains.

Ces soins, malheureusement trop souvent négligés malgré leur importance, consistent à pincer, pendant le cours de leur végétation, l'extrémité des tiges et des rameaux, comme on le fait pour certains arbres fruitiers, de manière à arrêter la séve au profit des graines.

Pratiquée à propos, cette opération favorise non-seulement le développement des graines, mais elle avance aussi l'époque de leur maturité.

Cette considération seule doit nous dispenser d'insister longuement sur les avantages du pincement appliqué à la culture des porte-graines, car il n'est pas un jardinier qui ne sache que dans les années humides, souvent quelques jours d'avance suffisent pour sauver une récolte.

Après avoir donné aux porte-graines tous les soins qu'ils réclament, il ne reste plus qu'à attendre le moment de la récolte. Malgré la faculté que certaines graines ont de germer avant leur complète maturité, on ne doit jamais récolter les graines que l'on veut conserver, avant qu'elles soient parfaitement mûres ; on doit les récolter par un temps sec et les étendre à l'ombre aussitôt après la récolte, ou les suspendre par bottes, afin qu'elles achèvent de mûrir.

Quand elles sont suffisamment sèches, on les égrène au fléau, ou bien on les frotte, puis on les met dans des sacs de toile, après les avoir vannées et passées au crible. Chaque sac pourvu d'une étiquette, portant le nom des graines qu'il contient et l'année de leur récolte, est ensuite déposé dans un lieu sec, tout spécialement consacré à cet usage.

Bien qu'il soit beaucoup plus simple d'égrener les plantes potagères aussitôt après la récolte, il est préférable de conserver les graines noires, comme la *Ciboule*, les *Oignons* et les *Poireaux*, dans leurs capsules jusqu'au moment du semis.

Malgré la préférence accordée aux vieilles graines par certaines personnes ; si ce n'est la *Mâche*, qui lève plus également la seconde année que la première, les *Chicorées* et les *Choux*, qui montent quelquefois la première année par excès de vigueur, toutes les autres plantes peuvent être semées aussitôt après la récolte, et successivement pendant toute la durée de leur faculté germinative.

La seule différence que nous ayons trouvée dans nos

semis, entre les vieilles graines et les nouvelles, c'est que les graines nouvelles lèvent plus promptement que les vieilles graines.

Comme en raison des influences que le temps peut exercer sur l'état des récoltes, il est impossible de savoir d'avance quelle sera la durée exacte des graines que l'on récolte, on doit toujours, pour ne pas éprouver de déceptions, essayer les graines avant de les semer.

De tous les procédés indiqués pour reconnaître si une graine est bonne ou mauvaise, il n'en est pas de plus certain que le semis sur couches à grains comptés.

Généralement on peut considérer comme bonnes les graines qui lèvent promptement et également; tandis que celles qui lèvent lentement, les unes après les autres, doivent être réformées, car, qu'elles soient arrivées à la limite extrême de leur durée germinative, ou bien qu'elles aient été récoltées dans de mauvaises conditions, elles ne produisent, dans un cas comme dans l'autre, que des plants sans avenir.

Dans les années favorables, le jardinier prévoyant doit faire provision de graines pour plusieurs années afin de n'en pas manquer; car il est rare que pendant la période de temps que les graines potagères peuvent être conservées, il n'arrive pas une ou plusieurs mauvaises années. En prenant la durée moyenne de chaque graine et l'étendue du terrain que l'on veut ensemencer, on peut, à l'aide de quelques chiffres, déterminer facilement l'importance des approvisionnements qu'on doit faire, pour ne jamais manquer de graines.

La possibilité de faire provision de certaines graines, permet non-seulement de n'en pas manquer, mais elle permet aussi d'éviter des hybridations, en cultivant successivement les variétés de la même plante, au lieu de les cultiver toutes dans la même année.

Indépendamment de l'ordre et de la propreté que l'on doit entretenir dans le local consacré à serrer les graines, on doit cribler et vanner chaque année toutes les graines que l'on veut conserver, afin de les débarrasser de la poussière et des insectes qui naissent dans les sacs. Rien enfin de ce qui a rapport à la culture des porte-graines ne doit être négligé, car ce n'est véritablement qu'à la condition de suivre de point en point nos recommandations que l'on peut espérer récolter de bonnes graines.

FAMILLE DES GRAMINÉES.

Maïs. — Sous le climat de Paris, on sème le Maïs pour graines, dans le courant de mai, en lignes suffisamment espacées pour que l'air circule librement dans chaque rang.

Pour avancer autant que possible la maturité des graines de Maïs, on retranche les bourgeons qui se développent au pied, puis on supprime la panicule des fleurs mâles, aussitôt après la fécondation des fleurs femelles.

Après la récolte, on réunit les épis de Maïs en paquet; puis on les suspend dans un lieu bien aéré.

La durée germinative des graines de Maïs est de deux ans.

FAMILLE DES LILIACÉES [1].

ASPERGES.

Organes floraux de l'asperge.

Fig. 18. Fleur, grossie.

Fig. 19. Etamine.

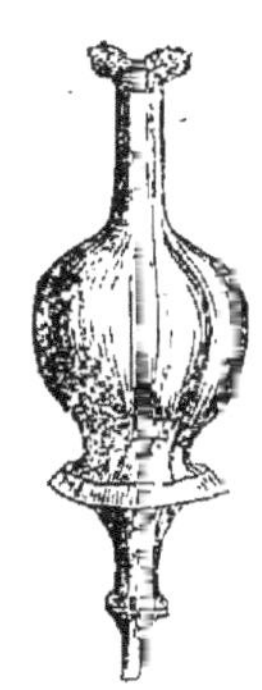

Fig. 20. Pistil.

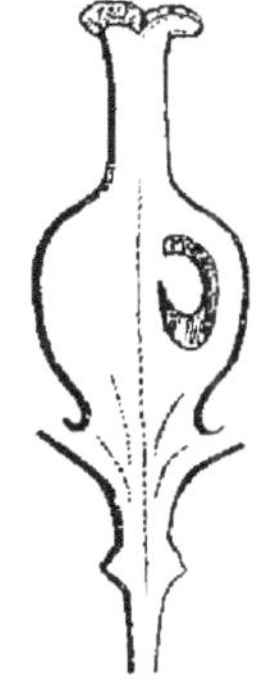

Fig. 21. Coupe longitudinale du Pistil.

Pour avoir des graines, on marque avec un tuteur, aussitôt qu'elles sortent de terre, les plus belles Asperges de chaque planche, puis on supprime les autres. Seulement, comme les Asperges sont dioïques, il faut laisser, de loin en loin, quelques beaux pieds d'Asperges à fleurs mâles pour féconder les Asperges à fleurs femelles.

[1] Tous les organes floraux figurés dans ce chapitre ont été dessinés par M. Faguet, peintre d'histoire naturelle, dont le nom est avantageusement connu dans le monde savant.

Vers la fin d'octobre, on coupe les Asperges rez terre, on détache les fruits qu'on laisse en tas pendant une quinzaine de jours pour qu'ils achèvent de mûrir, après quoi, on lave les graines à grande eau et on les fait sécher à l'ombre.

La durée germinative des graines d'Asperges est de quatre ans.

CIBOULE.

Organes floraux. (Voir *Oignons.*)

Pour récolter de la graine de Ciboule, on peut faire un semis spécial en juillet, ou laisser en place le plus beau plant de chaque planche.

Dans le courant d'août, on coupe les ombelles, on les réunit par bottes, puis on les suspend dans un lieu sec et bien aéré.

La durée germinative de la graine de Ciboule est de deux ans ; conservée dans sa capsule, elle est bonne pendant trois ans.

OIGNONS.

Pour porte-graines on choisit les Oignons les plus beaux et les mieux conservés ; on les plante en février ou en mars, en ligne, à 40 ou 45 centimètres les uns des autres. Quant aux Oignons blancs, on les plante à la fin d'août ou au commencement de septembre, également en ligne.

Comme après la récolte, les Oignons blancs se divisent, quelques personnes conservent les caïeux qui portent graines l'année suivante. Loin de recomman der ce mode de culture, nous l'improuvons, malgré l'économie qu'il présente, comme essentiellement

Organes floraux de l'Oignon.

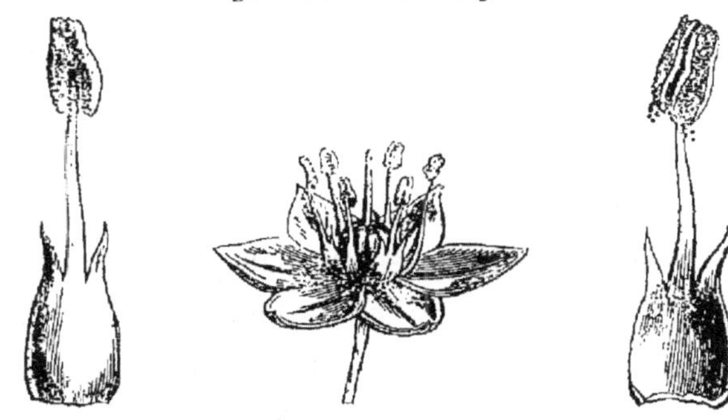

Fig. 23. Etamine. Fig. 22. Fleur. Fig. 24. Etamine après l'ouverture de l'anthère.

Fig. 25. Pistil. Fig. 26. Stigmate, grossi. Fig. 27. Coupe longitudinale du Pistil.

contraire aux bons principes, desquels on ne doit jamais s'écarter.

Dans le courant du mois d'août, on coupe les ombelles avec une portion de la hampe, afin de pouvoir les réunir par bottes que l'on suspend dans un lieu sec et bien aéré.

La durée germinative de la graine d'Oignon est de deux ans. Conservée dans sa capsule, elle est bonne pendant trois ans.

POIREAUX.

Organes floraux. (Voir *Oignons*.)

On sème en juillet le Poireau à graines, ou le repique en septembre, et, si l'hiver est rigoureux, on le couvre avec de la litière. On peut aussi mettre en jauge à l'entrée de l'hiver les plus beaux Poireaux de chaque variété, que l'on replante au printemps.

En septembre on coupe les ombelles des Poireaux, on les réunit par bottes, que l'on suspend dans un lieu bien sec, pour n'en extraire les graines qu'à l'époque des gelées, car alors elles se détachent plus facilement.

La durée germinative de la graine de Poireau est de deux ans. Conservée dans sa capsule, elle est bonne pendant trois ans.

FAMILLE DES POLYGONÉES.

OSEILLE.

Organes floraux de l'Oseille.

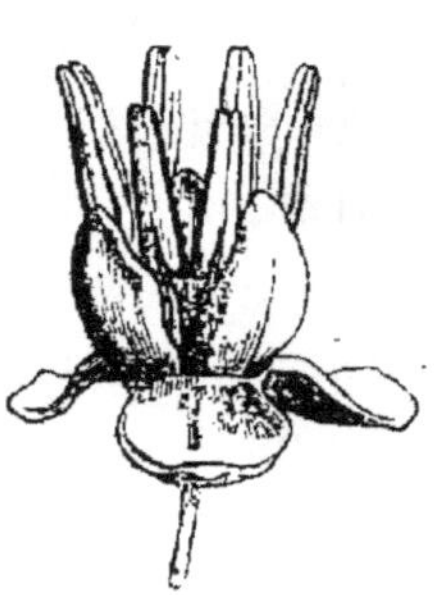

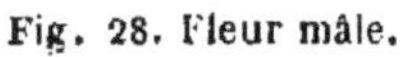

Fig. 28. Fleur mâle.

Fig. 29. Étamine, après l'ouverture de l'anthère.

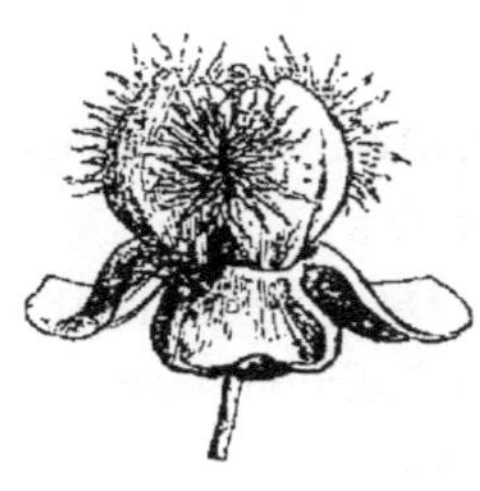

Fig. 30. Fleur femelle.

Pour avoir de bonnes graines, on marque les plus beaux pieds d'Oseille de chaque planche, puis on supprime les autres avant la floraison, afin d'éviter des hybridations.

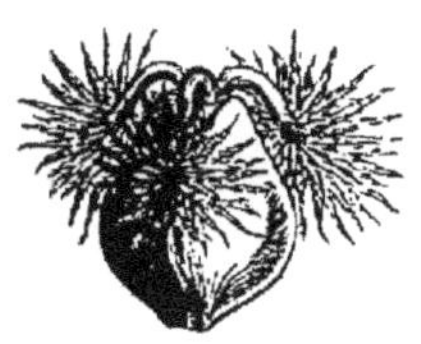

Fig. 31. Pistil.

Fig. 32. Coupe longitudinale du pistil.

La graine d'Oseille se récolte en juillet. Sa durée germinative est de trois ans.

RHUBARBE.

Organes floraux. (Voir *Oseille*.)

On récolte la graine de Rhubarbe, dans le courant de juin, sur des plants de quatre ou cinq ans de semis, suffisamment espacés les uns des autres pour qu'on n'ait pas à craindre des hybridations.

La durée germinative des graines de Rhubarbe est de trois ans.

FAMILLE DES CHÉNOPODÉES.

ÉPINARD.

Pour avoir de bonnes graines, on doit semer les Épinards en septembre, car, le plus souvent, les semis d'été ne produisent que des graines inférieures en qualité et en quantité à celles des semis d'automne. Au printemps on marque les plus beaux plants de chaque variété, puis on supprime les autres; seulement, comme les Épinards sont dioïques, il faut avoir soin de laisser de loin en loin quelques Épinards à fleurs mâles (voir fig. 34), pour féconder les Épinards à fleurs femelles (voir fig. 33), autrement on n'aurait pas de graines.

Organes floraux de l'Epinard.

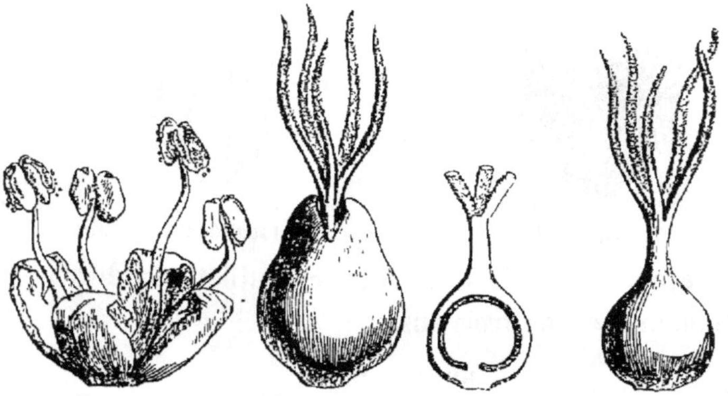

Fig. 34. Fleur mâle. Fig. 33. Fleur femelle. Fig. 35, Pistil. Fig. 36. Coupe longitudinale du Pistil.

On coupe les Epinards en août, puis on les rentre avant de les égréner, afin qu'ils achèvent de mûrir.

La durée germinative des graines d'Epinards est de cinq ans.

BETTERAVES.

Organes floraux. (Voir *Epinard.*)

Pour planter, on choisit, après la récolte, les plus belles racines de chaque variété, ou bien, ce qui est préférable, car les grosses Betteraves creusent souvent, pourrissent ou ne produisent que des rameaux que le vent détache facilement, on sème des Betteraves dans le courant de juin. Convenablement soignées, ces Betteraves peuvent acquérir la moitié du développement qu'elles prennent ordinairement, ce qui permet de juger et de réformer après la récolte celles qui ne sont pas franches.

Comme toutes les plantes qui craignent le froid, les

Betteraves doivent être arrachées dans le courant de novembre, mises en jauge et couvertes de feuilles sèches pendant les gelées.

En mars, on plante les Betteraves pour graines à 50 ou 60 centimètres les unes des autres, en tous sens ; chaque variété séparément et le plus loin possible les unes des autres, afin d'éviter les hybridations.

Après la plantation des Betteraves pour graines, on donne quelques binages, puis on pince successivement l'extrémité des tiges et des rameaux, afin de disposer de toute la séve au profit des graines.

Dans le courant de septembre, on coupe les Betteraves, on les réunit par bottes avant de les égréner, puis on les rentre, afin qu'elles achèvent de mûrir.

La durée germinative des graines de Betterave est de cinq ans.

POIRÉES.

Organes floraux. (Voir *Epinard*.)

Pour avoir de la graine, on butte les Poirées pendant l'hiver, comme les Artichauts, ou bien on les couvre de feuilles, puis on fait la récolte dans le courant de septembre de l'année suivante.

La graine de Poirée se conserve pendant cinq ans, comme la graine de Betterave, avec laquelle on peut facilement la confondre.

ARROCHE.

Organes floraux. (Voir *Epinard*.)

Pour avoir de la graine d'Arroche, on marque les plus beaux plants de chaque espèce, puis on supprime les autres de manière à éviter les hybridations.

Comme les graines d'Arroche sont facilement emportées par le vent, il faut, pour n'en pas perdre, les récolter un peu avant leur maturité, puis les faire sécher à l'ombre; elles ne sont bonnes que pendant un an.

FAMILLE DES LABIÉES.

BASILIC.

Organes floraux du Basilic.

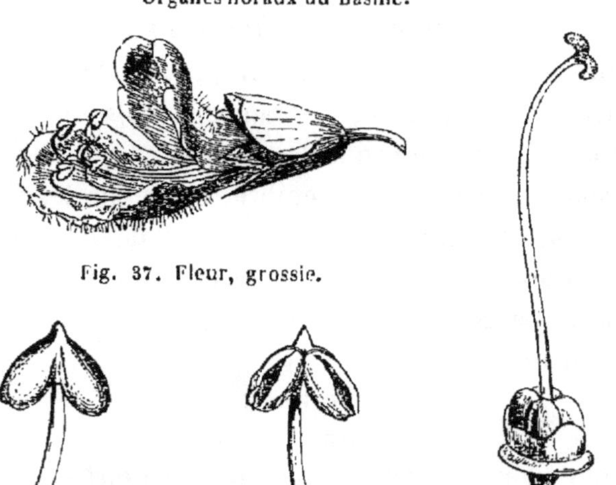

Fig. 37. Fleur, grossie.

Fig. 38. Etamine. Fig. 39. Etamine, après l'ouverture de l'anthère. Fig. 40. Pistil.

Comme sous le climat de Paris, il faut cultiver le Basilic sur couche et sous châssis, il est beaucoup plus économique de faire venir du midi de la France la graine dont on a besoin, que de la récolter soi-même.

La durée germinative de la graine de Basilic est de cinq ou six ans.

SARRIETTE

Organes floraux. (Voir *Basilic*.)

Les Sarriettes, qu'on laisse grainer, doivent être coupées un peu avant leur maturité, puis étendues sur une toile à l'ombre; autrement les graines tombent, et, comme elles sont très-fines, il est impossible de les ramasser.

La durée germinative des graines de Sarriette est de trois ans.

THYM.

Organes floraux. (Voir *Basilic*.)

La facilité avec laquelle on peut diviser les touffes de Thym fait que la récolte des graines présente peu d'intérêt; celles que l'on trouve dans le commerce viennent du midi de la France.

Leur durée germinative est de deux ans.

FAMILLE DES SOLANÉES.

TOMATES.

Organes floraux de la Tomate.

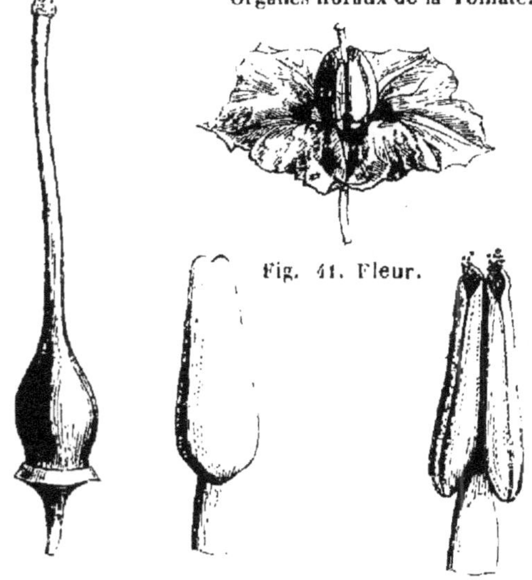

Fig. 41. Fleur.

Fig. 44. Pistil.

Fig. 42. Etamine.

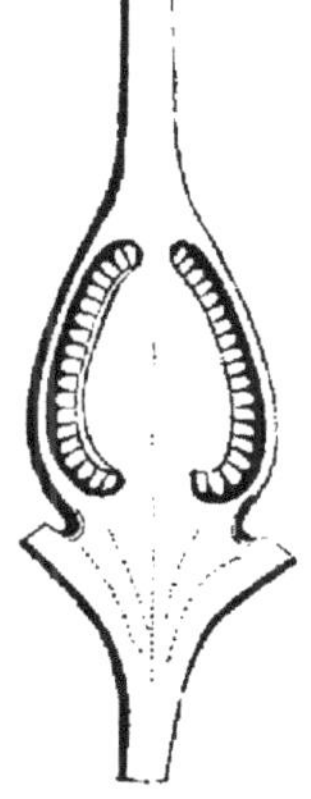

Fig. 43. Etamine, après l'ouverture de l'anthère.

Fig. 45. Pistil grossi et coupé longitudinalement.

Pour récolter de bonnes graines de Tomate, on

marque les plus beaux fruits de chaque espèce, lorsqu'ils sont suffisamment mûrs. Pour que les graines puissent être facilement séparées de la pulpe, on les lave à grande eau, puis on les fait sécher à l'ombre.

Leur durée germinative est de cinq ans.

AUBERGINES.

Organes floraux. (Voir *Tomate*.)

Sous le climat de Paris, les Aubergines doivent être cultivées sur couche et sous châssis. Malgré les frais que nécessite ce mode de culture, comme les graines ne mûrissent pas chaque année, on les fait venir ordinairement du midi de la France.

La durée germinative des graines d'Aubergine est de six ou sept ans.

PIMENTS.

Organes floraux. (Voir *Tomate*.)

Comme les Aubergines, les Piments ont besoin de beaucoup de chaleur pour donner de bonnes graines, de manière que sous le climat de Paris, il est plus simple de faire venir des graines du midi de la France que de les récolter soi-même.

La durée germinative des graines de Piment est de quatre ans.

FAMILLE DES BORRAGINÉES.

Bourrache. — Pour semer, on ramasse les graines pui tombent sur le sol, ou bien on les récolte un peu avant leur maturité, puis on les fait sécher à l'ombre.

La durée germinative des graines de Bourrache est de trois ans.

FAMILLE DES CAMPANULACÉES.

RAIPONCE.

Organes floraux de la Raiponce.

Fig. 47. Étamine.

Fig. 46. Fleur.

Fig. 48. Étamine après l'ouverture de l'anthère.

Fig. 49. Pistil, entouré des étamines.

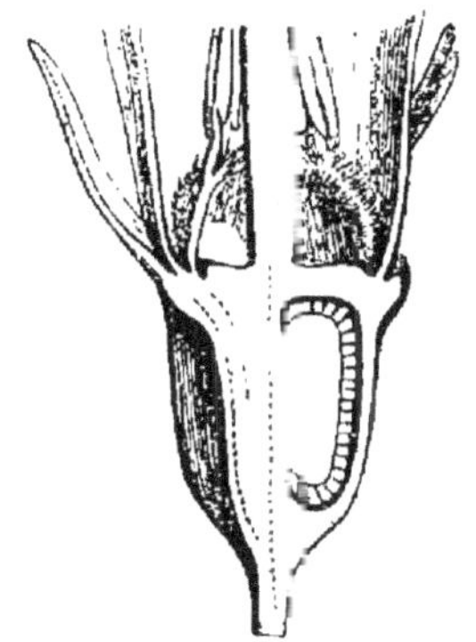

Fig. 50. Pistil, grossi et coupé longitudinalement.

Pour avoir de bonnes graines, on marque au printemps les plus belles Raiponces que l'on trouve dans chaque planche, on supprime les autres avant la floraison, puis on fait la récolte dans le courant de juillet.

La durée germinative de la graine de Raiponce est de cinq ans.

FAMILLE DES COMPOSÉES.

ARTICHAUT.

Organes floraux de l'Artichaut.

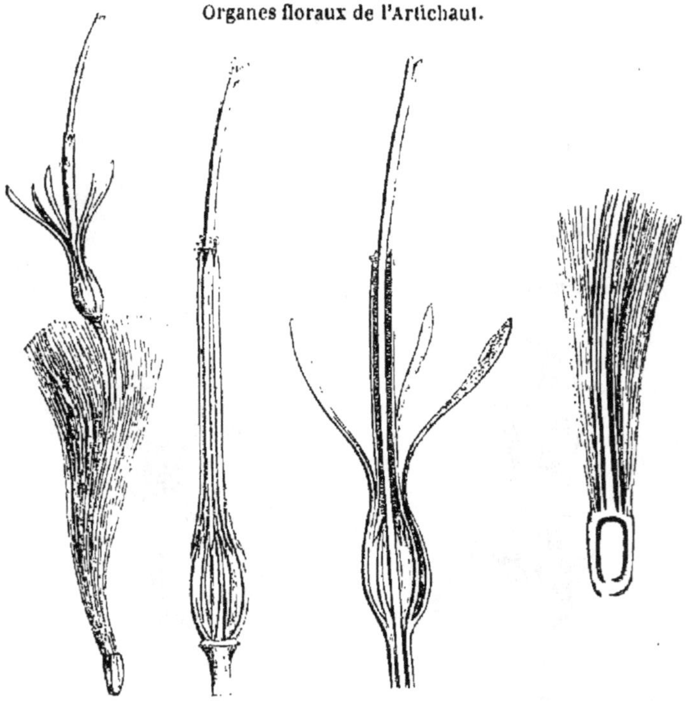

Fig. 51. Fleur.

Fig. 52. Etamines et pistil.

Fig. 53. Coupe longitudinale des étamines et du pistil.

Fig. 54. Coupe longitudinale de l'ovaire.

Comme les Artichauts reproduisent rarement leur variété par la voie du semis, on ne récolte la graine que pour les expéditions lointaines, ou pour faire quelques semis en vue d'obtenir des races nouvelles.

Pour avoir de bonnes graines, on marque les plus beaux Artichauts de chaque variété, puis on enfonce un tuteur près du porte-graines, pour attacher la tige dans une position aussi inclinée que possible, de manière que la pluie ne puisse pas pénétrer dans le fruit.

La durée germinative de la graine d'Artichaut est de cinq ans.

CARDONS.

Organes floraux. (Voir *Artichaut.*)

Pour avoir de bonnes graines, on marque les plus beaux Cardons de chaque variété, on les butte à l'approche des gelées, comme les Artichauts, dont la culture est en tout point applicable aux Cardons.

Comme toutes les plantes vivaces, les Cardons peuvent donner des graines plusieurs années de suite ; mais comme ils sont toujours plus vigoureux la première année, il est préférable de renouveler les porte-graines chaque année.

La durée germinative de la graine de Cardon est de sept ans.

CHICORÉES.

On sème sur couche, en février, les Chicorées destinées à produire de la graine ; on les repique sur couche, puis on les plante en avril en pleine terre, à 40 ou 50 centimètres les unes des autres, en tous sens, ou bien, on plante au printemps des Chicorées de l'année précédente, que l'on conserve sous châssis pendant l'hiver. Après la plantation, on supprime avec soin tous les plants dégénérés, puis on pince successivement l'extrémité des tiges et des rameaux, afin d'arrêter la séve au profit des graines. Plus rustique que les autres, la Chicorée sauvage peut être semée immédiatement en place.

Organes floraux de la chicorée.

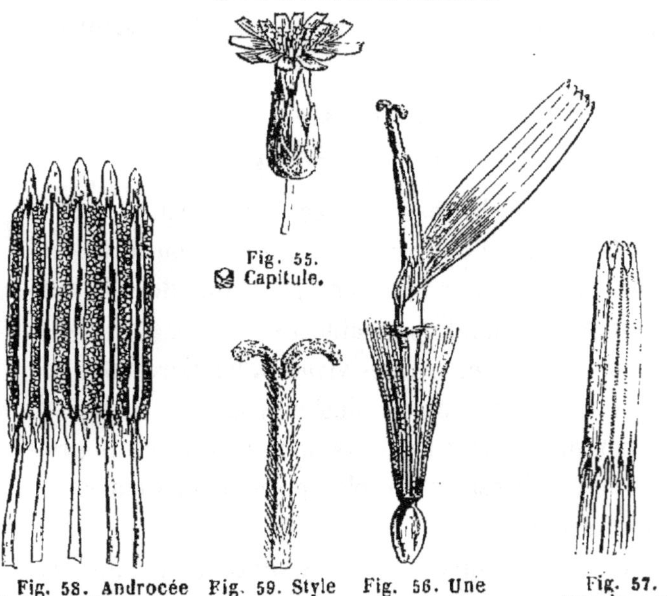

Fig. 55. Capitule.

Fig. 58. Androcée étalée, après l'ouverture des anthères.

Fig. 59. Style et stigmate.

Fig. 56. Une fleur isolée.

Fig. 57. Etamines ou androcée.

Par suite de la position toute exceptionnelle des organes mâles de la Chicorée (fig. 56 et 57), on peut cultiver les diverses variétés de cette plante près les unes des autres, sans avoir à craindre les hybridations. On coupe les Chicorées vers la fin de septembre, puis on les rentre avant de les égrener, afin qu'elles achèvent de mûrir.

La durée germinative des graines de Chicorée est de huit ou neuf ans.

LAITUES.

Organes floraux. (Voir *Chicorée.*)

Pour avoir de bonnes graines, on sème les Laitues sur couche en février, on les repique en mars, en pleine terre, à 35 ou 40 centimètres les unes des autres, en tous sens, puis après la plantation on supprime avec soin toutes celles qui ne sont pas de race franche. Vers la fin d'août on coupe les Laitues le matin de préférence, puis on les rentre avant de les égrener, afin qu'elles achèvent de mûrir.

La durée germinative des graines de Laitue est de cinq ans.

PISSENLIT.

Organes floraux. (Voir *Chicorée.*)

On récolte la graine de Pissenlit sur le plus beau plant que l'on peut trouver. Cette opération exige beaucoup de surveillance, car les graines mûrissent successivement et elles sont tellement légères, que le vent emporte toutes celles que l'on ne récolte pas à temps.

La durée germinative des graines de Pissenlit est de deux ou trois ans, mais on préfère généralement la graine nouvelle.

SALSIFIS.

Organes floraux. (Voir *Chicorée.*)

Au lieu de laisser une partie du semis monter en graines, comme on a l'habitude de le faire, il faut, pour obtenir de plus beaux produits que ceux qu'on récolte ordinairement, choisir en automne les plus belles racines, pour les replanter au printemps, comme tous les autres porte-graines.

On récolte la graine de Salsifis blanc dans le courant de juillet ; elle n'est bonne que pendant un an.

SCORSONÈRE.

Organes floraux. (Voir *Chicorée.*)

Ce que nous avons dit du Salsifis blanc est en tout point applicable à la Scorsonère ; la seule différence qui existe entre ces deux plants est que pour avoir de bonnes graines de Scorsonère il faut la récolter sur des plants de deux ans.

La durée germinative de la graine de Scorsonère est de deux ans.

FAMILLE DES VALÉRIANÉES.

MACHE.

Organes floraux de la Mâche.

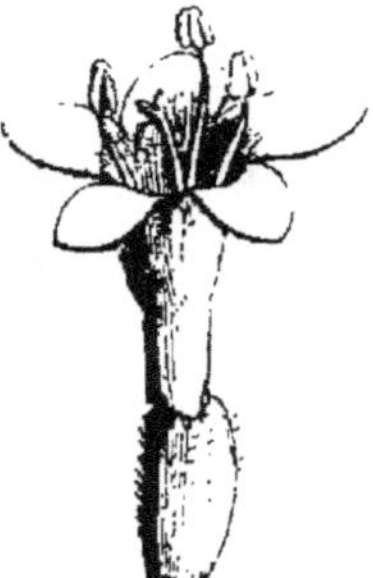

Fig. 60. Fleur.

Fig. 61. Etamine, après l'ouverture de l'anthère.

Fig. 62. Style et stigmate.

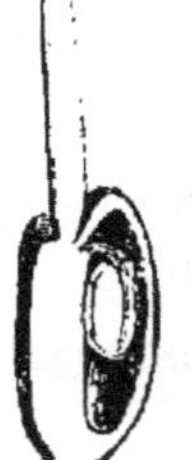

Fig. 63. Coupe longitudinale de l'ovaire.

Pour avoir de bonnes graines, il faut semer la Mâche en octobre ; l'année suivante, on supprime avant la floraison tous les plants à feuilles étroites, puis on fait la récolte dans le courant de juin. Comme la graine tombe facilement, il faut, pour n'en pas perdre, balayer légèrement la superficie du sol aussitôt après la récolte. Pour séparer la graine de la terre à laquelle elle est mêlée, on jette le tout dans un baquet d'eau, puis on enlève la graine qui vient à la surface, et on la fait sécher à l'ombre.

La durée germinative de la graine de Mâche est de cinq ans.

FAMILLE DES OMBELLIFÈRES.

CAROTTES.

Organes floraux de la Carotte.

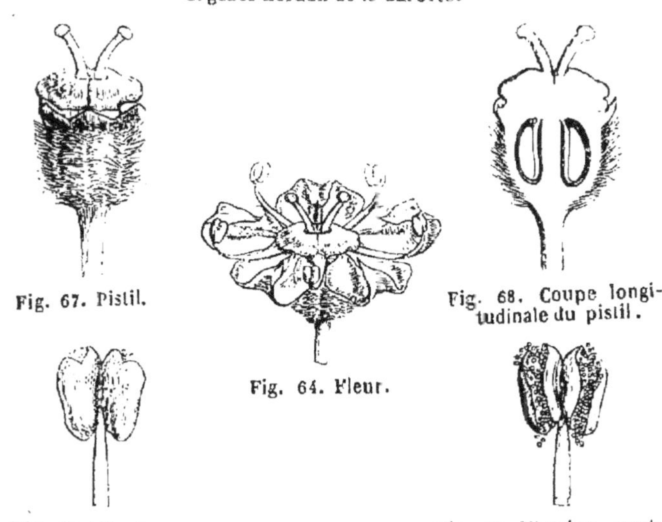

Fig. 67. Pistil.

Fig. 64. Fleur.

Fig. 68. Coupe longitudinale du pistil.

Fig. 65. Etamine.

Fig. 66. Etamine, après l'ouverture de l'anthère.

On sème les Carottes pour graines vers la fin de juin, pour les variétés hâtives; on peut même attendre jusqu'à la fin de juillet, car ce que nous avons dit des betteraves pour graines est en tout point applicable aux Carottes. Comme elles craignent la gelée, on les arrache dans le courant de novembre, on les met en jauge, on les couvre de feuilles sèches, au besoin, puis on les replante au printemps, à 50 ou 60 centimètres les unes des autres, en tous sens.

Non-seulement chaque variété doit être plantée séparément, mais il faut, à l'époque de la floraison, supprimer avec soin toutes les Carottes sauvages qui se trouvent dans le voisinage des porte-graines que l'on cultive, afin d'éviter des hybridations.

En août, on commence à récolter les têtes les plus avancées, ce que l'on continue de faire au fur et à mesure de la maturité.

La durée germinative de la graine de Carotte est de quatre ans.

PANAIS.

Organes floraux. (Voir *Carotte.*)

On sème les Panais pour graines dans le courant de juillet. Beaucoup plus rustiques que les Carottes, les Panais peuvent, au besoin, passer l'hiver en place, sans qu'il soit nécessaire de les couvrir, ce qui permet de les replanter aussitôt après avoir visité les racines.

La graine de Panais mûrit vers la fin d'août, mais comme elle tombe facilement, il faut la récolter un peu avant qu'elle soit complétement mûre ; elle n'est bonne que pendant un an.

CÉLERI.

Organes floraux. (Voir *Carotte.*)

Pour récolter des graines de Céleri, on marque

les plus beaux pieds de chaque variété que l'on butte ou que l'on couvre de litière pendant les gelées, puis on fait la récolte dans le courant de septembre.

La durée germinative de la graine de Céleri est de quatre à cinq ans.

PERSIL.

Organes floraux. (Voir *Carotte*.)

Pour avoir de bonnes graines, on sème le Persil en juin, on marque les plus beaux plants que l'on couvre de feuilles sèches pendant l'hiver, puis on fait la récolte dans le courant de septembre.

La durée germinative de la graine de Persil est de trois ans.

CERFEUIL.

Organes floraux. (Voir *Carotte*.)

Pour avoir de bonnes graines, il faut semer le Cerfeuil en septembre, car les semis d'été ne produisent, le plus souvent, que des graines maigres et peu abondantes.

On récolte le Cerfeuil en juin, la graine est bonne pendant deux ans.

Quant au Cerfeuil bulbeux, on choisit après la récolte les plus belles racines, que l'on plante en automne, à 1 mètre les unes des autre en tous sens.

Les résultats obtenus par MM. Jacques, Paillet et Vivet prouvent que le Cerfeuil bulbeux est susceptible, comme toutes les autres plantes, de certaines améliorations.

On récolte la graine de Cerfeuil bulbeux en juillet ; elle n'est bonne que pendant un an.

FAMILLE DES CRUCIFÈRES.

CHOUX.

Organes floraux du chou.

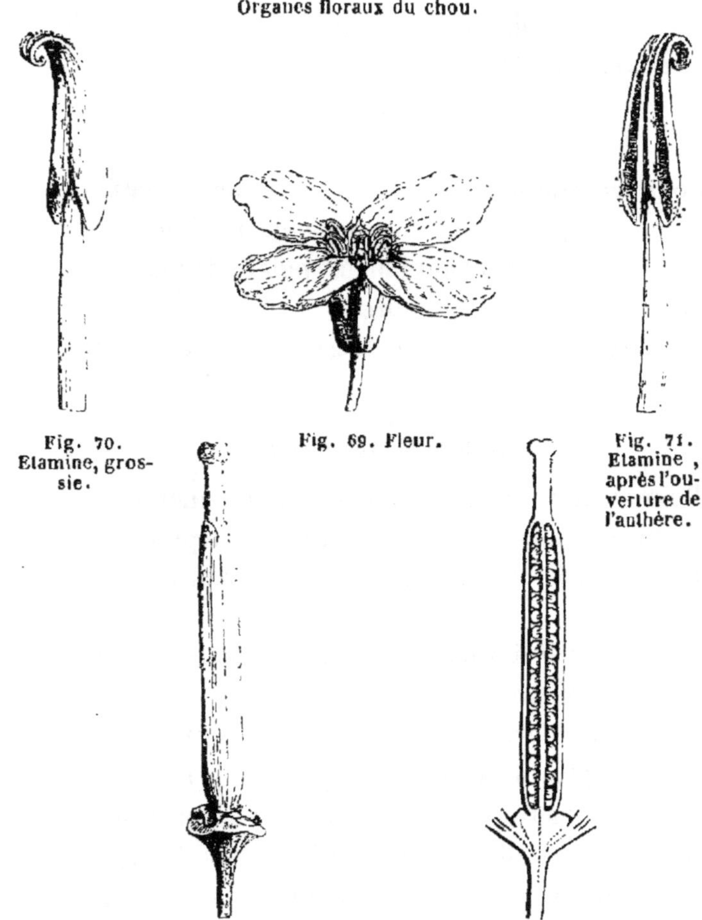

Fig. 70. Etamine, grossie.

Fig. 69. Fleur.

Fig. 71. Etamine, après l'ouverture de l'anthère.

Fig. 72. Pistil, grossi.

Fig. 73. Pistil, coupé longitudinalement.

On sème les Choux pour graines vers la fin de mai. Un mois environ après le semis, on les repique en pépinière, puis dans la seconde quinzaine de novembre, on plante les plus francs à environ 60 centimètres les uns des autres, en tous sens.

Si les Choux qu'on cultive pour graines sont de races différentes, il faut, pour éviter des hybridations, les éloigner le plus possible les uns des autres ; il faut également les éloigner des cultures de Colza, dont le pollen ne manquerait pas d'exercer une influence fâcheuse sur la production des graines.

Dans les hivers rigoureux, on couvre les Choux pour graine avec de la grande litière, afin de les garantir des gelées. Au printemps on leur donne un binage, puis on pince successivement l'extrémité des tiges et des rameaux, afin d'arrêter la séve au profit des graines.

Au lieu de semer les Choux pour graines, on peut les multiplier de boutures, que l'on repique en septembre en pépinière. Plantées en mars, ces boutures produisent des graines tout aussi bonnes que celles que l'on récolte sur les Choux de semis, sans toutefois être meilleures, comme beaucoup de personnes le prétendent.

Quant aux Choux-Raves et aux Choux-Navets, il faut choisir les plus beaux et les conserver à la cave pour les replanter au printemps.

On coupe les Choux dans le courant de juillet, lorsque les siliques commencent à jaunir ; puis on les rentre avant de les égrener, afin qu'ils achèvent de mûrir.

La durée germinative des graines de Chou est de cinq ans.

CHOUX-FLEURS.

Organes floraux. (Voir *Choux*.)

On sème les Choux-fleurs pour graines dans la seconde quinzaine de septembre, comme les Choux-fleurs de printemps.

On les hiverne sous châssis, puis on les plante en mars ; quand la pomme est suffisamment développée, on marque tous les plants exactement semblables au type de la variété que l'on veut cultiver, puis on supprime les autres.

Comme toutes les autres plantes, les Choux-fleurs ont besoin d'eau pour fructifier, il leur en faut même beaucoup plus qu'aux autres plantes ; aussi est-ce seulement dans les jardins, où l'on peut arroser à volonté, qu'il est possible de récolter des graines de Choux-fleurs.

Le pincement des tiges et des rameaux dont nous avons parlé aux articles Betteraves, Chicorées, Choux, peut avoir des résultats tellement favorables sur la production des graines, que nous croyons devoir recommander tout particulièrement cette opération aux personnes qui cultivent les Choux-fleurs.

Malgré tous les soins apportés à la culture des Choux-fleurs pour graines, il arrive souvent que l'on échoue, car il n'est pas, en jardinage, d'opération dont les résultats soient aussi peu certains.

On récolte la graine de Chou-fleur en septembre ou octobre ; elle peut se conserver cinq ans.

NAVETS.

Organes floraux. (Voir *Choux*.)

Les Navets pour graines ne doivent être semés qu'après ceux qu'on cultive pour manger ; car, comme toutes les plantes à racine charnue, il suffit qu'ils aient atteint les deux tiers de leur développement pour faire de bons porte-graines.

La possibilité de laisser les Navets en place pendant l'hiver, en les couvrant d'une légère couche de terre, fait que l'on peut les replanter aussitôt après avoir visité les racines. Dans le cas où l'on voudrait ne les replanter qu'en février, il faudrait les arracher à l'approche des gelées, les mettre en tas et les couvrir de feuilles sèches.

Pour éviter les hybridations, il ne faut cultiver chaque année qu'une seule variété de Navet ; ou bien, il faut les planter à de grandes distances les uns des autres.

On coupe les Navets en juin, puis on les rentre avant de les égrener, afin qu'ils achèvent de mûrir.

La durée germinative des graines de Navet est de cinq ans.

RADIS.

Organes floraux. (Voir *Choux*.)

Pour avoir des graines, on sème les Radis en septembre. Dans les premiers jours de novembre, on met les plants en jauge, on les recouvre de litière pendant les gelées, puis on les replante en mars, à 50 centimètres les uns des autres, en tous sens ; ou bien on sème en février sur couche, et l'on repique le plant en avril.

Quant aux Radis noirs, on plante en mars des racines de l'année précédente.

On coupe les Radis en août, puis on les rentre avant de les égrener, afin qu'ils achèvent de mûrir.

La durée germinative des graines de Radis est de quatre à cinq ans.

MOUTARDE.

Organes floraux. (Voir *Choux*.)

Pour graines, on sème la Moutarde en mars ou en avril, à la volée, beaucoup plus claire que celle que l'on sème pour manger en salade.

On la récolte en août ; elle est bonne pendant deux ans.

CRESSON ALÉNOIS.

Organes floraux. (Voir *Choux*.)

Pour avoir de bonnes graines, il faut semer le Cresson alénois en octobre, car les semis d'été produisent beaucoup moins que ceux d'automne ; on récolte le Cresson alénois en juin ; la graine est bonne pendant cinq ans.

Quant au Cresson de fontaine, on le récolte en août ; la graine se conserve quatre ans.

FAMILLE DES TROPŒOLÉES.

Capucines. — Pour semer, on ramasse les graines qui tombent sur le sol, puis on les fait sécher à l'ombre.

La durée germinative des graines de capucine est de cinq ans.

FAMILLE DES PORTULACÉES.

Pourpier. — Pour avoir de la graine de Pourpier, on récolte les capsules avant qu'elles soient ouvertes, puis on les étend sur une toile, afin que les graines achèvent de mûrir.

La durée germinative des graines de Pourpier est de six à huit ans.

FAMILLE DES FICOIDÉES.

TÉTRAGONE. — Les graines de Tétragone mûrissent dans le courant de l'automne, on les récolte à la main, puis on les fait sécher ; elles sont bonnes pendant cinq ans.

FAMILLE DES ROSACÉES.

FRAISIERS.

Organes floraux du Fraisier.

Fig. 74. Fleur.

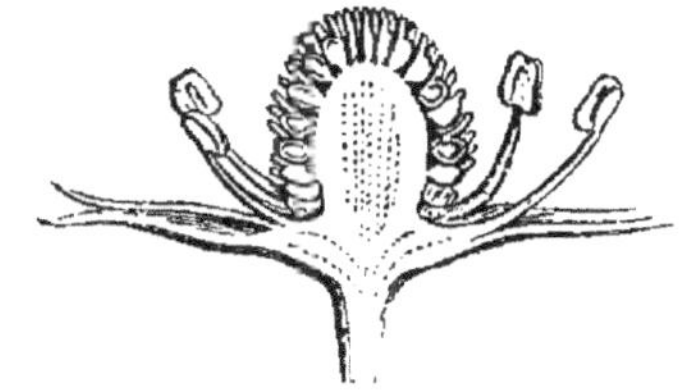

Fig. 75. Coupe longitudinale des organes sexuels et du réceptacle.

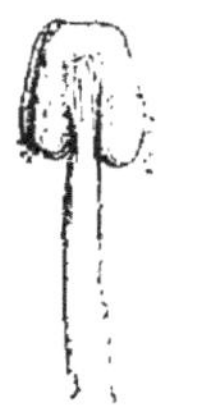

Fig. 76. Etamine.

Fig. 77. Pistil.

Fig. 78. Coupe longitudinale du pistil.

On choisit, pour avoir de la graine, les plus belles Fraises de chaque variété. Lorsqu'elles ont atteint une parfaite maturité, on les lave à grande eau, puis on fait sécher les graines à l'ombre.

La durée germinative des graines de Fraise est de deux ou trois ans.

PIMPRENELLE.

Organes floraux. (Voir *Fraisiers*.)

On sème la Pimprenelle pour graines au printemps; elle monte l'année suivante et on la récolte en septembre.

La durée germinative de la graine de Pimprenelle est de deux ans.

FAMILLE DES LÉGUMINEUSES.

HARICOTS.

Organes floraux du Haricot.

Fig. 79. Fleur.

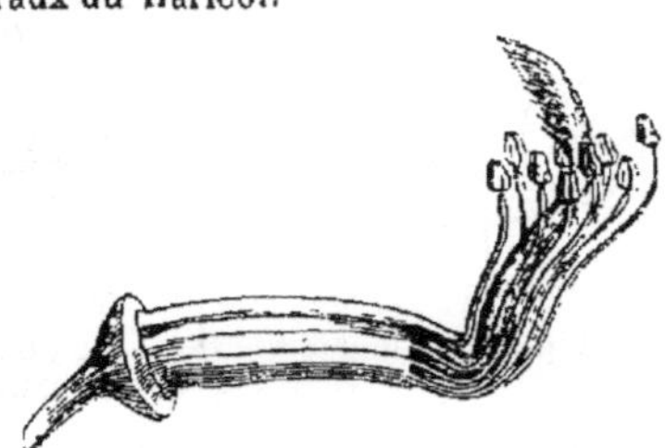

Fig. 80. Androcée.

Pour avoir de bonnes graines, il faut semer les Haricots dans le courant de mai, chaque variété séparément, car l'hybridation peut facilement avoir lieu entre les diverses variétés de cette plante. S'il arrivait que l'on ne sème pas de Haricots spécialement pour récolter en sec, il faudrait marquer quelques touffes de ceux qu'on sème pour récolter verts, dont on réserverait les premières gousses pour graines. Ordinairement, on les réserve toutes ; mais comme les dernières formées ne mûrissent pas toujours bien, on peut les récolter en vert, sans nuire à la production des graines.

Quand les haricots sont secs, on les arrache, puis on les réunit par bottes que l'on suspend dans un grenier, afin qu'ils achèvent de mûrir.

Dans la cosse, les Haricots se conservent environ quatre ans; égrenés, ils ne se conservent que deux ans.

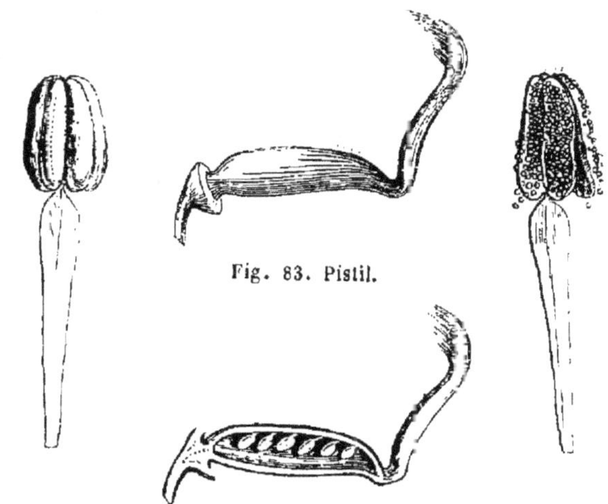

Fig. 83. Pistil.

Fig. 81. Etamine. Fig. 84. Pistil, coupé longitudinalement. Fig. 82. Etamine après l'ouverture de l'anthère.

POIS.

Organes floraux. (Voir *Haricots*.)

Les Pois pour graines se sèment en mars, chaque variété séparément. Aussitôt après la floraison, on pince la sommité des tiges, puis on fait la récolte dans le courant de juillet, le matin ou le soir, car les siliques s'ouvrent facilement au soleil. Après la récolte, on les réunit par bottes et on les met en meule, afin que les graines achèvent de mûrir.

Très-fréquemment, surtout dans les années sèches,

ces graines sont attaquées par un insecte qui dépose ses œufs dans les pois pendant la floraison. Cet insecte, connu sous le nom de Bruche, éclot dans le Pois et fait un trou pour en sortir, de sorte que les Pois qui fleurissent au moment de la ponte des bruches sont presque tous percés. Malgré le peu de confiance qu'ils inspirent, les Pois percés sont tout aussi bons que les autres, car, par suite de la position de l'insecte dans la cosse, le trou est toujours opposé au germe.

Conservés dans la cosse, les Pois sont bons pendant quatre ou cinq ans.

FÈVES.

Organes floraux. (Voir *Haricots.*)

Les Fèves pour graines doivent être semées en février ou mars; elles doivent être plus espacées encore que celles que l'on cultive pour récolter en vert; autrement, les fleurs coulent. Comme les Fèves cultivées pour récolter en vert, les Fèves pour graines doivent être pincées aussitôt après la floraison ; puis, lorsqu'elles sont complétement sèches, on les coupe, on les met en meule, afin qu'elles achèvent de mûrir.

La durée germinative de la semence de Fève est de cinq ou six ans.

FAMILLE DES CUCURBITACÉES.

MELONS.

Organes floraux du melon.

Les Melons sont monoïques, c'est-à-dire qu'ils portent des fleurs mâles (fig. 85) et des fleurs femelles (fig. 87) ; par suite de cette disposition, il faut, pour éviter les hybridations, que les Melons de variétés différentes soient cultivés séparément, ou bien qu'ils soient semés de manière à fructifier les uns après les autres.

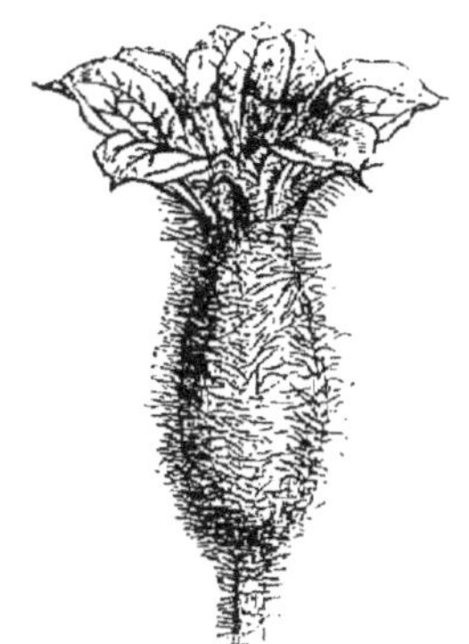

Fig. 87. Fleur femelle.

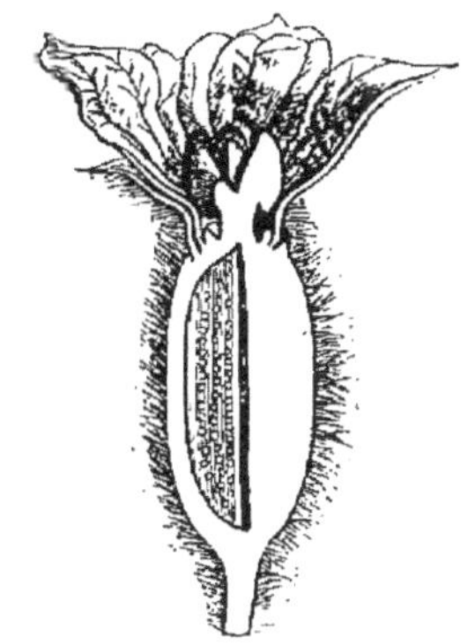

Fig. 89. Coupe longitudinale de l'ovaire.

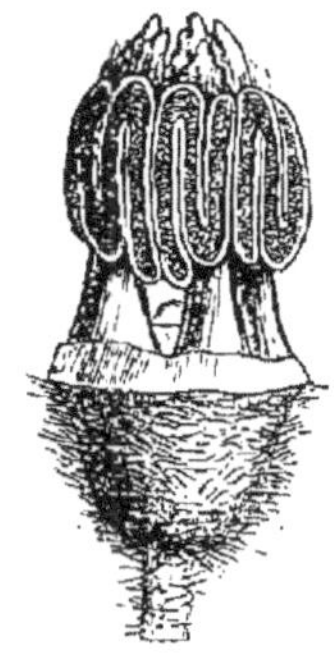

Fig. 86. Etamines.

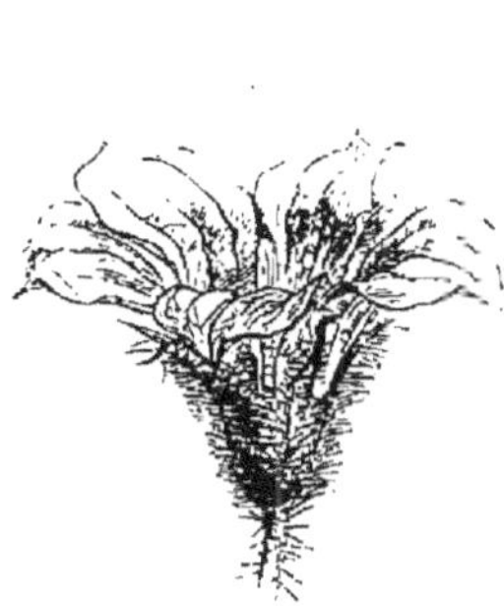

Fig. 85. Fleur mâle.

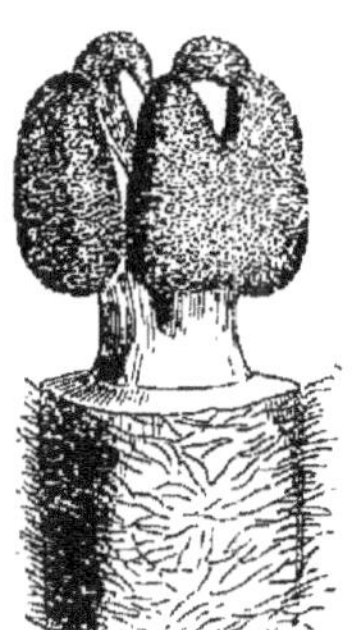

Fig. 88. Pistil.

Bien que les Melons, les Concombres et les Potirons diffèrent peu au point de vue botanique, on peut, contrairement à ce que prétendent beaucoup de jardiniers, cultiver les Concombres et les Potirons à côté des couches à Melon, sans avoir à craindre que le voisinage de l'une de ces plantes puisse nuire à la qualité de l'autre ; car il est dans la nature des mariages impossibles, et l'expérience nous a prouvé depuis longtemps que les Melons ne peuvent pas être fécondés par d'autres Cucurbitacées, de manière que c'est positivement une erreur d'attribuer à des hybridations ce qui est le fait des temps contraires ou de la négligence apportée au choix des variétés que l'on cultive.

Pour avoir de bonnes graines, on choisit les Melons les plus francs de chaque variété, ceux qui se trouvent près du pied doivent être préférés ; on les laisse sur la couche jusqu'à parfaite maturité, sans attendre toutefois qu'ils soient pourris ; car, pour savoir si un Melon est bon, il faut toujours le déguster ; autrement, il peut se faire que l'on se trompe, si exercé qu'on soit.

Séchées à l'ombre, après avoir été lavées, les graines de Melon peuvent se conserver cinq ans.

CONCOMBRES.

Organes floraux. (Voir *Melons*.)

La récolte des graines de Concombre exige exactement les mêmes soins que la récolte des graines de Melons. Seulement, comme il n'est pas nécessaire de déguster le fruit, on peut le laisser sur couche jusqu'à parfaite maturité.

La durée germinative des graines de Concombre est de cinq ans.

POTIRONS.

Organes floraux. (Voir *Melons.*)

Pour avoir de bonnes graines, il faut marquer le fruit le mieux fait de chaque variété; puis, quand il est arrivé à parfaite maturité, on extrait les graines pour les faire sécher à l'ombre.

Comme toutes les Cucurbitacées, les Potirons doivent être cultivés séparément pour éviter des hybridations.

La durée germinative des graines de Potiron est de deux ans.

CHAPITRE XI.

De l'altération des cultures par les insectes ou par toute autre cause.

Araignées.

Si la grosse araignée des jardins (*l'épeire*), qui tend ses rets en automne, est inoffensive, il n'en est pas de même des petits théridions qui courent rapidement sur le sol ; ils attaquent les jeunes semis, particulièrement ceux de Carottes, en piquent la tige, en sucent la séve, et les font périr. On les éloigne en répandant sur le sol de la suie ou de la chaux vive réduite en poudre, ou, quand la température le permet, par de fréquents bassinages.

Acarus (*vulgairement* la Grise).

L'acarus attaque particulièrement les Melons et les Haricots ; il s'attache sous les feuilles, pique le parenchyme pour sucer la séve, et, malgré sa petitesse, il est tellement multiplié, qu'il finit par dessécher les végétaux qu'il attaque. On ne connaît encore aucun moyen de détruire cet insecte.

Chenilles.

Plusieurs espèces de chenilles dévorent les plantes potagères. Nous n'en donnerons pas les noms scientifiques, qui conviennent peu dans un ouvrage pratique et n'apprennent rien sur la manière de les détruire. Elles se tiennent cachées sous les feuilles des plantes ou dans le sein de la terre. Jusqu'à ce jour on s'est à peu près borné à les chercher, puis à les écraser ; mais M. le docteur Bailly affirme qu'on peut facilement les détruire, lorsqu'elles sont rassemblées, en les aspergeant, à l'aide d'un petit balai, avec de l'eau mêlée d'un peu de savon noir. Il paraît qu'aussitôt touchées elles sont instantanément frappées de mort ; il avance même que l'acide prussique n'agit pas avec plus de promptitude.

Nous pensons que ce moyen peut être avantageusement employé pour détruire celles qui attaquent les gros légumes ; seulement il faudrait, après l'opération, laver les plantes à grande eau. Quant à celles qui se réfugient dans les plus profonds replis des Choux, ou qui, cachées dans la terre, n'apparaissent qu'isolément et exercent leurs ravages à la faveur des ténèbres, elles ne peuvent être détruites par aucun moyen, si ce n'est par une recherche active et répétée des larves. Le meilleur moyen pour en diminuer le nombre serait de faire une chasse minutieuse aux papillons.

Cochenille.

Les Ananas sont souvent attaqués par une cochenille vulgairement appelée le *pou*. Cet insecte s'attache aux feuilles, et il est d'autant plus difficile à détruire qu'il se place de préférence au bas des feuilles intérieures.

Le seul moyen employé par les horticulteurs pour le détruire consiste à écraser tous ceux qu'ils peuvent atteindre avec un petit bâton plat arrondi par un bout; puis on passe légèrement sur les feuilles attaquées une petite brosse imbibée d'une légère eau de savon noir, ce qui permet d'atteindre ceux qui se trouvent à la base des feuilles; après l'opération on lave les plantes à grande eau.

Mais, comme le savon n'empêche pas l'éclosion des œufs, il faut avoir soin de détruire les jeunes insectes aussitôt qu'ils sont éclos, car ils se propagent très-promptement. Ce travail étant excessivement long et difficile, il est préférable, au lieu d'entreprendre de nettoyer toutes les plantes attaquées par les cochenilles, de faire choix d'un petit nombre de pieds, de les nettoyer à fond, et de les tenir à part jusqu'à ce qu'ils aient produit le nombre d'œilletons dont on a besoin, et aussitôt que les autres plantes ont donné leurs fruits, on les détruit, ainsi que les œilletons.

Courtilières.

Ces insectes, fort gros, et par conséquent faciles à

découvrir, font de grands ravages parmi les plantes potagères, et plus particulièrement parmi celles cultivées sur couche. Les principaux moyens de destruction indiqués sont d'arroser la terre avec une eau chargée de savon noir ou d'huile ; de planter en terre, dans la direction des galeries des courtilières, des pots à demi pleins d'eau, afin de les y noyer.

Criocère.

La criocère est un insecte qui ronge les Asperges. Pour le détruire il faut chercher ses œufs, qu'il dépose sur les tiges, et les écraser. Rien de plus facile que la destruction de l'insecte parfait, qui est de la grosseur d'une mouche, et qui ne s'envole pas quand on cherche à le prendre, mais se laisse tomber à terre.

Fourmis.

Ces petits insectes nuisent aux semis en soulevant la terre, dans laquelle ils font leur demeure. On peut les détruire, comme les courtilières, avec de l'eau mêlée de savon noir ou d'huile. Il est probable aussi que l'abondance des arrosements les éloigne, car ce n'est que très-rarement qu'on a lieu de s'en plaindre dans les jardins maraîchers.

Limaçons (Hélices *jardinières*).

Pour s'en débarrasser on n'a rien de mieux à faire que de les ramasser à mesure qu'on les rencontre, surtout le matin ou après la pluie. On doit aussi, chaque fois que l'on rencontre des œufs, les détruire avec soin.

Limaces *ou* Buhottes.

Elles font beaucoup de tort aux végétaux, qu'elles dévorent avec une incroyable voracité.

Le meilleur moyen de les détruire est, sans contredit, l'emploi de la chaux (hydratée ou réduite en poudre). Pour la répandre on se place sous le vent, et on la jette à la main en rasant le sol aussi vivement et aussi régulièrement que possible, afin de la répandre bien également.

Lombrics (Vers *de terre*).

Comme les lombrics ne font d'autre tort aux plantes que de soulever la terre pour creuser leurs galeries, on se préoccupe peu du moyen de les détruire. Généralement on se contente de les ramasser en labourant, pour les donner à la volaille.

Perce-oreilles *ou* Forficules.

Ces insectes rongent les feuilles des végétaux ; ils n'exercent leurs ravages que pendant la nuit et restent cachés le jour. Pour en prendre un grand nombre il suffit de leur ménager un abri. Le moyen le plus simple consiste à placer sur des bâtons de petits pots à fleurs renversés, au fond desquels on met un peu de mousse ; on visite les piéges tous les matins, et, pour détruire les perce-oreilles qui s'y sont réfugiés, on les plonge dans un baquet plein d'eau.

Pucerons.

Les pucerons, dont on connaît un grand nombre d'espèces, s'attaquent à presque toutes les plantes potagères, et l'on ne peut guère les détruire que sur celles cultivées sous cloches et sous panneaux, au moyen de fumigations de tabac. Cependant M. Gontier nous a dit avoir complétement détruit les pucerons qui attaquent les Choux-fleurs, et qu'on nomme vulgairement *le plâtre, le meunier*, etc., en lavant les plantes avec une légère eau de savon noir.

Tiquets (Altise *bleue*).

Ces petits insectes sont d'une agilité extrême et échappent par un bond à la main qui veut les saisir. Ils font des ravages considérables dans les semis de Choux, Radis, Navets, etc. On n'a guère de moyens de les détruire, mais on les éloigne en arrosant les végétaux avec une décoction de tabac ou de plantes âcres.

Vers blancs (*larves du* Hanneton).

Ces insectes, cachés sous le sol, rongent les racines des plantes et causent de grands ravages dans les jardins. Malheureusement on ne s'aperçoit de leur présence que quand le mal est irréparable. Si l'on veut soustraire quelques plantations à leur voracité, il faut planter des Laitues, dont ils sont très-friands, entre les plantes à la conservation desquelles on tient.

Dès que l'on voit les feuilles d'une plante se flétrir, si l'on fouille au pied, on est sûr d'y trouver un ou plusieurs vers blancs.

En attendant que les entomologistes nous indiquent un meilleur moyen, il faut, chaque fois qu'on laboure, avoir soin de détruire les vers blancs, et au printemps poursuivre les hannetons aussitôt qu'ils paraissent, afin de prévenir leur multiplication.

M. Duval, qui paraît avoir étudié avec soin les mœurs du hanneton, prétend que de simples binages suffisent pour détruire les larves de cet insecte. Seulement les binages doivent être pratiqués à propos. Selon lui, c'est après la ponte que l'on doit biner les terrains ordinairement ravagés par le ver blanc, afin de ramener à la surface du sol les œufs qui se trouvent dans la terre. A cette époque l'action de la lumière suffit, d'après ce qu'il a observé, pour détruire tous les œufs que l'on peut atteindre.

OBSERVATIONS MÉTÉOROLOGIQUES.

Indépendamment des ravages occasionnés par les insectes dont nous venons de parler, l'humidité froide, la gelée, le grand vent et les orages sont encore préjudiciables aux cultures maraîchères et causent souvent des pertes considérables.

Quoiqu'il ne soit pas toujours possible de les en garantir, on peut souvent, en s'y prenant en temps utile, se mettre en mesure d'en atténuer les effets. C'est pourquoi tous les horticulteurs devraient avoir un baromètre à cuvette, afin de le consulter au besoin [1].

Il est vrai qu'à défaut d'instruments, beaucoup d'entre eux font des observations météorologiques qui les trompent rarement.

Comme la connaissance de ces observations peut

[1] Pronostics par le baromètre. — Le mercure qui monte ou descend beaucoup annonce un changement de temps.

La descente du mercure n'annonce pas toujours de la pluie, mais du vent.

Le mercure descend plus ou moins suivant la nature des vents. Le mercure monte plus généralement lorsque le vent est nord-ouest, nord et nord-est, qu'en tout autre temps.

Lorsqu'il règne deux vents en même temps, l'un près de terre et l'autre dans la région supérieure de l'atmosphère, si le vent le plus haut est nord et que le vent bas soit sud, il survient quelquefois de la pluie, quoique le baromètre soit alors fort haut. Si, au contraire, c'est le vent du sud qui est le plus élevé et le vent du nord le plus bas, il ne pleuvra pas, quoique le baromètre soit très-bas.

Pour peu que le baromètre monte et continue à s'élever après ou pendant une pluie abondante et longue, il y aura du beau temps.

Le mercure qui descend beaucoup, mais avec lenteur, indique continuation de temps mauvais ou inconstant; quand il monte beaucoup et lentement, il présage la continuation du beau temps.

Le mercure qui monte beaucoup et avec promptitude annonce que le beau temps sera de courte durée; quand il descend beaucoup et promptement, c'est une indication pareille pour le mauvais temps.

Quand le mercure reste un peu au temps variable, le ciel n'est ni serein ni pluvieux, il ne fait ni beau ni mauvais temps; mais alors, pour peu que le mercure descende, il annonce de la pluie ou du vent. Si, au contraire, il monte, ne fût-ce que de très-peu, on a lieu d'espérer du beau temps. (*Bon Jardinier*, p. 46.)

être très-utile à tous les horticulteurs, nous indiquerons les plus accréditées.

Humidité.

En automne et en hiver l'humidité est funeste aux plantes, particulièrement à celles cultivées sous cloche ou sous panneaux ; elle est beaucoup plus à craindre que la gelée, car il est plus difficile de s'en garantir quand il n'y a pas de soleil. Dans ce cas, le seul moyen est de renouveler l'air chaque fois que le temps le permet.

Gelée.

Comme la gelée peut en fort peu de temps causer des pertes considérables, il faut, dès le mois de novembre, être en mesure de s'en garantir, c'est-à-dire avoir une quantité suffisante de paillassons, un bon tas de fumier sec, et surveiller avec soin l'approche du froid.

L'arrivée des oiseaux de passage dans nos climats est généralement regardée comme un indice de froid.

En automne les brouillards peuvent être considérés comme les avant-coureurs des premières gelées.

Lorsque la lumière des étoiles est très-vive et que ces astres scintillent uniformément et paraissent très-nombreux, c'est un signe de grand froid. Il en est de même quand la flamme du foyer est droite et tranquille.

Quand, après plusieurs jours de gelée, le froid devient plus intense, c'est le signal d'un dégel prochain.

Le même phénomène est prochain lorsque les murs se couvrent d'humidité et que les bois se gonflent.

Si le dégel est rapide, il faut se tenir sur ses gardes, car il est presque certain qu'on aura prochainement une recrudescence de froid.

Vent.

A l'époque de l'équinoxe les vents sont impétueux et peuvent causer des pertes irréparables ; il faut se tenir en garde contre leurs effets désastreux, car plus d'une fois des cloches et des panneaux ont été enlevés et brisés par le vent.

On peut s'attendre à éprouver de grands vents :

Lorsqu'en été les nuages sont moutonnés, c'est-à-dire réunis en petits flocons blancs imitant la laine des moutons ;

Quand les vents changent souvent de direction, et lorsqu'au coucher du soleil le ciel est d'un rouge vif intense ou brumeux ;

Quand le feu petille, que la braise est plus ardente et la flamme plus agitée.

Le tonnerre du matin est encore un signe de vent.

Orage.

Comme, pendant l'été, les pluies d'orage sont souvent mêlées d'une plus ou moins grande quantité de grêle, il faut avoir soin, dès l'approche de l'orage, de couvrir avec des paillassons les cloches et les panneaux, ainsi que tout ce qu'il est nécessaire de garantir. Or, il est facile de prévoir un orage lorsque l'air est lourd, que les mouches piquent et deviennent plus importunes que de coutume, que le tonnerre gronde sourdement, et que les nuages s'accumulent en masse noire et compacte. Si une partie de ces nuages est jaunâtre ou de couleur grise, c'est un signe certain de grêle ; il faut alors redoubler d'activité pour en prévenir les effets désastreux.

MALADIES DES PLANTES POTAGÈRES.

La connaissance des maladies qui attaquent les plantes potagères est d'une bien minime importance pour le maraîcher, car rarement on y peut porter remède, et la nature seule doit amener la guérison.

Chaque fois qu'un végétal se trouve dans un état pathologique par suite d'influences ambiantes défavorables qui ont développé en lui un état morbide, et que ses tissus ne jouissent plus d'assez d'énergie vitale pour lutter contre le mal, la désorganisation commence, et l'unique moyen de guérison est un redoublement de soins pour rendre au végétal sa vigueur première.

Les parasites qui croissent sur les végétaux malades ne sont pas la cause du mal, ils en sont tout simplement l'effet. A quoi bon alors savoir que le *Puccinia Asparagi* croît sur l'Asperge, le *Sclerotium varium* sur le Chou, plusieurs espèces d'*Uredo* sur le Céleri, le Haricot, la Pimprenelle et le Poireau, le *Botrytis effusa* sur l'Épinard, le *Fusisporium* sur le Melon, l'*Acrosporium monilioides* sur l'Oignon, et l'*Erysiphe communis* sur les Pois, etc.? Ce sont, nous le répétons encore, des effets, et non des causes.

Dans les saisons froides et humides, à des expositions défavorables, par suite de l'absence de soins et de précautions, les végétaux souffrent et tombent malades. Le maraîcher, ayant à sa disposition de l'eau, du fumier, des abris, peut prévenir tout ce mal, qu'il ne réparera pas une fois qu'il existera.

CHAPITRE XII.

Calendrier du maraicher.

Le mois d'août est véritablement le premier mois de l'année horticole ; car, en commençant l'année en janvier, on laisse nécessairement en arrière toute une série d'opérations entamées.

C'est au mois d'août qu'on fait les premiers semis ; puis viennent naturellement les opérations qui en sont la conséquence. A partir de ce moment on continue successivement, pour ne terminer qu'en juillet. C'est pourquoi, en agissant autrement, comme nous l'avons dit, on sépare les travaux d'automne de ceux du printemps, avec lesquels ils sont intimement liés, puisqu'ils en sont la préparation nécessaire.

Lorsque nous vîmes que la Société royale d'Agriculture avait adopté cette disposition dans son programme, nous éprouvâmes quelque satisfaction, car ce fut pour nous une occasion de reconnaître que nous avions eu raison de procéder ainsi précédemment.

Nous allons maintenant non-seulement indiquer les travaux propres à chaque mois, mais encore la hauteur du baromètre, la température mensuelle (pour obtenir une moyenne convenable nous avons pris vingt et une années d'observations, afin de présenter un résultat qui ne soit pas le produit de causes accidentelles), la quantité mensuelle de pluie et l'état de l'hygromètre [1]. Les variations de l'atmosphère ont une telle influence sur les opérations horticoles, que nous avons pensé qu'il serait utile de mettre ces renseignements en tête de chaque mois, de manière que l'on puisse les consulter au besoin. Nous indiquerons aussi les variations atmosphériques qui ont lieu, année moyenne, sous le climat de Paris.

Ainsi l'on compte par an [2] :

182 jours de ciel couvert,
184 — nuageux,
142 — de pluie,
58 — de gelée,
180 — de brouillard,
12 — de neige,
9 — de grêle,
14 — de tonnerre.

Le vent souffle

65 jours du sud,
67 — du sud-ouest,
70 — de l'est,

[1] Nous avons puisé ces renseignements dans les ouvrages suivants : Bouvard, *Observations météorologiques faites à l'Observatoire de Paris de 1816 à 1827*. — *Mémoires de l'Académie royale* ; Paris, vol. VII, p. 267, 1828. — Eisenrohr (O.), *Recherches sur le climat de Paris*. — Poggendorf, *Annalen der Physik and Chemie*, LX, 161, 1845.

[2] On ne doit point s'étonner de ne pas trouver dans ce calcul un total de 365 jours, ces indications ne portant que sur l'apparition plus ou moins prolongée du phénomène météorologique.

32 jours du nord-ouest,
45 — du nord,
40 — du nord-est,
23 — de l'est et du sud-est.

La direction des vents influe beaucoup sur la hauteur du baromètre et le fait en moyenne varier de 782 millimètres. Nous ne donnerons pas ici le tableau de ces variations, qui n'a qu'un pur intérêt scientifique. Il n'en est pas de même des autres renseignements que nous mettons en tête de chaque mois, et qui sont véritablement pratiques.

AOUT.

Hauteur moyenne du baromètre, 756$^{mill.}$,380.
Température moyenne, maximum +21°,20.
minimum +16°,46.
Quantité de pluie, 48$^{mill.}$,59.
Etat de l'hygromètre, 70°,5.

Pendant ce mois on donne les soins nécessaires aux semis et aux plantations qui ont été faites antérieurement, soit en pleine terre, soit sur couche, et qui consistent en binages, sarclages et arrosements; puis on recueille une partie du fruit des travaux de l'année précédente.

On commence à faire les premiers semis, et à partir de cette époque les opérations se succèdent sans interruption.

Couches.

Les couches sont peu nécessaires dans le courant de ce mois; cependant, pour utiliser celles du printemps, aussitôt que les Melons sont récoltés on plante deux rangs de Choux-fleurs sur chacune. On commence à préparer le fumier pour dresser les premières meules à Champignons.

Pleine terre.

Dans la première quinzaine on sème l'Oignon blanc destiné à être repiqué en octobre, et vers la fin du mois on sème celui qu'on veut repiquer en mars; puis, de la Saint-Louis à la Notre-Dame de septembre (c'est-à-dire du 25 août au 8 septembre), on sème les Choux d'York et cœur-de-bœuf, la Laitue de la Passion. On continue les semis de Carottes hâtives, Cerfeuil, Epinards, Navets, Radis; puis l'on fait les dernières plantations de Céleri et de Chicorée.

Dans la seconde quinzaine on sème des Épinards et des Mâches pour l'automne, puis des Laitues gottes à repiquer sur couches après d'autres cultures.

Vers la fin du mois ou au commencement de septembre, on récolte les Oignons. Après les avoir arrachés, on les laisse sur le terrain pendant quelques jours pour qu'ils achèvent de mûrir; après quoi on les dépose dans un grenier.

On plante les Oignons blancs pour graine. C'est aussi l'époque de multiplier le Cresson de fontaine par boutures; elles reprennent avec une telle facilité, qu'il suffit de les placer sur un sol humide. Au bout de peu de temps les tiges couvrent complétement la terre.

Pendant ce mois on récolte les graines de Carotte, Ciboule, Laitue, Romaine, Oignon, Panais, Persil, Poireau, Radis, Raiponce, Angélique, Perce-pierre.

SEPTEMBRE.

Hauteur moyenne du baromètre, 756$^{mill.}$,399.
Température moyenne, maximum + 17°,87.
minimum + 13°,74.
Quantité de pluie, 57$^{mill.}$,26.
Etat de l'hygromètre, 75°,2.

Couches.

On commence à établir des meules à Champignons. On relève les Ananas plantés sur couche en mai et on les plante en pots, après avoir supprimé les racines. On sème de la Chicorée fine pour la repiquer sur terre, mais sous cloche ou sous panneaux, et, vers la fin du mois ou au commencement d'octobre, on sème des Radis sur ados.

On pose des coffres sur de vieilles couches à Melons; on les recharge de terreau pour planter de la Laitue gotte, qu'on ne recouvre de panneaux que lorsqu'il gèle. On donne autant d'air que possible, afin d'éviter l'humidité; avec des soins on peut en conserver jusqu'en décembre.

Pleine terre.

Comme pendant ce mois la chaleur a diminué, les arrosements doivent être moins fréquents et n'avoir lieu que le matin ou dans le courant de la journée;

car, à cause de la fraîcheur des nuits, on doit cesser ceux du soir.

Dans la première quinzaine on sème des Choux-fleurs tendres, des Choux-fleurs demi-durs et de la Laitue petite noire, pour repiquer sur ados.

On continue le semis de Carottes hâtives, Cerfeuil, Choux-d'York, Choux cœur-de-bœuf, d'Épinards, Laitue de la Passion, Mâches, Navets, Radis; puis, dans la seconde quinzaine, du Poireau pour récolter dans le courant de juin.

On repique les Choux, la Ciboule et le Poireau semé en juillet. On pince les Choux de Bruxelles, afin de favoriser le développement des pommes. On commence à empailler les Cardons et le Celeri qu'on veut faire blanchir. Vers la fin du mois, on plante, soit en pots, soit par planches, les Fraisiers que l'on se propose de forcer.

Pendant ce mois on récolte les graines de Cardon, Céleri, Chicorée frisée, Escarole, Chicorée sauvage, Arroche, Pimprenelle, Poirée, Betterave; et, vers la fin du mois, celle de Chou-fleur.

OCTOBRE.

Hauteur moyenne du baromètre, 754$^{\text{mill.}}$,465.
Température moyenne, maximum — 14°,75.
minimum — 9°,46.
Quantité de pluie, 48$^{\text{mill.}}$,10.
Etat de l'hygromètre, 82°,5.

Couches.

Dans les premiers jours de ce mois, on repique sous cloches la chicorée fine semée en septembre; vers la fin du mois ou dans les premiers jours de novembre, on relève le plant pour le repiquer sous cloche ou sous panneaux. On plante les œilletons d'Ananas dans des pots qui doivent être proportionnés à la force de chacun. Dans la première quinzaine, on sème la Laitue petite noire et la Romaine verte sur ados ; dans la seconde quinzaine, enfin, lorsque le plant est bon à repiquer, c'est-à-dire lorsque les cotylédons sont bien développés et que les premières petites feuilles commencent à paraître, on place trois rangs de cloches sur toute la longueur de l'ados, et, après les avoir lavées, on repique sous chacune vingt-quatre Laitues ou trente Romaines.

Dans la seconde quinzaine on sème la Laitue gotte, la Laitue palatine, la Romaine blonde ; on repique le plant vers la fin du mois ou au commencement de novembre, et, lorsqu'il est bien repris, ce qui se voit lorsqu'il commence à végéter, on soulève les cloches d'environ 3 centimètres, puis on augmente progressivement jusqu'à 8 centimètres, mais en ayant soin de lever toujours les cloches du côté opposé à celui d'où souffle le vent, et on ne les rabat que lorsqu'il gèle à 2 ou 3 degrés.

Ce plant, s'il est convenablement soigné, sert à faire toutes les plantations qui ont lieu depuis le mois de décembre jusqu'en février et mars. Il faut aussi repiquer les Choux-fleurs en pépinière sur ados; mais on ne les couvre de cloches ou panneaux que lorsqu'il gèle.

On commence à placer sur couche des racines de

Chicorée sauvage pour les faire blanchir, et à partir de cette époque on peut continuer ce travail successivement jusqu'en mars et avril.

Pleine terre.

Les jours commençant à décroître d'une manière sensible, et les gelées étant à craindre dans le courant de novembre, il faut, pendant les soirées, faire les réparations nécessaires aux coffres et aux panneaux, afin qu'ils soient en état de servir dès que les froids se feront sentir. On commence aussi à fabriquer des paillassons.

On fait les derniers semis de Mâche et de Cerfeuil pour le printemps. Vers la fin du mois ou au commencement de novembre on sème les derniers Epinards, soit en pleine terre, soit sur les vieilles couches à Melons, après avoir récolté les Choux-fleurs. C'est aussi l'époque de semer du Cerfeuil et du Cresson alénois pour graines.

On repique les Choux semés en août et septembre, ainsi que l'Oignon blanc semé dans la première quinzaine d'août. Vers la fin du mois ou le commencement de novembre on coupe les vieilles tiges d'Asperges, on donne un léger binage aux planches, puis on étend sur le tout un bon paillis de fumier court. Il faut aussi donner un binage aux planches d'Oseille et les couvrir d'un bon paillis.

Vers la fin du mois on récolte les graines d'Asperges.

NOVEMBRE.

Hauteur moyenne du baromètre, 755mill.,614.
Température moyenne, maximum + 10°,15.
minimum + 4°,74.
Quantité de pluie, 55mill.,87.
État de l'hygromètre, 83°,2.

Couches.

Lorsque, le soir, le temps est clair, le vent à l'est, et que le thermomètre ne marque plus que 2 degrés au-dessus de zéro, il faut couvrir les panneaux et les cloches avec des paillassons ; s'il survient des froids de 4 à 5 degrés, on garnit avec du fumier bien sec les cloches placées sur les ados. On augmente l'épaisseur de la couverture en raison de l'intensité du froid, et l'on découvre les cloches au moment du soleil ; mais il faut s'assurer auparavant que le plant n'est pas atteint de la gelée ; car alors il faudrait, au lieu de le découvrir, augmenter la couverture et le laisser dégeler graduellement.

On commence à chauffer les Asperges blanches et vertes, et l'on continue successivement jusqu'à l'époque où elles donnent en pleine terre. On plante sur terre, mais sous cloches ou sous panneaux, de la Chicorée fine. Sous panneau, on en plante ordinairement sept rangs par coffre, à vingt-cinq par rang ; sous cloches, quelques maraîchers plantent trois Chicorées et un Chou-fleur au milieu. On plante aussi une première saison de Laitue petite noire ; on repique sous cloche tous les plants de Laitue et de Romaine qui ont été semés le mois précédent.

On peut, vers la fin du mois, commencer à planter de l'Oseille sur couche et sous panneau, et à partir de cette époque on peut continuer successivement jusqu'à la fin de février. C'est aussi le moment de semer des Pois hâtifs pour les repiquer sous panneaux dans le courant de décembre.

Pleine terre.

Une fois novembre arrivé, comme la gelée peut sévir d'un jour à l'autre, il faut avoir du fumier et des paillassons en quantité suffisante pour couvrir les châssis, les cloches, et toutes les plantes qui sont susceptibles de souffrir de la gelée ; il faut aussi achever de lier les dernières Chicorées et les Escaroles. On sème les derniers Epinards, la Laitue Georges pour repiquer sur ados, les premiers Pois Michaux, de la Laitue à couper à bonne exposition.

Dans le courant du mois, *mais le plus tard possible,* on coupe les Choux-fleurs, ce qu'il ne faut faire que par un temps bien sec, et on les dépose dans la serre aux légumes, où ils peuvent se conserver jusqu'en avril. On rabat aussi les tiges d'Artichauts et les longues feuilles, puis on les butte, opération qui consiste à relever la terre autour de chaque touffe, de manière qu'elle se trouve enterrée presque jusqu'en haut des feuilles. Lorsqu'il vient de fortes gelées, on les couvre avec de la litière ou des feuilles, que l'on écarte quand le temps est doux.

Il faut aussi relever les Brocolis en motte, les planter dans une tranchée, puis les couvrir de châssis ou de paillassons pendant les gelées. On relève également tous les Choux et les légumes que la gelée endommage ou empêcherait d'arracher; on les dépose dans la serre à légumes, ou bien on les met en jauge, et à l'approche des froids on les couvre avec des paillassons, de la litière ou des feuilles; puis on les découvre toutes les fois que la température le permet.

Dans le courant du mois on commence à préparer le terrain destiné à la plantation des Choux d'York, cœur-de-bœuf et pain-de-sucre, et dans la seconde quinzaine on plante tous les Choux qui doivent fournir des graines.

Si dans la première quinzaine on peut disposer de quelques panneaux, il faut les placer devant l'espalier de Vigne ; par ce moyen on peut conserver du Raisin dans toute sa beauté jusqu'en janvier.

DÉCEMBRE.

Hauteur moyenne du baromètre, 754$^{mill.}$,953.
Température moyenne, maximum + 7°,93.
minimum + 3°,53.
Quantité de pluie, 43$^{mill.}$,60.
Etat de l'hygromètre, 87°,5.

Couches.

Pendant ce mois les travaux de pleine terre sont très-restreints, mais ceux relatifs aux cultures forcées prennent beaucoup d'extension. Arrivé à cette époque, il faut, quel que soit l'état de la température, couvrir pendant la nuit les panneaux et les cloches avec des paillassons. Aussitôt que les couches indiquées pour ce mois sont montées, il faut les couvrir de panneaux et de paillassons, afin que les fumiers entrent plus promptement en fermentation. A moins de temps contraire, on découvre tous les jours celles sur lesquelles on a semé ou planté, en ayant soin de les recouvrir avant la nuit.

Quel que soit l'état de la température, il faut, tant que la neige est sur la terre, couvrir pendant la nuit les cloches et les panneaux avec des paillassons; il faut aussi avoir soin de ne pas laisser fondre la neige sur les couches.

Dans la première quinzaine on *rechange*, c'est-à-dire on arrache les plants de Romaines qui ont été repiqués en octobre et novembre, pour les replanter sur de nouveaux ados; mais, cette fois, on en met un quart de moins sous chaque cloche, afin qu'ils prennent plus de force.

Agir de même pour les Choux-fleurs et pour les Choux que l'on ne peut planter que plus tard.

On achève de remplir les sentiers des coffres. Dehors on dresse les dernières meules à Champignons. A l'approche des gelées, on pose des panneaux sur les planches de Poirée, de Persil, d'Estragon, d'Oseille, etc., afin de n'en pas manquer pendant l'hiver. Dans la première quinzaine on fait un premier semis de Carotte courte hâtive, et l'on repique quelques rangs de Laitues sur la même couche. Vers la fin du mois on sème une seconde saison de Carottes ; mais cette fois on remplace la Laitue par des Radis, qu'on sème très-clair.

On plante les premiers Choux-fleurs sur couche ; on en met six ou huit par panneau, puis on repique entre eux des Laitues ; on plante aussi sous cloche ou sous panneau des Laitues et des Romaines.

Sous panneau, on plante ordinairement par coffre sept rangs de Laitues, à vingt-cinq par rang, et alternativement une Laitue et une Romaine (il va sans dire qu'on peut planter les Laitues et les Romaines séparément) ; sous cloche, on plante quatre Laitues et une Romaine au milieu. On sème des Radis roses hâtifs ; mais à cette époque on ne fait pas de couches spéciales pour cette culture ; on les sème parmi d'autres plantes, telles que Laitues, Carottes, Choux-fleurs, etc. Dans les cultures de hautes primeurs, on sème dans la seconde quinzaine du mois des Haricots nains de Hollande, et, aussitôt après le développement des cotylédons, on les repique sur couche et sous panneaux.

On sème du Poireau, que l'on repique en pleine terre vers la fin de février ou au commencement de mars. C'est aussi le moment de repiquer les Pois sous panneaux.

Pleine terre.

Si le temps est doux, on découvre les Artichauts pendant le jour, mais il est prudent de les recouvrir le soir ; si la gelée augmente, on les couvre d'une plus grande quantité de litière ou de feuilles.

Si l'on craint de fortes gelées il faut couvrir avec de la litière les planches de Carottes, de Cerfeuil, d'Épinards, de Mâches. A défaut de litière, on peut couvrir les Carottes d'une forte couche de terre, comme on le fait dans le nord de la France. Dans la seconde quinzaine du mois ou dans le courant de janvier, en un mot pendant les froids, on vide les tranchées des couches à Melons, puis on égalise le terrain, afin de le mettre en culture au printemps.

On commence à planter les Choux pommés hâtifs, qu'on place dans des rayons creusés plus profondément qu'on ne le fait ordinairement, afin que le plant se trouve à l'abri des intempéries.

JANVIER.

Hauteur moyenne du baromètre, 757mill.,759.
Température moyenne, maximum + 7°,10.
minimum + 4°,41.
Quantité de pluie, 56mill.,27.
État de l'hygromètre, 86°,5.

Couches.

Pendant ce mois les plantes cultivées sur couches exigent des soins assidus ; on monte de nouvelles couches, on remanie les réchauds qui ont besoin d'être refaits, et l'on remplit les sentiers de couches qui se sont affaissés, de manière qu'ils soient toujours aussi élevés que la surface des panneaux. A moins de temps contraire, on découvre les panneaux tous les jours, et on donne un peu d'air aux plantes au moment du soleil, en soulevant les panneaux et les cloches du côté opposé au vent ; mais il faut, le soir, avoir soin de les recouvrir avant qu'il se soit formé du givre sur les vitres.

On commence à chauffer la première saison d'Ananas, et, dans la culture de hautes primeurs, on sème les Aubergines, les Concombres, les Haricots hâtifs de Hollande et noir hâtif de Belgique, les Melons, les Tomates. On sème sur couche et sous panneaux de la Chicorée sauvage qui, privée d'air et de lumière jusqu'à ce que les graines soient germées, produit des feuilles généralement recherchées pour manger en salade. On sème, dans les mêmes conditions, de la Chicorée fine pour repiquer sur couche et sous panneaux, des Choux-fleurs, des Pois, des Fèves, pour repiquer en pleine terre, à bonne exposition; puis on continue les semis de Carottes et de Radis.

Lorsqu'on suppose que le Persil doit avoir souffert de la gelée, on en sème sous panneaux. Si, par une circonstance imprévue, il arrivait que l'on manquât de plant d'Oignon blanc, il faudrait, dans le courant du mois, en semer sur couche et sous panneaux.

On pose des coffres et des panneaux sur les planches de Fraisiers que l'on veut forcer ; on creuse les sentiers pour les remplir de fumier. C'est aussi le moment de placer dans la bâche les Fraisiers en pots ; mais on ne commence à les chauffer que quelque temps après.

On plante les Pommes de terre Marjolin, les Laitues et les Romaines, et, lorsque les Asperges blanches sont épuisées, on peut, pour utiliser les panneaux (qu'il ne faut pas enlever aussitôt, car le passage subit du chaud au froid serait très-nuisible aux Asperges), planter dans chaque coffre deux rangs de Choux-fleurs, puis des Laitues ou des Romaines entre les Choux-fleurs, et plus tard des Chicorées fines. Comme ces plantes n'exigent pas de chaleur et qu'il suffit de les garantir du froid, elles ne peuvent nuire en rien aux Asperges.

Pleine terre.

Toutes les fois que la température le permet, on donne de l'air aux Artichauts, mais il faut avoir soin de les recouvrir le soir. Pendant les gelées on couvre les planches en culture avec de la litière ou des paillassons, si la température n'a pas exigé qu'on le fît plus tôt.

Vers la fin du mois on peut, si le temps le permet, labourer les costières pour planter des Choux pommés, des Romaines, des Laitues, et semer des Carottes.

FÉVRIER.

Hauteur moyenne du baromètre, 757$^{mill.}$,706.
Température moyenne, maximum + 7°,08.
minimum + 0°,94.
Quantité de pluie, 40$^{mill.}$,50.
État de l'hygromètre, 83°,2.

Couches.

Elles exigent les mêmes soins que pendant le mois précédent. On plante les Melons et la Chicorée fine semées en janvier. On relève les Aubergines et les Tomates, également semées en janvier, pour les repiquer une seconde fois, mais plus espacées que la première.

Dans les cultures ordinaires on sème les premiers Melons, les Haricots, les Aubergines et les Tomates, pour les repiquer sur couche ; des Choux-Raves, des Choux rouges, du Céleri-Rave, du Céleri turc, Chicorée sauvage, la Laitue grise, la Romaine blonde et le Piment ; mais, pour employer les panneaux pendant moins de temps, on peut semer la Chicorée sur ados et couvrir les semis avec de la litière qu'on enlève aussitôt que les graines sont germées ; c'est seulement alors que l'on place les panneaux. On sème encore des Radis sur couche, mais à l'air libre, et s'il survient de mauvais temps, on les couvre avec des paillassons.

Dans la première quinzaine on enlève la terre des sentiers qui entourent les planches d'Artichauts qu'on veut forcer, et on la remplace par un réchaud de fumier. A la même époque on termine la récolte des

Romaines et des Laitues cultivées sous cloches ; on retourne le terreau, on plante une seconde saison de Laitue et de Romaine sur la même couche, et vers la fin du mois, enfin lorsqu'on n'a plus à craindre de froids rigoureux, on plante une Romaine entre chaque cloche. Aussitôt que les Laitues et les Romaines plantées sous cloches sont récoltées, on rapporte les cloches sur la seconde plantation des Romaines.

On multiplie les Crambés par bouture de racines, et l'on commence à butter ceux qui ont atteint leur troisième année.

Pleine terre.

Il faut donner de l'air aux Artichauts toutes les fois que le temps le permet. Comme souvent la température de février est aussi défavorable à l'horticulture que celle du mois précédent, ce n'est guère avant la fin du mois qu'on reprend les travaux suspendus durant l'hiver. Ainsi, aussitôt que le temps redevient favorable, on termine la plantation des Choux semés en août et l'on sème parmi eux des Epinards. A partir de cette époque on peut continuer ce semis successivement jusqu'en octobre, à bonne exposition. On commence à planter de la Romaine, à travers laquelle on sème des Radis. On repique les Pois et les Fèves semés en janvier sous panneau, et l'on fait les premiers semis en pleine terre. On plante les premières Pommes de terre, et, à partir de cette époque, on peut continuer successivement jusqu'à la fin de juin.

On commence à faire quelques semis, tels que ceux

de Carotte, Ciboule, Poireau, Panais, Persil, Oignon, Pois, Salsifis, Scorsonère. On sème aussi des Choux de Milan et des Choux de Bruxelles dont le plant doit être repiqué immédiatement en place. On sème, pour graines les Chicorées, les Laitues, les Romaines et les Radis.

On prépare les carrés destinés aux Asperges, afin que la terre subisse l'influence de l'air avant la plantation. On plante les Fraisiers des quatre saisons et les Fraisiers anglais. Bien que l'automne soit considéré comme beaucoup plus favorable au succès de cette culture, on peut encore obtenir de beaux fruits, quand les premières fleurs et les filets des Fraisiers plantés au printemps sont supprimés à temps.

MARS.

Hauteur moyenne du baromètre, 755$^{mill.}$,852.
Température moyenne, maximum + 9°,94.
minimum + 2°,66.
Quantité de pluie, 59$^{mill.}$,89.
Etat de l'hygromètre, 75°,0.

Couches.

Pendant ce mois les couches exigent beaucoup de surveillance, car la température est tellement inégale, qu'il faut souvent, pendant le jour, ombrer les panneaux et les cloches, et, pendant la nuit, les couvrir avec des paillassons. On commence à chauffer la seconde saison d'Ananas ; on plante les Melons, les Aubergines et les Tomates semés en janvier. On fait blanchir les dernières racines de Chicorée sauvage, et on continue les semis de Concombres, Chicorées, Céleri-

Rave, Céleri turc, Laitue grise, Romaine blonde, Melons, Piment, Tomates. Dès les premiers jours du mois on peut enlever les panneaux et les coffres qui ont servi à forcer l'Oseille, remanier la couche et y placer trois rangs de cloches ; après quoi on repique sous chaque cloche une Romaine et trois Chicorées, plus deux rangs de Choux-fleurs entre les cloches.

On exhausse les coffres des Choux-fleurs, des Haricots, etc., toutes les fois qu'il est nécessaire de le faire, et, s'il survient quelques petites pluies douces, on enlève les panneaux et les cloches ; mais il faut avoir soin de les replacer le soir. On peut encore, si le temps est doux et que l'on ait besoin de panneaux, enlever ceux qui couvrent les Carottes, car à cette époque elles peuvent rester à l'air libre ; seulement on les récolte quelques jours plus tard. Si dans la seconde quinzaine le temps est favorable, on enlève les panneaux des Choux-fleurs ; mais comme à cette époque les nuits sont souvent très-froides et qu'il peut survenir quelques journées de mauvais temps, il faut placer deux rangs d'échalas (un vers le haut du coffre et l'autre vers le bas), sur lesquels on fixe des lattes de treillage, de manière à supporter les paillassons que l'on place pendant la nuit et par le mauvais temps.

Pleine terre.

C'est dans ce mois que les travaux de pleine terre reprennent leur importance, car l'on peut confier à la terre toutes les graines potagères, toutefois en ayant soin de recouvrir les semis avec du terreau, afin de les mettre à l'abri des gelées printanières et du hâle. On enlève la couverture des Artichauts, on détruit les buttes et on laboure les planches. On plante les caïeux d'Echalotes, ainsi que la Civette, avec laquelle on peut faire des bordures ; on multiplie l'Estragon par des éclats de pieds. On repique tous les jeunes plants élevés sur couche que la température n'a pas permis de repiquer plus tôt.

On sème les graines d'Asperges, de l'Oseille et le Fraisier des quatre-saisons.

On continue les semis de Carottes, Cerfeuil, Choux de Milan, Choux de Bruxelles, Ciboule, Epinards, Oignon, Persil, Poireaux, Pois, Salsifis, Scorsonère, Radis.

On plante les premiers Choux-fleurs, les Asperges, les Pommes de terre, les Fraisiers, les Laitues, les Romaines; les Oignons destinés à fournir des graines et tous les porte-graines qu'on a conservés en jauge.

Dans la seconde quinzaine on fait les premiers semis de Brocolis et de Navets hâtifs ; on repique de la Chicorée fine, mais sous cloche et sous panneau.

AVRIL.

Hauteur moyenne du baromètre, 754$^{mill.}$,789.
Température moyenne, maximum + 12°,70.
minimum + 5°,69.
Quantité de pluie, 5$^{mill.}$,53.
Etat de l'hygromètre, 65°,8.

Couches.

Pendant le jour on donne beaucoup d'air aux plantes cultivées sous cloches et sous panneaux.

Au commencement du mois on sème des Melons, des Concombres, des Haricots pour repiquer en pleine terre, mais sous cloches ou sous panneaux, des Cardons et des Cornichons.

On sème encore les Chicorées sur couche, mais à l'air libre. Vers la fin du mois on plante les Patates sur couche sourde, et, aussitôt que les Laitues et les Romaines cultivées sur couches sont récoltées, on démonte les couches, puis on en prépare d'autres pour planter les Melons à cloches, ou bien on dispose de l'emplacement pour toute autre culture.

Pleine terre.

On continue les travaux qui n'ont pas été terminés dans le mois précédent ; on bassine les semis toutes les fois que la température l'exige ; enfin on a soin de tenir les graines dans un milieu favorable à leur développement.

On fait une chasse assidue aux insectes qui attaquent les jeunes semis ; on commence les sarclages, et, si le plant est trop dru, on l'éclaircit, afin d'avoir des plantes plus vigoureuses.

On plante les œilletons d'Artichauts ; on sème le Céleri turc à une exposition ombragée, les Betteraves, la Chicorée sauvage, la Laitue grise, la Romaine blonde, la Poirée blonde, la Pimprenelle.

On continue les semis de Brocolis, Carottes, Chou de Milan, Chou de Bruxelles, Epinards, Navets, Oseille, Persil, Pois, Radis.

On repique les Chicorées frisées et les Escaroles qui

doivent fournir les graines, le Poireau semé en février ou mars, les Radis porte-graines semés sur couches en février. On commence à repiquer les Céleris semés sur couches, et vers la fin du mois ou au commencement de mai on sème des Choux-fleurs demi-durs.

MAI.

Hauteur moyenne du baromètre, 754$^{mill.}$,863.
Température moyenne, maximum + 17°,67.
minimum + 10°,98.
Quantité de pluie, 56$^{mill.}$,80.
Etat de l'hygromètre, 70°,0.

Couches.

On fait une couche que l'on charge de terre pour planter les Ananas; on plante les premiers Melons à cloche et les Patates, si la température n'a pas permis de le faire plus tôt. On sème les Cornichons, et, comme dans le mois précédent, on sème les Chicorées sur couches, mais à l'air libre. A cette époque on remplace assez ordinairement la Chicorée fine par la Chicorée de Meaux, qui résiste mieux aux chaleurs de l'été et à l'humidité de l'automne.

Pleine terre.

Les travaux de ce mois sont très-multipliés, car, indépendamment des semis, des sarclages et des repiquages, souvent la température exige qu'on donne de fréquents arrosements.

Comme on n'a plus besoin de paillassons, on les dépose sous le hangar; on place au-dessous quelques traverses de bois, afin qu'ils ne soient pas en contact avec le sol ; après quoi on les étend à plat les uns sur les autres. Assez ordinairement on répand un peu de cendre sur chacun d'eux, afin d'éloigner les souris, qui, lorsqu'elles s'établissent dans les tas de paillassons, y font beaucoup de dégâts.

Comme, à cette époque, on n'a plus besoin d'établir des couches nouvelles, on peut commencer à faire provision de fumier pour les besoins de l'automne. On forme ordinairement des tas de fumier d'environ 3 mètres 33 centimètres de largeur sur une longueur indéterminée ; mais il faut avoir soin de les éloigner le plus possible de l'habitation, car il arrive quelquefois que la fermentation est telle, que le feu prend au fumier.

On sème les Cardons immédiatement en place, les Choux pour graines, et tous les Haricots que l'on veut récolter en sec ; mais pour la consommation en vert on peut semer successivement jusqu'en juillet. On sème du Pourpier, des Betteraves, des Poirées à cardes, des Choux-Raves.

On continue les semis de Brocolis, Carottes, Céleri turc, Chicorée sauvage, Choux de Milan, Choux de Bruxelles, Choux-fleurs demi-durs, Epinards, Laitue grise, Romaine blonde, Navets, Oseille, Pois, Radis.

Lorsque le plant de Fraisier a quatre ou cinq feuilles, on le repique en pépinière, sur une vieille couche. Dans la seconde quinzaine on plante les Patates en pleine terre, les Concombres, les Potirons, les Piments et les Tomates.

JUIN.

Hauteur moyenne du baromètre, 756mill.,966.
Température moyenne, maximum + 21°,19.
minimum + 14°,42.
Quantité de pluie, 54mill.,44.
Etat de l'hygromètre, 67°,5.

Couches.

A cette époque les Melons et les Aubergines sont les seules plantes cultivées sur couches.

A la Saint-Jean on plante les derniers Melons. On enlève les panneaux et les cloches au fur et à mesure que les plantes peuvent se passer d'abri ; on rentre les panneaux sous un hangar, puis on dépose les cloches dans un coin du jardin ; à cet effet on étend un lit de litière sur le sol, puis on aligne les cloches sur deux rangs et dans le même sens. On les met l'une dans l'autre, en ayant soin de les séparer par un peu de litière pour éviter qu'elles se cassent; ensuite on étend un lit de litière par-dessus, et on place un troisième rang de cloches qui porte sur les deux premiers; enfin on recouvre le tout avec de la grande litière. On enlève aussi les coffres pour les déposer dans un coin du jardin.

Pleine terre.

Les travaux de ce mois ne sont que la continuation de ceux du précédent ; mais comme le soleil est arrivé à son point le plus élevé, ses rayons sont brûlants; aussi les arrosements doivent-ils être fréquents et abondants.

On sème les derniers Choux-fleurs, les Choux de Vaugirard, les Choux-Navets, les Chicorées de Meaux, les Escaroles, la Raiponce et le Radis noir. On sème, pour l'hiver, de la Ciboule et du Poireau. On continue les semis de Carottes hâtives, Cerfeuil, Chicorée sauvage, Choux de Milan, Choux de Bruxelles, Epinards, Haricots, Laitue grise, Romaine blonde, Navets, Oseille, Pois, Radis.

On plante les Concombres, les Cornichons, les dernières Pommes de terre, puis on repique les Choux pour graines en pépinière, et l'on commence à récolter les graines de Cerfeuil, Cresson alénois, Mâches, Navets, etc.

JUILLET.

Hauteur moyenne du baromètre, 756mill.,193.
Température moyenne, maximum + 21°,10.
minimum + 16°,95.
Quantité de pluie, 47mill.,21.
Etat de l'hygromètre, 68°,2.

Couches.

On met en pleine terre les Ananas qui commencent à marquer fruit.

On arrose à propos les Melons, les Concombres, les Aubergines et les Piments, ce qui nécessite une grande surveillance, car pendant les chaleurs les plantes cultivées sur couches exigent des arrosements beaucoup plus fréquents que celles qui sont cultivées en pleine terre.

Pleine terre.

Comme la chaleur est toujours aussi élevée, les arrosements absorbent une bonne partie de la journée.

On sème dans les premiers jours du mois des Choux de Milan, de l'Oseille, de la Raiponce et des Radis noirs. On continue les semis de Carottes hâtives, Cerfeuil, Chicorée de Maux, Escarolle, Ciboule, Epinards, Haricots, Laitue grise, Romaine blonde, Navets, Poireaux, Pois, Radis; puis on sème des Scorsonères pour l'année suivante.

On repique les Choux-fleurs et les Choux de Vaugirard semés dans le mois précédent.

On plante les Fraisiers semés en mars; puis on repique en pépinière les filets des variétés que l'on veut mettre en pots pour les forcer.

On récolte les graines d'Epinards, d'Oseille, de Scorsonère, ainsi que les Pois.

VOCABULAIRE MARAICHER.

ACCOT. Voir page 121.

ADOS. Voir page 121.

AMENDER. Améliorer une terre par les engrais.

ARROSER. Synonyme de mouiller.

—— *à la pomme* signifie verser l'eau avec la pomme de l'arrosoir. Dans ce cas il faut répandre l'eau le plus également possible et la verser de manière à ne pas battre la terre.

—— *à la gueule,* c'est verser l'eau par l'ouverture de l'arrosoir. On arrose ainsi les gros légumes qui demandent beaucoup d'eau.

BASSINER. Arroser légèrement avec la pomme de l'arrosoir, de manière que l'eau tombe en forme de pluie.

BINER. Voir page 120.

BORDER. Voir page 122.

BORGNE. Se dit des Choux et des Choux-fleurs qui n'ont pas de bourgeon terminal.

BORNER. C'est serrer légèrement la terre autour des racines d'une plante qu'on vient de planter, ce qu'on opère soit avec la main, soit avec le plantoir.

BUTTER. Relever la terre autour du pied des plantes pour les préserver de la gelée, les faire blanchir ou favoriser le développement des tubercules.

CHARGER UNE COUCHE. C'est placer dessus la terre ou le terreau nécessaire au développement des plantes qu'on veut cultiver.

CHEMISE. Couverture de litière dont on couvre les meules à Champignons.

CLOCHÉE. La quantité de plants qui tient sous une cloche.

CLOCHER. Mettre des cloches sur un semis ou sur des plants nouvellement repiqués.

COIFFER. Se dit des Romaines dont les feuilles intérieures sont toutes appliquées l'une contre l'autre, de manière à former une tête compacte.

CONTRE-PLANTER. Cette opération consiste à planter, entre les rangs d'une planche garnie de plants à moitié ou aux trois quarts venus, des plants qui leur succéderont.

COSTIÈRE. Planche plus ou moins large, abritée ou protégée par un mur, un brise-vent, où l'on sème ou plante des légumes qui viennent plus tôt qu'en marais.

COTYLÉDONS. Lobes séminaux ou feuilles séminales.

COUCHES. Voir page 122.

DÉCLOCHER. Enlever les cloches lorsque les plants n'ont plus besoin de chaleur artificielle.

DÉFONCER. Voir page 112.

DENSE. Épais, compacte.

DÉPANNEAUTER. Enlever les panneaux d'une couche.

DONNER DE L'AIR. Soulever les cloches ou les panneaux, afin de fortifier les plantes.

DRESSER UNE PLANCHE. Voir page 114.

ÉCLAIRCIR. C'est arracher une partie du plant lorsqu'on a semé trop dru, de manière que celui qui reste profite davantage.

ÉTÊTER. Couper avec les ongles le sommet de la tige principale d'une plante, de manière à provoquer le développement des branches inférieures.

FORCER. C'est obliger une plante à produire plus tôt qu'elle ne le ferait naturellement.

FRAPPÉ. Se dit d'un Melon qui, arrivé à sa grosseur, commence à changer de couleur ou de teinte.

FUMIER *neuf*. Celui qui sort de l'écurie.

——*recuit*. Le fumier mis en tas depuis quelque temps.

——*vieux*. La partie la moins consommée du fumier provenant de vieilles couches.

GOBETER. Couvrir les meules à Champignons avec de la terre légère.

HALE. Vent sec et desséchant.

HERSER. Voir page 114.

JAUGE. On nomme ainsi le fossé résultant de l'enlèvement de la terre qu'on transporte, avant de commencer à labourer ou à défoncer, à l'extrémité de la pièce où doit se terminer le travail.

LABOURER. Voir page 113.

LARDER. Introduire le blanc dans les meules à Champignons.

MEUBLE. Se dit d'une terre bien divisée par les labours.

MEULE. Voir *Couches à Champignons*.

MONTER UNE COUCHE. Même signification que faire une couche.

MOUILLER. Synonyme d'arroser.

NOUER. Se dit des fleurs qui passent à l'état de fruits.

ŒILLETONS. Rejetons que poussent certaines racines et qui servent à propager la plante.

OMBRER. Étendre du paillis sur les châssis pour atténuer l'intensité des rayons solaires.

PAILLIS. Couche de fumier court que l'on étend sur les planches, afin d'empêcher l'évaporation trop rapide de l'eau des arrosements.

PANNEAUTER. Mettre les panneaux sur les couches.

PINCER. Couper avec les ongles l'extrémité des rameaux pour favoriser le développement des branches inférieures.

PLANTER. Mettre une plante en terre pour qu'elle prenne racine.

PLOMBER. Voir page 118.

POMMER. Se former en pomme. Se dit des Choux et des Laitues lorsque ces légumes sont bons à récolter.

RABATTRE L'AIR. C'est abaisser les châssis ou les cloches qui étaient soulevés.

RATISSER. Couper l'herbe entre deux terres avec la ratissoire dans les sentiers et dans les plantations de gros légumes.

RÉCHAUD. Voir page 128.

REPIQUAGE. Action de repiquer. Voir page 118.

SAISON. Même signification que récolte. Ainsi un maraîcher qui fait six récoltes dans le courant de l'année dit : J'ai fait six saisons.

SARCLER. Arracher les mauvaises herbes qui naissent dans les planches en culture.

SEMER. Voir page 115.

SENTIER. Chemin étroit qu'on laisse entre chaque planche.

TAPISSER. Étendre du fumier court sur les couches à Melons, opération qui doit avoir lieu avant le développement des branches latérales.

TERREAUTER. C'est étendre une couche de terreau sur un semis.

TOURNER. Se dit des Oignons quand a lieu le développement des bulbes.

TRACER. C'est faire des lignes dans le sens de la longueur des planches pour semer ou planter.

VOIE. Hottée de Choux-fleurs ou de Melons préparée pour porter à la halle ; au lieu de dire une hottée de Choux-fleurs ou de Melons, on dit une voie de Choux-fleurs, une voie de Melons.

TABLE DES CHAPITRES.

FIN DE LA TABLE DES CHAPITRES.

TABLE ALPHABÉTIQUE.

FIN DE LA TABLE ALPHABÉTIQUE.

BIBLIOTHÈQUE

DES

PROFESSIONS INDUSTRIELLES ET AGRICOLES

PUBLIÉE PAR

EUGÈNE LACROIX, ÉDITEUR

Sous la direction de MM. les Rédacteurs des ANNALES DU GÉNIE CIVIL

AVEC LA COLLABORATION

D'INGÉNIEURS ET DE PRATICIENS FRANÇAIS ET ÉTRANGERS.

COLLECTION

DE

GUIDES PRATIQUES

A L'USAGE

des Chefs d'usines, des Contre-Maitres,
des Ouvriers, des Agriculteurs,
des Écoles industrielles,

MIS POUR QUELQUES-UNS A LA PORTÉE DES GENS DU MONDE

Depuis bientôt dix années que nous publions des ouvrages de sciences appliquées à l'industrie et à l'agriculture, nous avions par le fait créé cette bibliothèque, par l'ensemble de nos publications. Mais ce que nous voulons, ce à quoi nous voudrions arriver, c'est offrir sous un format commode, à un prix modéré, quoique en donnant tous nos soins à l'impression : papier, gravure, typographie, offrir, disons-nous, des ouvrages accessibles à toutes les intelligences et surtout à toutes les bourses. Nous donnons ici le plan adopté pour notre publication, le titre des ouvrages publiés, le titre de ceux qui sont sous presse, et enfin ceux en préparation ou en projet qui paraîtront successivement.

Pour tous les Guides publiés, ou qui sont sous presse, nous nous sommes assuré de la collaboration des auteurs qui, à titre de savants ou de praticiens, ont une réputation justifiée; ils ont voulu nous aider à fonder cette bibliothèque qui viendra combler une lacune dans les publications françaises, et ils ont agi de telle façon que nous puissions mettre chaque traité au meilleur marché possible.

Ce que nous devrons dire au public, qui naturellement doit être l'acquéreur de nos livres : l'ingénieur, l'industriel, l'ouvrier mécanicien, l'artisan de tous les métiers, l'instituteur, l'agriculteur, l'homme du monde (pour certains traités), c'est qu'un traité spécial est d'autant meilleur marché que le nombre des acquéreurs en est plus grand. Un ouvrage qui ne peut être imprimé qu'à petit nombre, parce que l'on ne prévoit qu'un petit nombre d'acheteurs, devient forcément très-cher ; les premiers frais, c'est-à-dire la gravure des bois et des planches, la composition typographique du texte et, enfin, le travail de l'auteur étant le même pour un exemplaire que pour 1,000, 2,000, 5,000, 10,000.

Dans l'espoir que nous nous trouverons beaucoup d'adhérents, nous commençons cette série de traités et nous la continuerons, si le succès nous indique qu'en l'entreprenant nous avons fait une œuvre utile.

Les volumes sont ou seront publiés dans le format grand in-18 jésus, ils seront accompagnés de figures dans le texte ou de planches gravées sur acier.

Le prix variera, d'après l'importance de l'ouvrage, depuis **1** fr. jusqu'à **5** fr., chiffre qui ne sera que très-rarement dépassé.

La Bibliothèque est composée momentanément de **Neuf Séries**, qui se subdivisent comme suit :

SÉRIE	**A.**	— Sciences exactes.............	8 vol.
»	**B.**	— Sciences d'observation........	15 »
»	**C.**	— Constructions civiles..........	26 »
»	**D.**	— Mines et Métallurgie..........	14 »
»	**E.**	— Machines motrices............	6 »
»	**F.**	— Professions militaires et maritimes....................	9 »
»	**G.**	— Professions industrielles.......	54 »
»	**H.**	— Agriculture, Jardinage, etc....	43 »
»	**I.**	— Economie domestique, Comptabilité, Législation, Mélanges..	15 »

Eugène LACROIX, Éditeur
15, QUAI MALAQUAIS, A PARIS.

BIBLIOTHÈQUE

DES

PROFESSIONS INDUSTRIELLES ET AGRICOLES

PUBLIÉE

Sous la direction de MM. les Rédacteurs du GÉNIE CIVIL

CATALOGUE

DES VOLUMES PUBLIÉS, SOUS PRESSE, OU EN PRÉPARATION.

SÉRIE A.

SCIENCES EXACTES.

1 **Guide pratique** d'Arithmétique, par GARNAULT, professeur à l'Ecole impériale navale (*sous presse*).
2 — d'Algèbre (*sous presse*).
3 — de Géométrie (*en préparation*).
4 — de Trigonométrie, par GARNAULT (*en préparation*).
5 — de Géométrie descriptive [1] (*en préparation*).

[1] Nous avons publié : le cours de géométrie descriptive de Jariez, ex-sous-directeur de l'Ecole d'Angers, 1 vol. in-8°. Prix : 5 fr.

6 **Guide pratique** de Dessin linéaire, par M. Magueur, mécanicien (*sous presse*).

7 — ou Cours de dessin industriel, par E. Bardin, professeur aux Écoles de la ville de Paris.
1re partie : Géométrie graphique, 2 fr. 50
2e — Dessin géométrique des solides, 5 fr.

8 — de perspective (*en préparation*).

SÉRIE B.

SCIENCES D'OBSERVATIONS.

1 **Guide pratique** de Physique (*en préparation*).

2 — des applications de la Chaleur, par Ph. Grouvelle et H. Grouvelle (*sous presse*).

3 — de Galvanoplastie (*en préparation*).

4 — de Télégraphie électrique ou *Vade-mecum* pratique à l'usage des employés et des aspirants aux emplois des lignes télégraphiques, suivi du programme d'admission, par M. B. Miège, dir. de station, 3e édit. 1 vol. avec fig. dans le texte. 3 fr.

5 — de Photographie (*en préparation*).

6 — d'Astronomie. Notions générales d'astronomie, à l'usage des gens du monde, et Guide de l'astronome amateur, par M. Dubois, prof. à l'Ecole impér. navale (*sous presse*).

7 — de Chimie générale, par N. Basset, chimiste (*sous presse*).

8 — de Chimie industrielle, par le même (*sous presse*).

9 — de Zoologie, par Dugé de Bernonville (*sous presse*).

10 — de Botanique, par M. Gossart (*sous presse*).

11 **Guide pratique** de Minéralogie (*en préparation*).
12 — de Géologie (*en préparation*).
13 — d'Hygiène, par LEROY DE MÉRICOURT (*sous presse*).
14 — de Météorologie, par M. RAMBOSSON (*sous presse*).
15 — de l'Anatomie à l'usage du praticien et des gens du monde, par DUGÉ DE BARNONVILLE (*en préparation*).

SÉRIE C.

CONSTRUCTIONS CIVILES.

1 **Guide pratique** d'Arpentage, ou l'Art du géomètre-arpenteur, par M. GUY (P.-G.), ancien élève de l'École polytechnique, officier d'artillerie, 1 vol. avec pl., 3 fr. 50
2 — du Levé des plans, ou l'Art de lever les plans, par BONNARD, 1 vol. avec planches, 10 fr.
3 — du Métreur-vérificateur (*en préparation*).
4 — du Terrassier, par A. DEMANET, lieutenant-colonel du génie belge (*en préparation*).
5 — du fabricant de mortiers et de bétons (*en préparation*) [1].
6 — de l'Agent voyer (*en préparation*).
7 — du Conducteur des ponts et chaussées, par M. BIROT (F.), ingénieur civil (*en préparation*).
8 — du Briquetier (*en préparation*) [2].

[1] Nous avons publié : les Bétons agglomérés ou de leur application à l'art de construire, par COIGNET (F.), ingénieur civil, 1 vol. in-8. Prix : 5 fr.

[2] *Idem*, l'Art du briquetier, par CHALLETON DE BRUGHAT, 1 vol., avec atlas, 3 fr.

9 **Guide pratique** de l'Architecte (*en préparation*).
10 — du Tailleur de pierre (*en préparation*).
11 — du Maçon, par A. Demanet, lieutenant-colonel belge (*sous presse*).
12 — du Charpentier, par le même (*en préparation*).
13 — de la Construction des escaliers [1].
14 — du Fumiste, par Aubert, ingénieur civil, entrepreneur de fumisterie des chemins de fer de l'Est (*s. presse*).
15 — du Plâtrier (*en préparation*).
16 — du Marbrier (*en préparation*).
17 — du Peintre en bâtiments, par A. Demanet (*en préparation*).
18 — du Constructeur de charpente en fer [2].
19 — de l'Ingénieur. 1° Construction et entretien des routes et chemins de fer, par A. Jacquin, ingénieur civil, avec une introduction, par M. A. Perdonnet (*sous presse*).
20 — 2° de l'Exploitation des chemins de fer, par M. A. Perdonnet (*sous presse*).
21 — 3° de l'Ingénieur du matériel fixe et roulant des chemins de fer, par M. Jacquin, ingén. civ., précédé d'une introduction par M. Perdonnet (*sous presse*).
22 — 4° de l'Ingénieur. Hydraulique, par M. Chavès, ingénieur civil (*sous presse*).
23 — des Chemins de fer, ponts, viaducs et tunnels, par M. A. Demanet (*en préparation*).

[1] Nous avons publié : Normand, Vignole des ouvriers, 4e partie, 1 vol., avec planches, 10 fr.; Raucourt, Art de faire les mortiers.
[2] *Idem*, Nouveau cours pratique et économique sur les constructions en fer en général, par M. A.-L.-A. Mongé, constructeur, 1 vol., 12 fr. 50 c.

24 **Guide pratique** de Constructions à la mer, par M. X*** (*sous presse*).

25 — de l'Appareilleur (*en préparation*).

26 — du Chauffage et de la ventilation dans les constructions, par GROUVELLE (*sous presse*).

SÉRIE D.

MINES ET MÉTALLURGIE.

1 **Guide pratique** de la Recherche et de l'exploitation des mines, par PEILLON, ingénieur civil (*sous presse*).

2 — du Sondeur (*en préparation*).

3 — de la Métallurgie du fer, par GUETTIER (*sous presse*).

4 — de la Métallurgie et de l'Emploi de l'acier, ou Traité de l'acier, et Études théoriques et pratiques de ses propriétés et de son emploi.

1re partie. Métallurgie par LANDRIN fils, ingénieur civil. 1 vol. avec pl. 5 fr.

2e partie. Propriété et Emploi, par M. DESSYE, ancien manufacturier. 1 vol. 4 fr.

5 — de la Métallurgie du zinc, par NICKLÈS, professeur à la Faculté de Nancy (*sous presse*).

6 — de la Métallurgie du cuivre, par le même (*sous presse*).

7 — de la Métallurgie du plomb, par le même (*sous presse*).

8 — de la Métallurgie de l'étain, par LANDRIN (*sous presse*).

9 — de la Métallurgie de l'argent, par NICKLÈS (*sous presse*).

10 **Guide pratique** de la Métallurgie de l'or, par le même (*sous presse*).

11 — de la Recherche des métaux alcalins et alcalino-terreux, ou l'Aluminium et les métaux alcalins, par C. et A. Tissier. 1 vol. avec fig. 4 fr.

12 — de l'Essayeur, par Basset (*sous presse*).

13 — des Alliages des métaux, par Guettier (*sous presse*).

14 — du Maître de forges, ou l'Art du Maître de forges. 2 vol. et atlas, par Pelouze. 9 fr.

SÉRIE E.

MACHINES MOTRICES.

1 **Guide pratique** du Constructeur de machines et roues hydrauliques de toutes espèces, par Laffineur (*sous presse*).

2 — du Constructeur de machines à vapeur, par Gaudry, ingénieur civil (*sous presse*).

3 — du Conducteur et du Chauffeur de machines fixes et locomobiles, par le même (*sous presse*).

4 — du Conducteur et du Chauffeur de machines locomotives, par le même (*sous presse*).

5 — du Conducteur et du Chauffeur de machines à vapeur marines, par Ortolan (*sous presse*).

6 — du Constructeur de moulins à vent (*en préparation*).

SÉRIE F.

PROFESSIONS MILITAIRES ET MARITIMES.

1 **Guide pratique** de Topographie militaire (*en préparation*).
2 — du Pontonnier (*en préparation*).
3 — de l'Artificier (*en préparation*).
4 — des Poudres et Salpêtres (*en préparation*).
5 — de la Construction navale (*en préparation*).
6 — du Capitaine au long cours (*en préparation*).
7 — du Maître au Cabotage (*en préparation*).
8 — des Instruments et des Calculs nautiques, par Boitard, professeur d'hydrographie (*sous presse*).
9 — de la Levée du plan d'une côte ou d'une baie, par le même (*sous presse*).

SÉRIE G.

PROFESSIONS INDUSTRIELLES.

1 **Guide pratique** de l'ouvrier mécanicien, par A. Ortolan (*sous presse*).
2 — de la Préparation des matières textiles (*en préparation*).
3 — du Filateur (*en préparation*).
4 — de la Préparation des matières tinctoriales (*en préparation*).

5 **Guide pratique** du Teinturier (*en préparation*).
6 — du Blanchiment, par Basset, chimiste (*sous presse*).
7 — du Fabricant de couleur (*en préparation*).
8 — du Fabricant de vernis (*en préparation*).
9 — de la Conservation des bois (*en préparation*)[1].
10 — du Menuisier (*en préparation*).
11 — de l'Ébéniste (*en préparation*).
12 — du Menuisier modeleur, par Guettier (*sous presse*).
13 — du Tourneur en bois (*en préparation*).
14 — du Sculpteur décorateur (*en préparation*).
15 — du Forgeron, par Ortolan (*s. presse*).
16 — du Serrurier (*en préparation*).
17 — de l'Ajusteur et Tourneur en métaux (*en préparation*).
18 — du Fondeur et Mouleur, par Guettier (*sous presse*).
19 — du Graveur (*en préparation*).
20 — du Chaudronnier (*en préparation*).
21 — du Ferblantier (*en préparation*).
22 — de l'Horloger (*en préparation*).
23 — du Bijoutier, par L. Moreau, bijoutier et dessinateur.

1re partie : Application de l'harmonie des couleurs dans la juxtaposition des pierres précieuses, des émaux et de l'or de couleur, 1 vol. in-18 avec pl. 2 fr.

24 — 2e partie : Géométrie perspective, application pittoresque à la bijouterie, par le même (*sous presse*).

[1] Nous avons publié : Boucherie, Préparation des bois, in-8°, 2 fr. 50 ; Légé et Pyronnet, Conservation des bois, in-8°, 1 fr. 50.

25 **Guide pratique** de l'Orféyre (*en préparation*).

26 — du Joaillier, ou Traité complet des pierres précieuses, par C. BARBOT, ancien joaillier, 1 vol. in-18 avec planches. 7 fr.

Les planches seules, comprenant 178 figures représentant les diamants les plus célèbres, se vendent séparément 5 fr.

27 — du Verrier, ou Enseignement théorique et pratique de l'art de la vitrification, tel qu'il est pratiqué de nos jours, par Pierre FLAMM, ancien directeur de verrerie, 1 vol. avec figures, 12 fr.

28 — du Faïencier, ou l'Art de fabriquer la faïence, suivi de quelques notions sur la peinture à grand feu et à réverbère, et d'un Vocabulaire des mots techniques, par BASTENAIRE-DAUDENART, ancien manufacturier, 1 vol. 5 fr.

29 — du Porcelainier, ou l'Art de fabriquer la porcelaine, suivi d'un Vocabulaire des mots techniques et d'un Traité de la peinture et dorure sur porcelaine, par le même, 2 vol. avec planches, 9 fr.

30 — du Manufacturier. Le fer, son histoire, ses propriétés et ses différents procédés de fabrication, par M. William FAIRBAIRN, membre de la Société royale de Londres; traduit de l'anglais par M. Gustave MAURICE, ingénieur civil des mines, secrétaire de la rédaction du *Bulletin de la Société d'encouragement*, 1 vol. avec figures (*sous presse*).

31 — du Peintre sur verre et sur porcelaine (*en préparation*).

32 du Fabricant de papier, par A. PROUTEAUX (*sous presse*).

33 **Guide pratique** de l'Imprimeur typographe (*en préparation*).

34 — de l'Imprimeur lithographe (*en préparation*).

35 — du Relieur (*en préparation*).

36 — du Cartonnier (*en préparation*).

37 — du Fabricant de tourbe (*en préparation*)[1].

38 — du Charbonnier (*en préparation*).

39 — du Fabricant de gaz (*en préparation*)[2].

40 — du Fabricant de bougies et chandelles (*en préparation*).

41 — du Fabricant d'huiles, par N. Basset, chimiste (*sous presse*).

42 — de Savons, par le même (*sous presse*).

43 — du Pharmacien droguiste, par le docteur Lunel (*sous presse*).

44 — du Meunier (*en préparation*)[3].

45 — du Boulanger (*en préparation*).

46 — de l'Amidonnier, par N. Basset, chimiste (*sous presse*).

47 — du Pâtissier (*en préparation*).

48 — du Cuisinier (*id.*).

49 — du Sommelier (*id.*).

50 — du Confiseur (*id.*).

51 — du Distillateur, par N. Basset, chimiste (*sous presse*).

52 — du Fabricant de liqueurs, par Dubief, 1 volume, 3 fr. 50

[1] Nous avons publié : Challeton de Brughat, De la tourbe, 1 vol. in-8°, 7 fr. 50.

[2] *Idem*, le Traité de l'éclairage au gaz, par Clegg, traduit de l'anglais et annoté par M. Servier, ingénieur civil, 1 vol. in-4° et atlas, 40 fr.

[3] *Idem*, Marmay, Traité pratique de meunerie et de boulangerie, 1 vol. in-8°, avec planches, 10 fr.; Boland : Boulangerie, 1 vol. in-8°, 5 fr. — Meunerie. Construction des moulins de Saint-Maur, in-8° et atlas in-f°, 10 fr.

53 **Guide pratique** du Fabricant de sucre (*en prépar.*)[1].
54 — du Chocolatier (*en préparation*).
55 — du Brasseur (*en préparation*).

SÉRIE H.

AGRICULTURE, JARDINAGE, APICULTURE ET PISCICULTURE.

1 **Guide pratique** de l'Instituteur pour l'éducation agricole dans les écoles primaires, par Mariot-Didieux (*sous presse*).
2 — de l'Agriculteur, par Le Docte (*sous presse*).
3 — de l'Ingénieur agricole. — Hydraulique et dessèchement, par Laffineur, agent voyer (*sous presse*).
4 — des Constructions agricoles, par le même (*sous presse*).
5 — du Matériel agricole, par J. Gaudry (*sous presse*).
6 — de la Construction des serres (*en préparation*).
7 — du Fermier (*en préparation*).
8 — du Fabricant d'engrais, par Paulet, chimiste (*sous presse*).
9 — de Chimie agricole, par Basset, chimiste, 1 vol. 3 fr. 50
10 — des Défrichements (*en préparation*).
11 — de l'Eleveur de chevaux, par Mariot-Didieux (*sous presse*).
12 — de l'Eleveur de bœufs (*en préparation*).
13 — de l'Eleveur de moutons (*id.*).

[1] Nous avons publié le Traité de la fabrication du sucre, par N. Basset, chimiste, 1 vol. in-8°, avec figures, 12 fr.

14 **Guide pratique** de l'Eleveur de porcs (*en préparat.*).
15 — de l'Educateur de lapins, par MARIOT-DIDIEUX, 1 vol. 1 fr. 75
16 — de l'Educateur des animaux de basse-cour, par le même (*sous presse*).
17 — de l'Educateur des oiseaux de volière, par le même (*sous presse*).
18 — du Choix des vaches laitières (*en préparation*).
19 — de l'Apiculteur (*en préparation*)[1].
20 — du Pisciculteur, par CARBONNIÉ, pisciculteur. 1 vol. (*sous presse*).
21 — de l'Educateur de vers à soie. — Eduducation, histoire, graine, par ROUX (J.-F.), 1 vol. 2 fr.
22 — du Vétérinaire, par J. GOODWIN, 1 vol. 3 fr.
23 — du Berger (*en préparation*).
24 — du Fabricant de beurre, par LE DOCTE (*sous presse*).
25 — du Fabricant de fromage (*en préparation*).
26 — **de la culture** des céréales (*id.*).
27 — — des Plantes légumineuses, par LE DOCTE (*sous presse*).
28 — des Plantes fourragères, par le même (*sous presse*).
29 — **de culture maraîchère**, par COURTOIS-GÉRARD, grainier horticulteur, 4e édit. 3 fr. 50
30 — **de la culture** du Chanvre, par BASSET (*sous presse*).
31 — — du Sorgho, par SICARD (*id.*).
32 — — du Tabac, par DEMOOR, 1 vol. 2 fr.
33 — — du Mûrier (*en préparation*).

[1] Nous avons publié : Cours pratique d'apiculture, par M. HAMET, professeur au Jardin du Luxembourg, 1 vol., 3 fr.

34 **Guide pratique de la culture** de l'olivier, par J. Reynaud, de Nîmes, 1 vol. 3 fr. 50

35 — — du Houblon (*en préparation*).

36 — — de la Vigne (*id.*).

37 — — de l'Osier (*id.*).

38 — — du Coton, par M. Sicard (*sous presse*).

39 — de l'Aménagement des Forêts (*en préparation*).

40 — du Jardinage, par Courtois-Girard. 1 vol. 3 fr. 50 c.

41 — de l'Art de composer ou décorer les jardins (*en préparation*).

42 — du Jardinier fleuriste (*en préparation*).

43 — du Pépiniériste (*en préparation*).

SÉRIE I.

COMPTABILITÉ, LÉGISLATION ET MÉLANGES.

1 **Guide pratique** de Comptabilité commerciale (*en préparation*).

2 — Comptabilité industrielle et manufacturière (*en préparation*).

3 — de Comptabilité agricole[1].

4 — de Législation industrielle (*en préparation*).

5 — de Législation commerciale (*en préparation*).

6 — de Législation agricole (*en préparation*).

7 — de Géographie commerciale (*en préparation*).

[1] Nous avons publié l'ouvrage de M. de Granges, Comptabilité agricole en partie simple, 1 vol., 3 fr.

8 **Guide pratique** de Géographie industrielle (*en préparation*).

9 — pour le Choix d'une profession (*en préparation*).

10 — du Droit usuel (*en préparation*).

11 — des voyageurs et du service commercial des chemins de fer, par Palaa (*sous presse*).

12 — du Personnel des chemins de fer, par le même (*sous presse*).

13 — des chemins de fer. Notions générales à l'usage des gens du monde, par M. A. Perdonnet, 1 vol. 5 fr.

14 — d'Electricité médicale à l'usage des praticiens et des gens du monde, par le docteur Lunel (*sous presse*).

15 — de Sténographie, par Ch. Tondeur, 23e édition, 1 vol. 1 fr.

CATALOGUE DES OUVRAGES EN VENTE

SÉRIE A.

SCIENCES EXACTES.

N° 8. **Guide pratique de Perspective**, contenant la perspective linéaire et aérienne, et les notions du dessin linéaire, à l'usage des ouvriers, par Isabeau. 1 volume, 264 pages et 11 planches. 2 fr. 50

SÉRIE B.

SCIENCES D'OBSERVATION.

N° 4. **Guide pratique de Télégraphie électrique**, ou *Vade-mecum* pratique à l'usage des employés des lignes télégraphiques, suivi du programme des connaissances exigées pour être admis au surnumérariat dans l'administration des lignes télégraphiques, par B. Miége, directeur de station des lignes télégraphiques. 5e édition. 1 vol., 148 pages et nombreuses figures dans le texte. 2 fr.

SÉRIE C.

CONSTRUCTIONS CIVILES.

N° 1. **Guide pratique d'Arpentage**, ou l'Art du géomètre arpenteur, comprenant l'arpentage, le nivellement, le levé des plans, le partage des propriétés agricoles ; suivi de l'exposition du *système métrique*, avec son application à la mesure des surfaces et des corps. 2e édition, revue, corrigée et augmentée, par P.-G. Guy, ancien élève de l'Ecole polytechnique, officier d'artillerie. 1 volume in-12, 376 pages et 5 planches. 3 fr. 50

SÉRIE D.

MINES ET MÉTALLURGIE.

N° 3. **Guide pratique de Métallurgie générale.** Exposition détaillée des divers procédés employés pour obtenir les *métaux utiles*, pour l'essai, la préparation et le traitement des minerais. 1 vol. in-12, 347 pages et 8 planches. 3 fr.

Guide pratique de la Métallurgie et de l'Emploi de l'acier, ou Traité de l'acier, et études théoriques et pratiques de ses propriétés et de son emploi.

N° 4. Première partie. **Théorie, métallurgie, travail pratique,** par Landrin fils, ingénieur civil. 1 volume, 320 pages, avec figures. 5 fr.

N° 5. Deuxième partie. **Propriété et emploi,** par Dessoye, ancien manufacturier, avec une Introduction et des notes par Ed. Grateau, ingénieur civil des mines. 1 vol. in-18, 311 pages, avec figures. 4 fr.

N° 11. **Guide pratique de la Recherche des métaux alcalins et alcalino-terreux,** ou l'Aluminium et les métaux alcalins ; propriétés, procédés d'extraction et usages, par C. et A. Tissier frères. 1 volume, 225 pages, avec figures. 4 fr.

N° 14. **Guide pratique ou l'art du maître de forges.** Traité théorique et pratique de l'exploitation du fer et de ses applications aux différents agents de la mécanique et des arts, par PELOUZE fils. 2 vol. in-12, ensemble 723 pages, et atlas de 10 planches. 5 fr.

SÉRIE E.

MACHINES MOTRICES.

N° 3. **Guide pratique des chauffeurs et conducteurs de machines à vapeur,** comprenant la description, la conduite, l'entretien et les dérangements des machines à vapeur fixes employées dans l'industrie, par Th. BUREAU. 1 volume, 160 pages, 100 figures, et 4 grandes planches gravées. 4 fr.

SÉRIE F.

PROFESSIONS MILITAIRES ET MARITIMES.

Rien de paru.

SÉRIE G.

PROFESSIONS INDUSTRIELLES.

N° 23. **Guide pratique du Bijoutier.** Application de l'harmonie des couleurs dans la juxtaposition des pierres précieuses, des émaux et de l'or de couleur, par L. MOREAU, bijoutier et dessinateur. 1 volume in-18, avec planches coloriées. 2 fr.

N° 26. **Guide pratique du Joaillier,** ou Traité complet des pierres précieuses, contenant leur étude chimique et minéralogique, les moyens de les reconnaître sûrement, leur valeur approximative et raisonnée, leur emploi, la description des plus extraordinaires et des chefs-d'œuvre anciens et modernes auxquels elles ont concouru. Ouvrage indispensable aux lapidaires, joailliers, bijoutiers, orfévres-artistes, négociants en pierreries, minéralogistes, antiquaires, amateurs, gens du monde, etc., par Ch. Barbot, ancien joaillier. 1 vol. in-18, 568 pages et 3 planches comprenant 178 figures, représentant les diamants les plus célèbres de l'Inde, du Brésil et de l'Europe, bruts et taillés, et les dimensions exactes des brillants et roses en rapport avec leur poids, depuis un carat jusqu'à cent carats. 5 fr.

Les figures seules réunies en un grand tableau in-folio. 2 fr. 50

Le mérite de ce travail neuf et original n'est pas contestable. M. Figuier lui-même l'a reconnu en reproduisant presque textuellement une partie de cette œuvre (texte et planches) dans un de ses chapitres du *Savant du foyer* (1re édition), édité par MM. Hachette et Ce; seulement M. Figuier a omis de citer à quelle source il avait puisé ces renseignements.

N° 28. **Guide pratique du Faïencier,** ou l'Art de fabriquer la faïence, recouverte d'un opaque blanc ou coloré, suivi de quelques notions sur la peinture au grand feu et à réverbère, et d'un Vocabulaire des mots techniques, par Bastenaire-Daudenart, manufacturier, fabri-consulte pour les arts céramiques, etc. 1 volume, 480 pages et planches. 5 fr.

Nos 29 et 30. **Guide pratique du Porcelainier,** ou l'Art de fabriquer la porcelaine, suivi d'un Vocabulaire des mots techniques et d'un Traité de la peinture et dorure sur porcelaine, par le même.

Tome I, 402 pages, avec planches. 5 fr.

Tome II, 440 pages, avec planches. 5 fr.

Comme il ne reste plus qu'un très-petit nombre d'exemplaires de cet excellent ouvrage, les volumes ne se vendent plus séparément.

N° 49. **Guide pratique de l'essai et du dosage des huiles** employées dans le commerce ou servant à l'alimentation, des **savons** et de la **farine de blé.** Manuel pratique à l'usage des commerçants et des manufacturiers. 1 volume, avec tableaux. 3 fr.

SÉRIE H.

AGRICULTURE, JARDINAGE, ETC.

N° 6. **Guide pratique de la conduite des machines agricoles** en général et des **machines à vapeur** en particulier, instruction pratique sur la construction, emploi, etc., par J. Gaudry, ingénieur. 1 vol. de 100 pages, avec figures. 1 fr. 50

N° 9. **Guide pratique de Chimie agricole,** Leçons familières sur les notions de chimie élémentaire utiles au cultivateur, et sur les opérations chimiques les plus nécessaires à la pratique agricole, par N. Basset, chimiste. 1 volume. 3 fr.

N° 13. **Guide pratique de l'Éducation des bêtes ovines.** Élevage, exploitation, amélioration des moutons et étude des laines, par Aug. de Weckerlin. Traduit de l'allemand, d'après la troisième édition et avec l'autorisation de l'auteur, par Adolphe Scheler. 1re édition. 1 volume in-12. 3 fr. 50

N° 15. **Guide pratique de l'Éducateur de lapins,** ou Traité de la race cuniculine, suivi de l'Art de mégisser leurs peaux et d'en confectionner des fourrures, par MARIOT-DIDIEUX, vétérinaire de première classe à la Garde de Paris. 2e édition, 165 pages. 1 fr. 50

N° 16. **Guide pratique de l'Éducateur de poules,** ou Éducation lucrative des poules. Traité raisonné de gallinoculture, par le même. 1 volume, 530 pages. 3 fr.

N° 17. **Guide pratique du Chasseur médecin**, ou Traité complet sur les Maladies des chiens, à l'usage des chasseurs, des fermiers, des bergers, et généralement de toutes les personnes qui ont des chiens, par Francis CLATER, médecin vétérinaire de Neword et de Bedford, etc.; traduit de l'anglais sur la 27e édition, augmentée d'une Méthode pour dresser les chiens de chasse. 3e édition, entièrement revue et complétée, par le même. 1 volume in-18. 3 fr. 50

N° 21. **Guide pratique du Vétérinaire & du Maréchal ferrant,** pour le ferrage des chevaux et le traitement des pieds malades, par GOODWIN, médecin vétérinaire ; traduit de l'anglais par M. BERGER, vétérinaire. 1 volume in-12, 244 pages et 3 planches. 3 fr.

N° 2. **Guide pratique de l'Agriculteur,** ou Traité élémentaire d'agriculture pratique, par HERVÉ DE LAVAUR, directeur de la ferme modèle de Château-Mouton. 1 volume in-18, 234 pages. 2 fr.

N° 4. **Guide pratique du Drainage** ; Résultats d'observations et d'expériences pratiques, publiés à l'usage des cultivateurs, par C.-E. KIELMANN. 1 volume in-18, avec bois dans le texte. 1 fr. 50

N° 5. **Guide pratique du défrichement des bruyères**, par Phocas Lejeune, 1 volume in-18. 1 fr. 50

N° 19. **Guide pratique de l'Apiculteur**, ou Cours pratique d'apiculture (culture des abeilles) professé au jardin du Luxembourg, par H. Hamel, apiphile, secrétaire-fondateur de la Société d'apiculture, membre des Sociétés d'agriculture de Joigny, Poligny, etc., etc. 1 volume, 328 pages et nombreuses figures dans le texte. 3 fr.

N° 20. **Guide pratique de l'Éducateur de Vers à soie.** Traité pratique, graines, éducation, histoire, par J.-F. Roux, apiculteur. 1 volume in-18 jésus, 245 pages. 1857. 2 fr.

N° 27. **Guide pratique du Jardinage**, contenant la manière de cultiver soi-même un jardin ou d'en diriger la culture, par Courtois-Gérard, marchand grainier, horticulteur. 5e édition. 1 volume, 420 p. avec figures dans le texte et 1 planche. 3 fr. 50

N° 28. **Guide pratique de Culture maraîchère.** — 3e édition, 1 volume, 366 pages, avec bois dans le texte et 1 planche. 3 fr. 50
Ouvrage couronné par la Société centrale d'agriculture.

N° 30. **Guide pratique de la culture du Lin et des différents modes de rouissage**, par V.-P.-G. Demoor, secrétaire du Comice agricole de la cinquième section de la Flandre orientale. 1 volume, 136 pages et 14 gravures. 1 fr. 25

N° 33. **Guide pratique de la culture de l'Olivier**, son fruit, son huile, etc., par J. Reynaud, de Nîmes. 1 volume, 300 pages. 3 fr. 50

N° 34. **Guide pratique de la culture du Pêcher**, par C.-A. Bengy-Puyvallé, ancien président de la Société d'agriculture du Cher, ancien député. 1 volume, 230 pages et planches. 3 fr. 50

SÉRIE I.

ÉCONOMIE DOMESTIQUE, COMPTABILITÉ, LÉGISLATION, MÉLANGES.

N° 14. **Guide pratique des chemins de fer.** Notions générales sur les chemins de fer. Statistique, histoire, exploitation, accidents, organisation des Compagnies, administration, tarifs, service médical, institution de prévoyance, construction de la voie, voitures, machines fixes, locomotives, nouveaux systèmes, etc., etc.; terminé par une bibliographie raisonnée des chemins de fer, par A. PERDONNET, ex-directeur de plusieurs Compagnies de chemins de fer, directeur de l'Ecole centrale, président de l'Association polytechnique, etc. 1 volume in-8°, 452 pages, avec nombreux bois dans le texte et tableaux. 5 fr.

N° 17. **Guide pratique d'histoire naturelle,** ou Aide-mémoire pour l'étude des animaux destinés à l'acclimatation, la naturalisation et la domestication, précédé de considérations générales sur les climats, de l'exposé des diverses classifications d'histoire naturelle, par B. LUNEL, ancien professeur d'histoire naturelle, etc. 1 volume in-18, 180 pages et bois dans le texte. 2 fr.

N° 18. **Guide pratique d'Ethnographie,** ou Etudes des races humaines, par J.-J. D'OMALIUS D'HALLOY. 4e édition, 1 volume, 128 pages et 1 planche en couleur. 2 fr, 50

N° 19. **Guide pratique de Sténographie,** par Ch. TONDEUR. 1 volume. 1 fr.

AUTRES OUVRAGES

ne faisant pas partie de la Bibliothèque des Professions industrielles et agricoles, mais qui peuvent en être regardés comme le complément.

BASSET (N.), chimiste. **Traité complet d'alcoolisation générale, guide du fabricant d'alcools,** renfermant la marche à suivre pour obtenir l'alcool de toutes les substances alcoolisables, les moyens de débarrasser l'alcool des odeurs propres et de celles d'empyreume, ainsi que l'indication des rendements, au point de vue de la fabrication par les méthodes les plus économiques et toutes les règles, formules, etc. Deuxième édition, revue et augmentée. In-18 jésus, 503 pages, 1 planche et 2 tableaux. 1857. 6 fr.

DRAPIEZ. **Minéralogie usuelle,** ou Exposition succincte et méthodique des minéraux, de leurs caractères, de leur composition chimiques, de leurs gisements et de leurs applications aux arts et à l'économie. 1 volume in-12, 504 pages. 3 fr.

DUBIEF (L.-F.). **Le Liquoriste des dames,** ou l'Art de préparer en quelques instants toutes sortes de liqueurs de table et des parfums de toilette avec toutes les fleurs cultivées dans les jardins, etc. 1 volume in-18. 2 fr. 50

DUBIEF (L.-F.). ancien distillateur chimiste. **Traité de la fabrication des liqueurs** sans distillation, sans fourneaux et sans feu, suivi des moyens de disposer des eaux-de-vie, avec l'esprit-de-vin, et ceux aussi de betteraves, de fécule et autres, de bonifier, de vieillir à l'instant celles du commerce et de fabriquer, également sans distillation, le kirsch, l'absinthe et le rhum tel qu'il se fabrique à la Martinique. In-8, 80 pages. 3 fr. 50

DUBIEF (L.-F.). **L'immense Trésor des marchands de vins** en gros et en détail. Ouvrage contenant les procédés expérimentés pour vieillir ou rajeunir les vins, en prévenir ou en corriger les altérations, reconnaître leur force spiritueuse, etc. In-18 anglais, 141 pages. 3 fr. 50

FRESENIUS (R.) et WILL (H.), docteurs. Nouvelle Méthode pour reconnaître et pour déterminer le titre véritable et la valeur commerciale **des potasses, des soudes, des cendres, des acides, des manganèses,** avec 9 tables de détermination. Traduit de l'allemand, par le docteur G. W. Bichon. 1 volume in-18, 164 pages avec bois dans le texte et tableaux. 2 fr. 50

GARNIER (J.), professeur de chimie, etc. **Précis élémentaire de chimie,** ouvrage mis à la portée des gens du monde, des collèges et des institutions; contenant les principes de cette science et leur application aux arts et aux questions usuelles de la vie ; suivi d'une série de problèmes avec leur solution, de la synonymie chimique, et d'un vocabulaire de chimie, de la description des appareils et de la nomenclature des réactifs nécessaires, etc. 1 volume in-12, 304 pages avec bois dans le texte et planches 1849. 2 fr.

GAYOT (Eug.). **L'Agriculture en 1862.** Expositions et concours. 1re année. 1 volume in-12. 3 fr.

GÉRADON (J.-B. De). **Code des campagnards,** ou Explication et conseils aux propriétaires, fermiers et habitants des campagnes pour la direction de leurs intérêts et l'administration de leurs propriétés. In-12 de 226 pages. 2 fr.

HAINDL (S.), professeur de dessin de machines et de perspective à l'Ecole centrale de Munich, etc. **De la construction des engrenages** et de la meilleure forme à donner à leur denture. Ouvrage pratique à l'usage des contremaîtres de fonderies, des horlogers, des mécaniciens et constructeurs de machines, et en général des personnes qui se livrent à l'étude du **dessin des machines.** 1 volume in-12, 106 pages et 9 planches. 1840. 4 fr. 50

LEDOUX. **Théorie générale et pratique** de l'extinction des incendies, précédée d'une Introduction sur l'origine, les progrès et la nature des services établis chez les divers peuples, pour prévenir et dompter ce fléau. 1 volume in-8°, 312 pages. 1850. 4 fr. 50

LIEBIG (J.). **Introduction à l'étude de la chimie,** contenant les principes généraux de cette science, les proportions chimiques, la théorie atomique, etc., accompagnée de considérations détaillées sur les acides, les bases et les sels ; traduit de l'allemand par Ch. Gerhardt. 1 volume in-12, 248 pages. 2 fr.

MULLER (J.), professeur à l'Université de Fribourg. **Éléments de cristallographie,** traduits de l'allemand et annotés par Jérôme Nicklès. 1 volume in-18, 134 pages avec 123 bois dans le texte. 1847. 2 fr.

MULDER (G.-J.), professeur de chimie à l'Université d'Utrecht. **De la bière,** sa composition chimique, sa fabrication, son emploi comme boisson, traduit du hollandais avec le concours de l'auteur, par Auguste Delondre, ancien préparateur de chimie au Muséum d'histoire naturelle de Paris. 1 volume in-12, 444 pages. 5 fr.

PÉLISSIER (Ch.), sous-chef de traction. **De la conduite des machines locomotives.** 1 volume in-18, 172 pages. 1859. 3 fr.

PERNOT (L.-T.), architecte vérificateur. **Dictionnaire du constructeur,** ou *Vade-mecum* des architectes, propriétaires, entrepreneurs de maçonnerie, charpente, serrurerie, couverture, etc., renfermant les termes d'architecture civile et hydraulique, l'analyse des lois de voirie, des bâtiments et de dessèchement. 3e édition. 1 volume in-12, 378 pages. 1852. 3 fr. 50

POURIAU, docteur ès sciences, professeur à l'Ecole impériale d'agriculture lyonnaise. **Éléments des sciences physiques appliquées à l'agriculture.** Chimie inorganique, suivie de l'étude des marnes, des eaux et d'une méthode générale pour reconnaître la nature d'un des composés minéraux, intéressant l'agriculture ou la médecine vétérinaire. 1 volume in-12, 512 pages et 154 bois dans le texte. 6 fr.

RAMBOSSON (J.), rédacteur des Revues scientifiques de la *Gazette de France*. **La Science populaire**, ou Revue du progrès des connaissances et de leurs applications aux arts et à l'industrie. 1 volume in-12 pour 1862. 1re année. 3 fr. 50

TONDEUR (Ch.). **Fabrication des liqueurs** sans alambic ni aucun autre appareil de distillation. 1 volume in-18. 2 fr.

VERGUIN (E.), préparateur de physique et de chimie, etc. **Éléments de chimie générale,** etc. 1 volume in-12, 772 pages avec figures dans le texte. 1845. 3 fr. 50

VINCENT (ingénieur). **Guide du commandant de navires à vapeur**, ou Résumé des principales connaissances théoriques et pratiques nécessaires pour bien diriger ces sortes de navires et en tirer tout le parti possible. 1 volume in-12, 285 pages et 2 planches. 2 fr. 50

VINOT. **Calculs faits à l'usage des industriels.** Recueil de tables et de calculs à l'usage des chefs d'ateliers, des contre-maîtres, des ouvriers. 1 vol. in-18, XII-204 pages. Broché, 3 fr. — Cartonné. 4 fr.

Carnet des ingénieurs. Recueil de tables, de formules et de renseignements pratiques à l'usage des ingénieurs et des architectes, des chefs d'usines industrielles et de tout directeur et conducteur de travaux. 11e édition, entièrement refondue et augmentée, tirage de 1862. 1 volume in-12, 214 pages de texte, 1 calendrier, 48 pages de papier quadrillé. Broché, 3 fr. — Cartonné. 4 fr.

Relié en portefeuille. 6 fr.

WILL (H.). **De l'analyse qualitative,** instruction pratique à l'usage des laboratoires de chimie, traduit de l'allemand par le docteur G.-W. BICHON. 1 vol. in-18. 2 fr.

Paris. — Typographie HENNUYER et FILS, rue du Boulevard, 7.

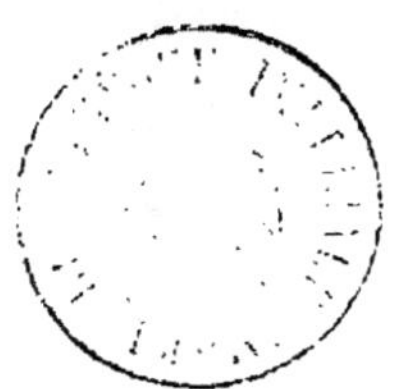

EXTRAIT DU CATALOGUE DE LA LIBRAIRIE

MARIOT-DIDIEUX. **Éducation lucrative des poules**, ou Traité raisonné de gallinoculture. 1 vol. in-18, 530 pages. 3 fr.

— **Guide de l'éducateur de lapins**, ou Traité de la race cuniculine, suivi de l'Art de mégisser leurs peaux et d'en confectionner des fourrures. 2e édition. Grand in-18, 165 pages. 1 fr.

— **Le Chasseur médecin**, ou Traité complet sur les maladies du chien par Francis Clater, vétérinaire anglais. Traduit de l'anglais sur la ... édition. 3e édition française, corrigée et augmentée par Mariot-Didieux vétérinaire en premier, attaché aux remontes de l'armée. In-12, ... pages.

COURTOIS-GÉRARD. **Manuel pratique du Jardinage**, contenant tout ce qu'il est nécessaire de savoir pour cultiver son jardin ou en diriger la culture. 5e édition. 1 vol. in-18, avec figures dans le texte. 3 fr. 50.

DEMOOR (V. P. G.), secrétaire de la Société d'agriculture et de botanique d'Alost. **Du tabac.** — Description historique, botanique et chimique. — Climat, — culture, — récolte, — frais, — produits, — modes de dessiccation, — séchoirs, — conservation, — commerce. — 1 vol. in-12, 1.. pages avec 20 figures dans le texte. 1858. 2 fr.

GAYOT (Eugène). **L'agriculture en 1862**, exposition et concours in-18 jésus, XV-358 pages.

DUVINAGE, ingénieur civil, ancien architecte. **L'Architecture rurale**, 1 fort vol. in-8o de 450 pages de texte, et un atlas de 76 planches représentant plans, coupes, élévations de tous les genres de constructions rurales, ainsi que les différents détails. 25 fr.

GOSSIN (Louis), cultivateur et professeur à l'institut agricole de Beauvais. **L'Agriculture française**, principes d'agriculture appliqués aux diverses parties de la France, cours professé à l'Institut normal agricole de Beauvais. 2 vol. in-12, ensemble 1,168 pages, nombreux bois dans le texte et une carte agricole en couleur. 10 fr.

DUBIEF (L.-F.). **Traité théorique et pratique de vinification**, ou l'Art de faire du vin avec toutes les substances fermentescibles, en tout temps et sous tous les climats. 1 vol. in-8o, 450 pages. 7 fr. 50.

POURIAU (A.), docteur ès sciences, professeur à l'Ecole impériale d'agriculture lyonnaise. **Eléments des sciences physiques appliquées à l'agriculture.** Chimie inorganique, suivie de l'étude des ..., des eaux et d'une méthode générale pour reconnaître la nature d'un des composés minéraux, intéressant l'agriculture ou la médecine vétérinaire 1 vol in-12, 512 pages et 154 bois dans le texte. 6 fr.

Paris. — Typographie HENNUYER, rue du Boulevard, 7.

www.ingramcontent.com/pod-product-compliance
Lightning Source LLC
Chambersburg PA
CBHW021346210326
41599CB00011B/768

* 9 7 8 2 0 1 9 2 1 2 9 2 6 *